高等学校虚拟现实技术系列教材

计算机图形学及应用技术

任洪海 牛一捷 郭永伟 主编
殷丽凤 岳洋 黄鹏鹤 副主编

清華大學出版社
北京

内容简介

本书在全面介绍计算机图形学的基本理论及相关概念的基础上，着重对图元生成、几何变换与观察、曲线曲面生成、消隐算法、光照与颜色模型和几何造型等相关技术进行详细而系统的论述，并增加了计算机动画、虚拟现实与数字图像处理等应用技术与相关学科的描述。

全书共分3篇：第一篇（第1～4章）为基础图形理论与算法，着重介绍计算机图形学的定义与图形软件系统、图元生成技术、图形的几何变换及图形观察；第二篇（第5～7章）为复杂图形构造理论，着重讨论曲线曲面生成技术、真实感图形生成及几何造型技术；第三篇（第8～10章）为计算机图形学应用领域与相关学科，包括计算机动画、虚拟现实技术及数字图像处理技术。

本书适合作为高等院校计算机、软件工程等专业的高年级本科生及研究生的计算机图形学课程的教材，同时可供图形、图像处理技术及其他有关的工程技术人员参考。

图书在版编目（CIP）数据

计算机图形学及应用技术 / 任洪海，牛一捷，郭永伟主编. -- 北京：清华大学出版社，2025.1.
（高等学校虚拟现实技术系列教材）. -- ISBN 978-7-302-67867-0

Ⅰ. TP391.411

中国国家版本馆CIP数据核字第2024GQ1181号

责任编辑：贾 斌 薛 阳
封面设计：刘 键
责任校对：刘惠林
责任印制：杨 艳

出版发行：清华大学出版社
网 址：https://www.tup.com.cn，https://www.wqxuetang.com
地 址：北京清华大学学研大厦A座 邮 编：100084
社 总 机：010-83470000 邮 购：010-62786544
投稿与读者服务：010-62776969，c-service@tup.tsinghua.edu.cn
质量反馈：010-62772015，zhiliang@tup.tsinghua.edu.cn
课件下载：https://www.tup.com.cn，010-83470236
印 装 者：涿州汇美亿浓印刷有限公司
经 销：全国新华书店
开 本：185mm×260mm **印 张**：13.5 **字 数**：329千字
版 次：2025年1月第1版 **印 次**：2025年1月第1次印刷
印 数：1～1500
定 价：49.80元

产品编号：102550-01

前言

PREFACE

21世纪是数字多媒体的时代，也是一个大量运用图形和图像传达信息的时代。飞速发展的计算机技术推动了计算机图形学及其相关学科的成熟与壮大。计算机图形学已成为计算机科学中最主要的分支之一，在信息技术领域显示出越来越重要的地位。计算机动画、多媒体、虚拟现实、数据可视化、计算机游戏和计算机辅助设计等学科与技术都以计算机图形学为基础。实际上，计算机图形学及其应用已经渗透到科研、工程、商业和艺术等社会生活和工业生产的几乎所有领域，并与这些领域的自身发展相互推动和促进。

在高校从事计算机图形学教学与研究过程中，作者认为很有必要编写一本全面而系统、且能够深入浅出地描述计算机图形学相关理论及算法，并介绍计算机图形领域中最新研究成果与应用的书。本书将计算机图形学理论与应用技术相结合，使学生明确计算机图形学理论的应用方向，构建完整的知识框架。学生通过教材的学习能够较轻松地掌握计算机图形学基本理论与算法，达到一定的开发和应用水平，为以后从事相关工作和深入学习打下坚实的基础。

本书共10章，主要内容有计算机图形学的定义与图形软件系统、图元生成技术、图形的几何变换、图形观察、曲线曲面生成与设计、真实感图形生成技术、几何造型技术、计算机动画、虚拟现实技术、数字图像处理。

本书力求简明扼要、通俗易懂，尽量避免烦琐、复杂的公式推导，尽可能准确、清晰、简单地描述计算机图形学的基本理论及应用。教材内容由浅入深、层层递进，不但包括图形基础理论与算法、复杂图形构造，还增加了应用技术与相关学科的介绍。前两部分内容可以作为课堂教学的主要内容，最后的计算机图形学应用技术及相关学科可以作为学生自学内容。任课教师给予积极引导，不但使学生学习了计算机图形学基本理论与算法，进一步了解了计算机图形学应用领域的相关技术，而且对于以后从事计算机图形学相关领域的工作或深入学习都非常有好处。对于那些想从事计算机图形学相关领域研究与开发的其他人员，通过本书的学习也可以对计算机图形学理论与技术形成总体的认识。

本书由大连交通大学教师任洪海、牛一捷、郭永伟、殷丽凤、岳洋、黄鹏鹤共同编写，作者们有十多年计算机图形学教学经验，主讲的计算机图形学课程于2022年被评为辽宁省一流本科课程，并承担计算机图形学跨校修读教学改革与实践省级教学改革项目（2021年度辽宁省高等教育本科教学改革研究优质教学资源建设与共享项目）。

本书适合作为高等院校计算机、软件工程专业的高年级本科生、研究生的教材，也是从事计算机图形学及其他有关的工程技术人员不可缺少的参考书之一。

由于作者水平有限，书中难免有不妥和疏漏之处，敬请广大读者批评指正。

任洪海

2024年9月

目录

CONTENTS

第一篇　基础图形理论与算法

第二篇 复杂图形构造理论

第一篇　基础图形理论与算法

第1章 概 述

CHAPTER 1

计算机图形学经过半个多世纪的发展，已经成为一门内容丰富、应用广泛的计算机学科。现在，计算机图形学已经应用于很多领域。同时，这些领域又推动这门学科不断发展，提出的各类新的课题与技术进一步充实和丰富了这门学科的内容。

本章要点：

本章重点掌握计算机图形学的定义，了解计算机图形系统。

1.1 计算机图形学的定义与发展

计算机出现不久后，随着阴极射线管控制屏幕输出图形，计算机图形学从而产生了。直到20世纪80年代早期，计算机图形学还是一个应用比较狭窄的学科，这主要是因为当时硬件的处理能力不强又很昂贵，而图形处理与显示对硬件水平要求都很高。20世纪80年代后期，计算机运算及存储能力的增强使计算机图形学各研究方向得到充分发展。如今，计算机图形学已经应用于很多领域，如科学、艺术、工程、教学、培训、娱乐等方面，并与其他学科如计算几何/计算机辅助几何设计(Computer-Aided Geometric Design，CAGD)、图像处理等关系界线模糊、相互渗透、相互交叉。由于计算机图形学涉及内容广泛，现在很难对计算机图形学下一个统一的定义。国际标准化组织(ISO)将其定义为"计算机图形学是研究通过计算机将数据转换成图形，并在专门显示设备上显示的相关原理、方法和技术的学科。"电气与电子工程师协会(IEEE)将其定义为"计算机图形学是利用计算机产生图形化图像的艺术和科学。"德国的Wolfgang K. Giloi给出的定义是"计算机图形学由数据结构、图形算法和语言构成。" 国内广泛采用的计算机图形学定义为：计算机图形学(Computer Graphics)是研究怎样用计算机表示、生成、处理和显示图形的一门学科。

计算机图形学始于20世纪50年代，经历了准备阶段(20世纪50年代)、发展阶段(20世纪60年代)、推广应用阶段(20世纪70年代)、系统实用化阶段(20世纪80年代)和标准化智能化阶段(20世纪90年代后)。主要代表技术如下。

1950年，麻省理工学院旋风I号(Whirlwind I)计算机配置了由计算机驱动的阴极射线管式图形显示器，该显示器用一个类似于示波器的阴极射线管(CRT)来显示一些简单的图形。20世纪50年代末期，麻省理工学院的林肯实验室研制的SAGE空中防御系统第一次使用了具有指挥和控制功能的CRT显示器，操作者可以用笔在屏幕上指出被确定的目标。

在整个20世纪50年代，计算机图形学处于准备和酝酿时期，被称为“被动式”图形学。

1962年，麻省理工学院(MIT)的I. E. 萨瑟兰德(I. E. Sutherland)在他的博士论文中提出了一个名为Sketchpad的人—机交互式图形系统。他在论文中首次使用了“计算机图形学”这个术语，证明了交互式计算机图形学是一个可行的、有用的研究领域，从而确定了计算机图形学作为一个新科学的独立地位。1964年，MIT的教授Steven A. Coons提出了被后人称为超限插值的新算法。同在20世纪60年代早期，法国雷诺汽车公司的工程师Pierre Bézier开发了一套Bézier曲线、曲面的理论，成功地用于几何外形设计。不过这一时期使用的计算机图形硬件(大型计算机和图形显示器)相当昂贵，只有上述这些大公司或名校才有实力投入大量资金研制并开发出供其产品设计使用的实验性系统。

20世纪70年代是计算机图形学发展过程中一个重要的历史时期。由于集成电路技术的发展，计算机硬件设备性能不断提高，特别是廉价的图形输入输出设备及大容量磁盘等设备的出现，使以小型计算机为基础的图形生成系统开始进入市场并形成主流。另外，由于光栅显示器的产生，计算机图形学进入了第一个兴盛的时期。计算机图形学另外两个重要进展是真实感图形学和实体造型技术的产生，具体开创性的事件如下。

1970年，Bouknight开创性提出了第一个光反射模型。

1971年，Gourand提出了“漫反射模型＋插值”，被称为Gourand明暗处理。

1975年，Phong提出了著名的简单光照模型——Phong模型。

进入20世纪80年代以后，超大规模集成电路的出现极大地促进了计算机图形学的发展。计算机运算能力的提高使图形处理速度激增，图形学的各个研究方向得到充分发展。另外，工作站取代了小型计算机，成为图形生成的主要环境。20世纪80年代后期，微型计算机的性能迅速提高，配以高分辨率显示器及窗口管理系统，并在网络环境下运行，使它成为计算机图形生成技术的重要环境。微型计算机上的图形软件和支持图形应用的操作系统及其应用程序的全面出现，如Windows、Office、AutoCAD、CorelDRAW、FreeHand、3D Studio等，使计算机图形学的应用深度和广度得到了前所未有的发展，已广泛应用于动画、科学计算可视化、CAD/CAM、影视娱乐等各个领域。20世纪80年代计算机图形学也出现过很多新技术，具体如下。

1980年，Whitted提出了一个光透视模型——Whitted模型，并第一次给出光线跟踪算法的范例，实现了Whitted模型。

1984年，美国Cornell大学和日本广岛大学的学者分别将热辐射工程中的辐射度方法引入计算机图形学中，用辐射度方法成功地模拟了理想漫反射表面间的多重漫反射效果。光线跟踪算法和辐射度算法的提出，标志着真实感图形的显示算法已逐渐成熟。

进入20世纪90年代，计算机图形学的功能除了随着计算机图形设备的发展而提高外，其自身也在朝着标准化、集成化和智能化的方向发展。一方面，国际标准化组织公布的有关计算机图形学方面的标准越来越多，且更加成熟。目前，由国际标准化组织发布的图形标准有：计算机图形接口标准(Computer Graphics Interface，CGI)、计算机图形元文件标准(Computer Graphics Metafile，CGM)、图形核心系统(Graphics Kernel System，GKS)、三维图形核心系统GKS-3D和程序员层次交互式图形系统(Programmer's Hierarchical Interactive Graphics System，PHIGS)。另一方面，多媒体技术、人工智能及专家系统技术和计算机图形学相结合使其应用效果越来越好，使用方法越来越容易，许多应用系统具有智能化的特点，如智能 CAD 系统。科学计算的可视化、虚拟现实环境的应用又向计算机图形学提出了许多更新更高的要求，使得三维乃至高维计算机图形学在真实性和实时性方面将有飞速发展。

1.2 计算机图形系统简介

一个计算机图形系统通常由计算机硬件、图形输入输出设备、计算机系统软件和图形软件构成，其硬件概念性框架如图 1-1 所示。

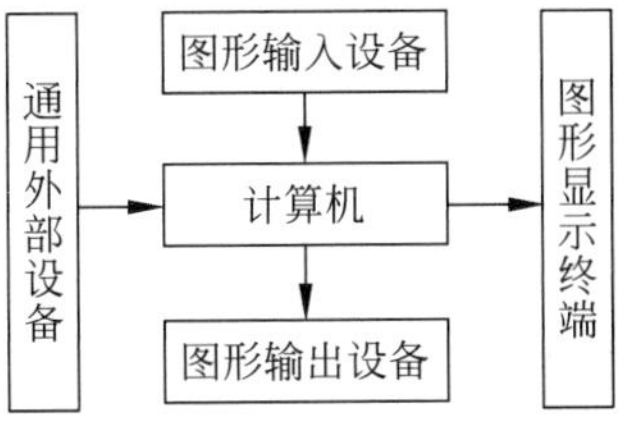

图 1-1 计算机图形系统的硬件概念性框架

1.2.1 视频显示设备与显示系统

图形系统一般使用视频显示器作为其基本的输出设备，20 世纪前大部分视频显示设备仍然采用标准的阴极射线管，但近些年采用液晶显示、等离子显示技术和激光显示技术的平板视频显示设备得到广泛应用，并完全取代了阴极射线管。

1. 阴极射线管

阴极射线管(Cathode-Ray Tube，CRT)的基本工作原理为：由电子枪发射出阴极射线通过聚焦系统和偏转系统轰击屏幕表面的荧光材料。在阴极射线轰击的每个位置，荧光层都会产生一个小亮点，从而产生可见图形。所有这些部件都封闭在一个真空的圆锥形玻璃壳内，其结构如图 1-2 所示。

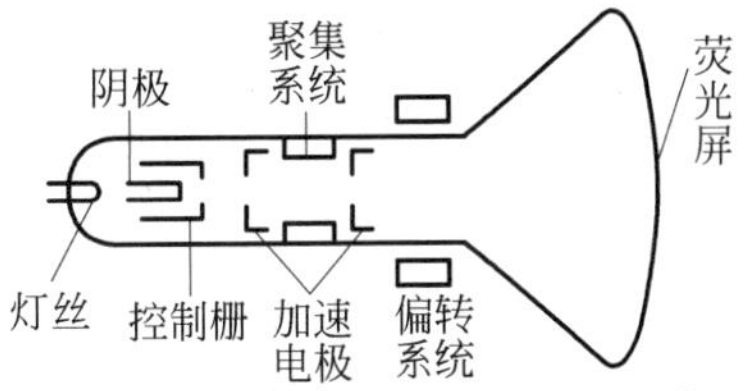

图 1-2 阴极射线管主要结构图

CRT 显示器是通过电子束轰击屏幕的荧光粉，使其发光产生图形。荧光粉的发光持续时间很有限，因此每次作用，图形在屏幕的存留时间很短。为了保持一个持续稳定的图形画面，需要电子束反复轰击屏幕。在屏幕上重复画图的频率称为刷新频率。

彩色阴极射线管使 CRT 显示不同颜色的图形是通过把发出不同颜色的荧光物质进行组合而实现的。这种 CRT 屏幕内部涂有多组呈三角形的荧光材料，每组材料有 3 个荧光点。当某组荧光材料被激活时，会分别发出红、绿、蓝三种光，其不同的强度混合后即产生不同颜色。

2. 视频显示器

1）光栅扫描显示器

使用 CRT 的普通图形显示器是基于电视技术的光栅扫描显示器。在光栅扫描系统中，电子束横向扫描屏幕，一次一行，从顶到底依次进行。每一行称为一个扫描行。当电子束沿每一行横向移动时，电子束的强度不断变化，从而建立亮点组成一个图案。光栅扫描系统对于屏幕的每一个点都有存储强度信息的能力，从而使之较好地适用于包含细微阴影和色彩模式的场景的逼真显示。光栅系统可显示的颜色或灰度等级依赖于 CRT 使用的荧光粉类型以及每一个像素对应的位数。对于一个简单的黑白系统来说，每一个屏幕点或亮或暗，因此每个像素只需一位来控制屏幕位置上的亮度。在高性能系统中，每个像素可多达 24 位，这时分辨率为 1024×1024 的屏幕要使用 3MB 容量的刷新缓存。

2）液晶显示器

液晶显示器(Liquid Crystal Display，LCD)是一种常见的平板显示器，它是由 6 层薄板组成的平板式显示器。其中，第一层是垂直电极板，第二层是邻接晶体表面的垂直细网格线组成的电解层，第三层是液晶层(约 0.177mm)，第四层是与晶体另一面邻接的水平网格线层，第五层是水平电极层，第六层是反射层。液晶材料由长晶线分子构成，各个分子在空间的排列通常处于极化光状态，即极化方向相互垂直的位置。光线进入第一层时同极化方向垂直。当光线通过液晶时，极化方向和水平方向的夹角是 90°，这样光线可以通过水平极板，并到达两个极板之间的液晶层。晶体在电场作用下将排列成行并且方向相同。晶体在这种情况下不改变穿透光的极化方向。若光在垂直方向被极化，光就不能穿透后面的极板，会被遮挡，在极板表面会看到一个黑点。在液晶显示器中，晶体一旦被极化，它将保持此状态达几百毫秒，甚至在触发电压切断后仍然保持这种状态不变，这对图形的刷新速度影响极大。为了解决这个问题，在液晶显示器表面的网格点上装有一个晶体管，通过晶体管的开关来快速改变晶体状态，同时也控制状态改变的程度。晶体管也可用来保存每个单元的状态，从而可按刷新频率周期性地改变晶体单元的状态。这样，液晶显示器就可用来制造连续色调的轻型电视机和显示器。

3. 图形绘制设备

图形显示设备只能在屏幕上产生各种图形，但在计算机图形学应用中有时还需把图形画在纸上。常用的图形绘制设备有打印机和绘图仪两种。打印机一般又可分为喷墨打印机与激光打印机；绘图仪一般分为静电绘图仪与笔式绘图仪。

1）喷墨打印机

喷墨打印机既可用于打印文字，又可用于绘图(实际指打印图纸)。喷墨打印机的关键部件是喷墨头，通常分为连续式和随机式两种。连续式喷墨头射速较快，但需要墨水泵和墨水回收装置，结构比较复杂；随机式喷墨头的主要特点是墨滴的喷射是随机的，只有在需要印字(图)时才喷出墨滴，墨滴的喷射速度较慢，不需墨水泵和墨水回收装置，此时，若采用多喷嘴结构也可以获得较高的印字(图)速度。随机式喷墨法常用于普及型便携式印字机；连续式喷墨法多用于喷墨绘图仪。

2）激光打印机

激光打印机也是一种既可用于打印字符又可用于绘图的设备，主要由感光鼓、上粉盒、打底电晕丝和转移电晕丝组成。激光打印机开始工作时，感光鼓旋转并借助打底电晕丝，使整个表面被磁化的点吸附碳粉，从而在感光鼓上形成将要打印的碳粉图像。然后，将图像传到打印机上。打印纸从感光鼓和转移电晕丝中通过，转移电晕丝上将产生比感光鼓上更强的磁场，碳粉受吸引从感光鼓上脱离，朝转移电晕丝方向转移，结果便是在不断向前运动的打印纸上形成碳粉图像。打印纸继续向前运动，通过高达 400℃高温的溶凝部件，碳粉图像便定型在打印纸上，产生永久图像。同时，感光鼓旋转至清洁器，将所有剩余在感光鼓上的碳粉清除干净，开始新的工作。

1.2.2 图形输入设备

图形输入设备一般分为矢量型图形输入设备和光栅扫描型图形输入设备两种。

矢量型图形输入设备采用跟踪轨迹、记录坐标点的方法输入图形。主要输入的数据形式为直线或折线组成的图形数据。常用的矢量型图形输入设备有数字化仪、鼠标、光笔等。

光栅扫描型图形输入设备采用逐行扫描、按一定密度采样的方式输入图形。主要的输入数据为一幅由亮度值构成的像素矩阵——图像(Image)。这类设备常采用自动扫描输入方式，因此输入快捷。但是，它所获得的图像数据必须被转换为图形(Graphics)数据，才能被 CAD 系统和各子系统使用。这种转换是一种图形识别的过程，这方面的研究已逐步达到实用阶段。常用的光栅扫描型图形输入设备有扫描仪和摄像机。

图形输入设备的功能可分为定位、笔画、确定数值、进行选择、进行图形识别、识别字符串等 6 部分。

下面对主要图形输入设备进行介绍。

1. 鼠标

鼠标是一种手持滚动设备，形状如一个方盒，表面有 2～4 个开关，下面是两个互相垂直的轮子，或是一个球。当轮子或球滚动时，带动两个角度—数字转换装置，产生出滚动距离的 x 方向、y 方向移动值。表面的开关则用于位置的选择。鼠标的一个重要特征是，只有当轮子滚动时，才会产生指示位置变化。把鼠标从一个位置拿起后，放到另一个位置，如果没有输入位置值，不会产生指示位置变化。因此，鼠标不能用于输入图纸，而主要用于指挥屏幕上的光标。鼠标价格便宜、操作方便，是目前图形交互时使用最多的图形输入设备。而现在较为流行的光电式鼠标是利用发光二极管与光敏晶体管来测量位移。它利用前、后位置的夹角使二极管发光，经鼠标板反射至光敏晶体管，由于鼠标板均匀间隔的网格使反射光强弱不均，从而反射光的变化转换为表示位移的脉冲。

2. 键盘

键盘已经成为计算机系统必备的输入设备。在图形系统中，无论是个人计算机图形系统、工作站图形系统还是其他的大型图形系统都配有键盘。键盘是输入非图形数据的高效设备，通过它可以将字符串、控制命令等信息输入系统中。键盘包括 ASCII 编码键、命令控制键和功能键，可实现图形操作的某些特定功能。

3. 触摸屏

触摸屏利用手指等物体对屏幕的触摸进行定位，其类型主要有以下几种。

(1) 电阻式和电容式：利用两涂层间电阻和电容的变化确定触摸位置。

(2) 红外线式：利用红外线发生/接收装置检测光线的遮挡情况，从而引发电平变化，或通过测量投射屏幕两边的阴影范围来确定手指位置。

(3) 声表面波式：利用手触使声波发生衰减，从而确定 x、y 坐标。

4. 图形扫描仪

扫描仪通过光电转换、点阵采样的方式，将一幅画面变为数字图像。它由 3 部分组成：扫描头、控制电路及移动扫描机构。

(1) 扫描头由两部分构成，即光线发射部分发射出一束细窄的光线到画面上，光线接收部分接收画面所反射的光线,并转换为电信号。

(2) 控制电路将扫描头输出的电信号整形,并通过 A/D 转换电路转换为表示方位与光强度的数字信号输出。

(3) 移动扫描机构使扫描头相对于画面做 x 和 y 方向的二维扫描移动。按照移动机构的不同,扫描仪可以分为两类,即平板式和滚筒式。前者将画面固定在平面上,扫描头在画面上做二维水平扫描移动;后者将画面固定在一个滚筒上,扫描头只做 y 方向的一维移动,而 x 方向的移动则由滚筒的旋转完成。

画面通过扫描仪变为一幅数字矩阵图像,其中每一点的值代表画面上对应点的反射光线强度,即该点的亮度。扫描仪也可用摄像机代替。摄像机价格便宜、速度快,可连续输入运动的实物形象,但精度较差。一般摄像机每幅画面的分辨度在 640×640 左右,它可用于对精度要求不高的 CAD 领域。

5. 数据手套

数据手套是虚拟现实中必要的输入设备。数据手套由一系列检测手和手指运动的传感器构成。发送天线和接收天线之间的电磁耦合用来提供手的位置和方向等信息。发送和接收天线各由一组三个相互垂直的线圈构成,形成三维笛卡儿坐标系统。来自数据手套的输入可用来定位或操纵虚拟场景中的对象。该场景的二维投影可在视频监视器上观察,而三维投影一般使用头套观察。

1.3 计算机图形软件系统简介

图形软件分为专用应用软件包和通用编程软件包两大类。专用软件包的接口通常是一组菜单,用户通过菜单按自己的概念和程序进行图形设计。这类应用的例子包括艺术家绘画程序和各种建筑、商务、医学及工程 CAD 等系统。相反,通用图形编程软件包提供一个可以用于 C++、Java 等高级程序设计语言的图形函数库。典型的图形库中的基本函数用来描述图元(直线、多边形、球面和其他对象)、设定颜色、观察选择的场景和进行旋转或其他变换等。通用编程软件包有 GL(Graphics Library)、OpenGL(Open Graphics Library)、DirectX、Java 3D 和 Web3D 等。由于图形函数库提供了程序设计语言(如 C++)和硬件之间的软件接口,所以这一组图形函数称为计算机图形应用编程接口。在我们使用 C++ 编写应用程序时,可以使用图形函数进行组织并在输出设备上显示图形。

1. OpenGL 技术

OpenGL 定义了一个跨编程语言、跨平台的编程接口规格的专业图形程序接口。它用于二维(2D)、三维(3D)图形图像的生成与显示,是一个功能强大、调用方便的底层图形库。

OpenGL 是行业领域中广泛接纳的 2D/3D 图形 API,诞生至今已催生了各种计算机平台及设备上的众多优秀应用程序。OpenGL 是独立于视窗操作系统或其他操作系统的,亦是网络透明的。在 CAD、内容创作、娱乐、游戏开发、制造业、制药业及虚拟现实等行业领域中,OpenGL 能帮助程序员实现在 PC、工作站、超级计算机等硬件设备上的高性能、极具冲击力的高视觉表现力图形处理软件的开发。

以 OpenGL 为基础开发的应用程序可以十分方便地在各种平台间移植,它与 C++ 紧密结合,便于实现图形的相关算法,并可保证算法的正确性和可靠性。

2. DirectX 技术

DirectX 是一种图形应用编程接口(API),是一个提高系统性能的加速软件,由微软公司创建开发。微软公司将其定义为“硬件设备无关性”。从字面上来看,DirectX 是直接的意思。X 指很多东西,加在一起就是一组具有共性的东西。从内部原理探讨,DirectX 就是一系列的 DLL(Dynamic Link Library,动态链接库)。通过这些 DLL,程序员可以在忽视设备差异的情况下访问底层的硬件。DirectX 提供了一整套的多媒体接口方案,只是因为其在 3D 图形方面表现优秀,便使得它在其他方面显得不是非常突出。DirectX 开发之初是为了弥补 Windows 3.1 系统对图形、声音处理能力的不足,后来发展成为对整个多媒体系统的各方面都有决定性影响的接口。

DirectX 主要应用于游戏软件的开发。Windows 平台的出现给游戏软件的发展带来了极大的契机,开发基于 Windows 的游戏已成为各游戏软件开发商的首选。

3. Java 3D 技术

Java 3D 是 Java 语言在三维图形领域的扩展,是一组应用编程接口。利用 Java 3D 提供的 API,可以编写出基于网页的三维动画、各种计算机辅助教学软件和三维游戏等。利用 Java 3D 编写的程序,只需要编程人员调用这些 API 进行编程,而客户端只需要使用标准的 Java 虚拟机就可以浏览,因此具有不需要安装插件的优点。Java 3D 从高层次为开发者提供对三维实体的创建、操纵和着色,使开发工作变得极为简单。同时,Java 3D 的低级 API 是依赖于现有的三维图形系统的,如 Direct 3D、OpenGL、QuickDRAW 3D 和 XGL 等,Java 3D 可用在三维动画、三维游戏、机械 CAD 等领域。

Java 3D 建立在 Java 2(Java 1.2 及以上版本)基础之上,Java 语言的简单性使 Java 3D 的推广有了可能。它实现了三维显示能够用到的以下功能:生成简单或复杂的形体(也可以调用现有的三维形体),使形体具有颜色、透明效果、贴图;在三维环境下生成灯光、移动灯光,具有行为的处理判断能力(键盘、鼠标、定时器等);生成雾、背景、声音,使形体变形、移动;生成三维动画,编写非常复杂的应用程序用于各种领域,如虚拟现实。

4. Web3D 技术

近年来随着网络传输速率的提高,一些新的网络技术得以应用发展,以 3D 图形生产和传输为基础的网络三维技术(即 Web3D 技术)便是代表。Web3D 技术以其特有的形象化展示、强大的交互及其模拟等功能,增强了网络教学的真实体验而备受关注。

Web3D 可以简单地看成 Web 技术和 3D 技术相结合的产物,是互联网上实现 3D 图形技术的总称。从技术发展过程来看,Web3D 技术源于虚拟现实技术中的 VRML 分支。1997 年,VRML 协会正式更名为 Web3D 协会,并制定了新的国际标准 VRML97。至此,Web3D 的专用缩写为人们所认识,这也是常常把它与虚拟现实联系在一起的原因。

2004 年被 ISO 审批通过的由 Web3D 协会发布的新一代国际标准——X3D,标志着 Web3D 进入了一个新的发展阶段。X3D 把 VRML 的功能封装到一个可扩展的核心之中,使其能够提供标准 VRML97 浏览器的全部功能,且有向前兼容的技术特征。此外,X3D 使用 XML 语法,实现了与流式媒体 MPEG-4 的 3D 内容的融合。再者,X3D 是可扩展的,任何开发者都可以根据自己的需求扩展其功能。因此,X3D 标准受到业界广泛支持。

X3D 标准使更多的 Internet 设备实现生产、传输、浏览 3D 对象成为可能,无论是 Web 客户端还是高性能的广播级工作站用户,都能够享受基于 X3D 带来的技术优势。而且,在

X3D 基本框架下，保证了不同厂家所开发软件的互操作性，结束了互联网 3D 图形标准混乱的局面。目前，Web3D 技术已经发展成为一个技术群，成为网络 3D 应用的独立研究领域，也是在网络教学资源和有效的学习环境的设计与开发中受到普遍关注的技术。

1.4 本章小结

本章主要介绍计算机图形学的定义、起源和发展，并描述计算机图形学硬件、软件系统。通过本章学习使读者对计算机图形学有个概括性的了解。

1.5 习题

1. 什么是计算机图形学？
2. 计算机图形系统由哪几部分构成？
3. 在 CRT 显示器上如何成像？
4. 有哪些图形输入设备和输出设备？
5. 你熟悉哪些图形软件？

第2章 图元生成技术

CHAPTER 2

应用编程接口(API)提供可以在C++等程序设计语言中用来创建各种图形的函数库。软件包中用来描述的基本图形元素,又称为图形输出图元,简称为图元。复杂的图形系统都是由一些最基本的图元组成的。

另外,常见的显示器为光栅图形显示器,光栅图形显示器可以看作像素矩阵。像素是组成图形的基本元素。在显示器的相应像素点上画上所需颜色就可以在光栅显示器上显示任何一种图形。在显示器上使用像素点相对应的整数坐标描述称为屏幕坐标。确定最接近图形的像素点集合称为图形的扫描转换或光栅化。

本章要点:

本章重点掌握直线与圆的生成算法,了解多边形填充算法。

2.1 直线生成算法

直线是最基本的图形元素,复杂图形可能包含很多直线。扫描直线的基本规则:若线的斜率在1和−1之间,则每一列必定只取一个像素点;若线的斜率在此范围之外,则每一行必定只取一个像素点。计算机绘制直线是在显示器所给定的有限个像素点组成的矩阵中,确定最佳逼近该直线的一组像素点,即通常所说的直线的扫描转换,或称直线光栅化。

本节介绍三种常用直线的生成算法:数值微分法(Digital Differential Analyzer, DDA)、中点画线法、Bresenham算法。

2.1.1 DDA(数值微分)画线算法

DDA算法原理是在某坐标方向对线段以单位间隔采样。

假设从左向右扫描,从$p_1(x_1,y_1)$到$p_2(x_2,y_2)$画直线段p_1p_2,直线斜率为$m=\frac{y_2-y_1}{x_2-x_1}$。直线中的每一点可以由前一点增加一个增量$(\delta x,\delta y)$得到,表示为递归式:

$$y_{k+1}=y_k+\delta y$$

$$x_{k+1}=x_k+\delta x$$

而斜率又可由$m=\Delta y/\Delta x$计算,所以可得出以下结论:

如果$|m|\leqslant 1$,则从x的左端点p_1开始以单位x间隔采样($\delta x=1$),也就是$x_{k+1}=$

x_k+1,并逐点计算其 y 坐标 $y_{k+1}=y_k+m$,并对 y 值取整,即当前像素点为[x_{k+1},round(y_{k+1})]。

如果$|m|>1$,以单位 y 间隔采样($\delta y=1$),也就是 $y_{k+1}=y_k+1$,并逐点计算其 x 坐标 $x_{k+1}=x_k+\frac{1}{m}$,并对 x 值取整,即当前像素点为[round(x_{k+1}),y_{k+1}]。

以上算法实现是基于从左端点到右端点处理线段的假设。假如这个过程的处理方向相反,即起始端点在右侧,那么如果斜率的绝对值$|m|\leqslant 1$,令 $\delta x=-1$,则 $y_{k+1}=y_k-m$;如果斜率的绝对值$|m|>1$,令 $\delta y=-1$,并且 $x_{k+1}=x_k-\frac{1}{m}$。

DDA 算法实现过程为:

(1) 输入直线两端点坐标(x_1,y_1),(x_2,y_2)。

(2) 确定画线颜色 color。

(3) 计算两个方向的跨度

$$\Delta x=x_2-x_1$$
$$\Delta y=y_2-y_1$$

(4) 计算两个方向跨度的绝对值

$$\text{steps}=\max(|\Delta x|,|\Delta y|)$$

(5) 求出两个方向的增量

$$\text{deltx}=\Delta x/\text{steps}$$
$$\text{delty}=\Delta y/\text{steps}$$

(6) 设置初始像素坐标 $x=x_1$,$y=y_1$。

(7) 用循环语句实现直线的绘制:

```
for(i = 1; i <= steps; i++)
{
  SetPixel(x,y,color);
  x = x + deltx;
  y = y + delty;
}
```

例 2-1 应用 DDA 算法分别画从坐标位置 $p_1(1,1)$到 $p_2(9,6)$的线段及从 $p_3(1,1)$到 $p_4(6,9)$的线段。

首先求线段 p_1p_2 上的像素点:线段斜率为 5/8,以单位 y 间隔取样,逐点计算其 y 坐标 $y_{k+1}=y_k+\frac{1}{m}$。

$x_0=1$, $x_1=2$, $x_2=3$, $x_3=4$, $x_4=5$, $x_5=6$,

$x_6=7$, $x_7=8$, $x_8=9$; $y_0=1$, $y_1=1\frac{5}{8}$, $y_2=2\frac{2}{8}$,

$y_3=2\frac{7}{8}$, $y_4=3\frac{4}{8}$, $y_5=4\frac{1}{8}$, $y_6=4\frac{6}{8}$, $y_7=5\frac{3}{8}$, $y_8=6$

对 y 值采用四舍五入取整可得

$y_0=1$, $y_1=2$, $y_2=2$, $y_3=3$, $y_4=4$, $y_5=4$,

$y_6=5$, $y_7=5$, $y_8=6$

所以,应用 DDA 算法画线段 p_1p_2 得到的像素点为(1,1)、(2,2)、(3,2)、(4,3)、(5,

4)、(6,4)、(7,5)、(8,5)、(9,6)。

对于线段 p_3p_4,斜率为 8/5,以 y 单位间隔取样,逐点计算其 x 坐标 $x_{k+1}=x_k+\frac{1}{m}$。

$y_0=1$,　$y_1=2$,　$y_2=3$,　$y_3=4$,　$y_4=5$,　$y_5=6$,

$y_6=7$,　$y_7=8$,　$y_8=9$;　$x_0=1$,　$x_1=1\frac{5}{8}$,　$x_2=2\frac{2}{8}$,

$x_3=2\frac{7}{8}$,　$x_4=3\frac{4}{8}$,　$x_5=4\frac{1}{8}$,　$x_6=4\frac{6}{8}$,　$x_7=5\frac{3}{8}$,　$x_8=6$

对 x 值采用四舍五入取整可得

$x_0=1$,　$x_1=2$,　$x_2=2$,　$x_3=3$,　$x_4=4$,　$x_5=4$,

$x_6=5$,　$x_7=5$,　$x_8=6$

所以,应用 DDA 算法画线段 p_3p_4 得到的像素点为(1,1)、(2,2)、(2,3)、(3,4)、(4,5)、(4,6)、(5,7)、(5,8)、(6,9)。

结果如图 2-1 所示。

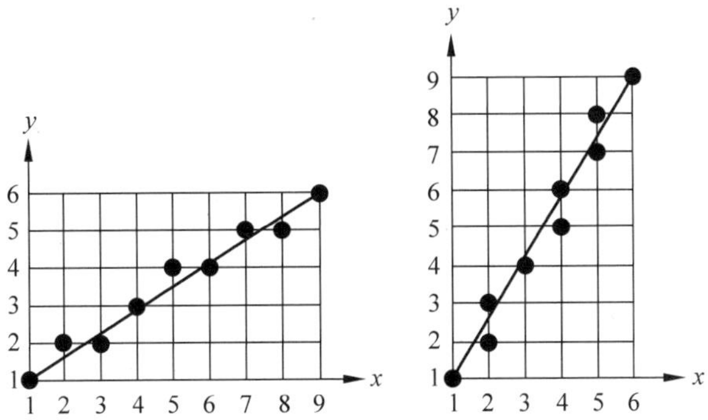

图 2-1　分别扫描线段 $p_1(1,1)p_2(9,6)$ 及 $p_3(1,1)p_4(6,9)$ 的结果

DDA 画线算法思路简单,实现容易,但由于在循环中涉及的取整运算和浮点运算比较耗时,因此生成直线的速度较慢。

2.1.2 中点画线法

本节假定直线斜率在 0 到 1 之间且从左向右扫描,其他斜率可参照处理。该情况下,以单位 x 间隔采样。若 x 方向上增加一个单位,则 y 方向上的增量只能在 0 到 1 之间。如图 2-2 所示,在画直线段的过程中,当前像素点为 $p(x_p,y_p)$,下一个像素点有两种选择:点 p_1 或 p_2。M 为 p_1 与 p_2 中点,即 $M=(x_p+1,y_p+0.5)$,Q 为理想直线与 $x=x_p+1$ 垂线的交点。当 M 在交点 Q 的下方时,则 p_2 应为下一个像素点;当 M 在交点 Q 的上方时,应取 p_1 为下一像素点,这就是中点画线的基本原理。

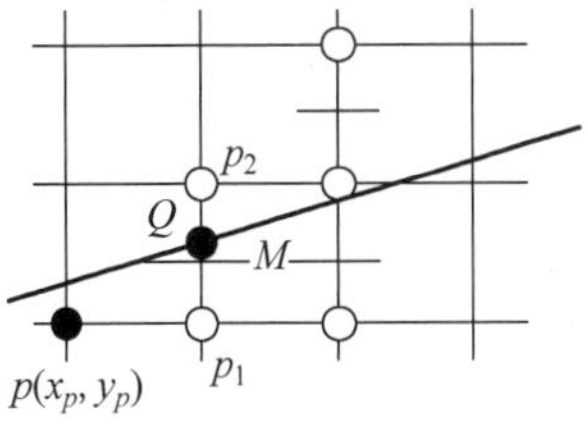

图 2-2　中点画线法中下一步两个像素点的选择

中点画线法的实现:假设直线的起点和终点分别为 $p_0(x_0,y_0)$和 $p_{end}(x_{end},y_{end})$,其方程式 $F(x,y)=ax+by+c=0$。

其中,$a=y_0-y_{end}$,$b=x_{end}-x_0$,$c=x_0y_{end}-x_{end}y_0$。

点与 L 的关系如下:

如果点在直线上,则 $F(x,y)=0$;

如果点在直线上方，则 $F(x,y)>0$；

如果点在直线下方，则 $F(x,y)<0$。

将 M 代入 $F(x,y)$，判断 F 的符号，可判断出中点 M 在直线的上方还是下方。为此构造决策参数：$d=F(M)=F(x_p+1,y_p+0.5)=a(x_p+1)+b(y_p+0.5)+c$。所以：

当 $d<0$ 时，M 在直线下方，取 p_2 为下一个像素点；

当 $d>0$ 时，M 在直线上方，取 p_1 为下一个像素点；

当 $d=0$ 时，选 p_1 或 p_2 均可，取 p_1 为下一个像素点。

其中 d 是 x_p，y_p 的线性函数。应用决策参数的递推公式得出：

当 $d<0$ 时，取 p_2 为下一个像素点，再取下一个决策参数为

$$d_1=F(x_p+2,y_p+1.5)=a(x_p+2)+b(y_p+1.5)+c=d+(a+b)$$

当 $d\geqslant 0$ 时，取 p_1 为下一个像素点，再取下一个决策参数为

$$d_1=F(x_p+2,y_p+0.5)=a(x_p+2)+b(y_p+0.5)+c=d+a$$

也就是说，下一个决策参数可以由前一个决策参数确定，形成递推关系。

下面再根据线段的起点 $p_0(x_0,y_0)$ 求出决策参数的初始值 d_0 为

$$d_0=F(x_0+1,y_0+0.5)=a(x_0+1)+b(y_0+0.5)+c=F(x_0,y_0)+a+0.5b$$

又由于起点 $p_0(x_0,y_0)$ 一定在直线上，有 $F(x_0,y_0)=0$，所以：

$$d_0=a+0.5b$$

因为 d_0 出现 $0.5b$，为了避免小数运算，可将决策参数用 $2d$ 取代。

应用只包含整数运算的中点画线算法从左向右扫描斜率在 0～1 之间的直线，算法描述如下。

(1) 输入线段两端点，并画左端点(x,y)。

(2) 初始化计算，$a=y_0-y_{\text{end}}$，$b=x_{\text{end}}-x_0$，$d=2a+b$，$x=x_0$，$y=y_0$。

(3) 如果 $x>x_{\text{end}}$，则结束，否则进行步骤(4)。

(4) 对 d 进行下列测试：

如果 $d<0$，则 $x=x+1$，$y=y+1$，$d=d+2(a+b)$；否则 $x=x+1$，$d=d+2a$。

(5) 转入步骤(3)。

例 2-2 应用中点画线法画出从坐标位置 $p_1(0,0)$ 到 $p_2(10,4)$ 的线段。

解：该线段的斜率为 0.4，$a=y_0-y_{\text{end}}=0-4=-4$，$b=x_{\text{end}}-x_0=10-0=10$，$2a=-8$，$2(a+b)=12$，$d=2a+b=-8+10=2$。

绘制初始点 $p_1(0,0)$，并从决策参数中确定沿线路径的后继像素点位置如表 2-1 所示。

表 2-1 例 2-2 的后继像素点位置

i	d_i	(x_{i+1},y_{i+1})
0	2	(1,0)
1	−6	(2,1)
2	6	(3,1)
3	−2	(4,2)
4	10	(5,2)
5	2	(6,2)
6	−6	(7,3)

续表

i	d_i	(x_{i+1},y_{i+1})
7	6	(8,3)
8	−2	(9,4)
9	10	(10,4)

所以，应用中点画线算法扫描线段 p_1p_2 得到的像素点为(0,0)、(1,0)、(2,1)、(3,1)、(4,2)、(5,2)、(6,2)、(7,3)、(8,3)、(9,4)、(10,4)。

结果如图 2-3 所示。

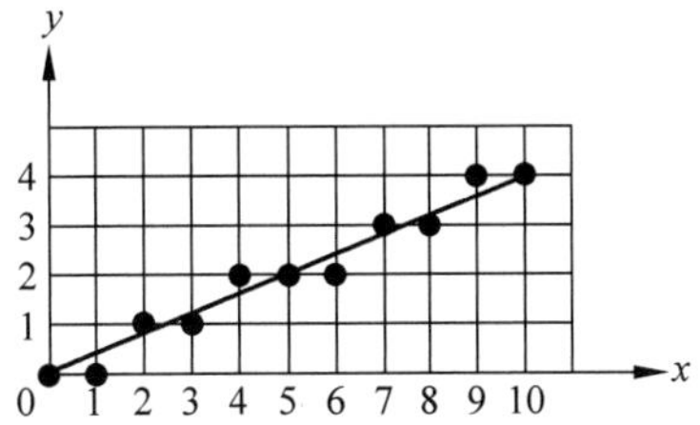

图 2-3　应用中点画线法扫描线段 $p_1(0,0)p_2(10,4)$ 所得的结果

2.1.3　Bresenham 算法

Bresenham 算法是应用最广泛的直线扫描算法。它采用递推过程，以最大变化方向单位采样，同时另一个方向的坐标根据误差判别式的符号来决定是不变还是前进一个像素。首先考虑斜率 $0<m<1$ 且从左向右画直线的过程。此情况沿线段路径的像素以 x 方向单位间隔采样，如图 2-4 所示。

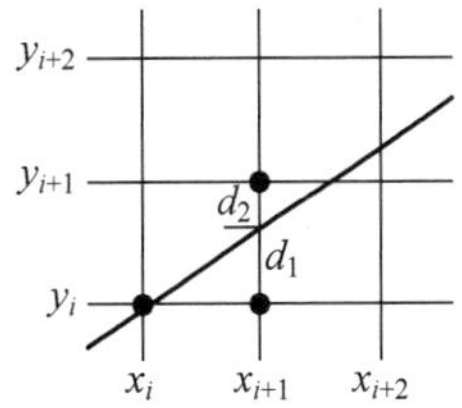

图 2-4　当采样到 x_k+1 时，通过比较 d_1 和 d_2 的大小决定选取哪个像素点

假设直线上第 i 个像素点坐标为(x_i,y_i)，并且已经确定是要显示的像素点，那么下一步需要确定在列 $x_{k+1}=x_k+1$ 上画哪个像素点，是在位置(x_i+1,y_i)，还是位置(x_i+1,y_i+1)。

设直线从起点(x_1,y_1)到终点(x_2,y_2)，直线可表示为方程 $y=mx+b$，其中 $b=y_1-mx_1$，$m=(y_2-y_1)/(x_2-x_1)=\Delta y/\Delta x$。由图 2-4 可以知道，在 $x=x_i+1$ 处，直线上点的 y 值是 $y=m(x_i+1)+b$，该点离像素点(x_i+1,y_i)和像素点(x_i+1,y_i+1)的距离分别是 d_1 和 d_2。

计算公式为

$$y=m(x_i+1)+b$$

$$d_1=y-y_i$$

$$d_2=y_i+1-y$$

$$d_1-d_2=2m(x_i+1)-2y_i+2b-1$$

要确定两像素点中哪个更接近线路径，需要比较 d_1 和 d_2 的大小，通过判断两者差值进行。如果 $d_1-d_2<0$，当 $x=x_i+1$ 时，选择像素点(x_i+1,y_i)代表路径上的实际交点，即 $y_{i+1}=y_i$。否则选择像素点(x_i+1,y_i+1)代表路径上的实际交点，即 $y_{i+1}=y_i+1$。

由于$d_1-d_2=2m(x_i+1)-2y_i+2b-1$中有$m$，$m=\Delta y/\Delta x$，为避免除法运算，再用$\Delta x$乘以等式两边，引出决策参数$P_i$：

$$P_i=\Delta x(d_1-d_2)=2x_i\Delta y-2y_i\Delta x+2\Delta y+(2b-1)\Delta x$$

由于假设线段从左向右扫描，Δx一定大于0，所以P_i符号和d_1-d_2符号相同，因此P_i就可以决定当$x=x_i+1$时，选择像素点(x_i+1,y_i)还是像素点(x_i+1,y_i+1)代表路径上的实际交点。

如果$P_i<0$，当$x_{i+1}=x_i+1$时，选择像素点(x_i+1,y_i)代表路径上的实际交点，即$y_{i+1}=y_i$。否则选择像素点(x_i+1,y_i+1)代表路径上的实际交点，即$y_{i+1}=y_i+1$。

直线上的坐标会沿着跨度较大的方向取单位步长而变化。因此，可以利用递增整数运算得到后继的决策参数值，在$i+1$步，可以计算出决策参数P_{i+1}：

$$P_{i+1}=2x_{i+1}\Delta y-2y_{i+1}\Delta x+2\Delta y+(2b-1)\Delta x$$

应用P_{i+1}减去P_i可得

$$P_{i+1}-P_i=2\Delta y(x_{i+1}-x_i)-2\Delta x(y_{i+1}-y_i)$$

而当斜率$0<m<1$时一定以x方向单位间隔采样，即$x_{i+1}=x_i+1$，因而得到

$$P_{i+1}=P_i+2\Delta y-2\Delta x(y_{i+1}-y_i)$$

而上式中y_{i+1}的值可以根据P_i确定。如果$P_i<0$，则$y_{i+1}=y_i$；否则$y_{i+1}=y_i+1$。分别代入可得到以下结论：

当$P_i<0$，$x_{i+1}=x_i+1$时，取像素点(x_i+1,y_i)，有$y_{i+1}=y_i$，$P_{i+1}=P_i+2\Delta y$；否则，当$x_{i+1}=x_i+1$时，取像素点(x_i+1,y_i+1)，有$y_{i+1}=y_i+1$，$P_{i+1}=P_i+2\Delta y-2\Delta x$。

再通过判断P_{i+1}的符号确定后面两个像素点取哪一个，形成反复循环测试。

还剩下最后一个问题，即求决策参数的初值P_1，可将x_1、y_1和b代入决策参数P_i推导式中的x_i、y_i，得到

$$P_1=2x_1\Delta y-2y_1\Delta x+2\Delta y+(2b-1)\Delta x$$

整理该式，可得$P_1=2\Delta y-\Delta x+(2x_1\Delta y-2y_1\Delta x+2b\Delta x)$。

$2x_1\Delta y-2y_1\Delta x+2b\Delta x$同除以$2\Delta x$可得$mx_1-y_1+b$，由于$(x_1,y_1)$为线段起点，一定满足线方程，即$y_1=mx_1+b$，所以$mx_1-y_1+b=0$，因而可得

$$P_1=2\Delta y-\Delta x$$

综合上面的推导，我们可以将斜率$0<m<1$且从左向右画直线的Bresenham算法描述如下。

(1) 输入线段两端点，并画左端点(x_1,y_1)。

(2) 计算常量$\Delta x=x_2-x_1$，$\Delta y=y_2-y_1$，并求决策参数的初值$P_1=2\Delta y-\Delta x$。

(3) 从$i=0$，沿线路径的每个x_i处，进行下列测试：

如果$P_i<0$，下一个要画的像素点是(x_i+1,y_i)，并且

$$P_{i+1}=P_i+2\Delta y$$

否则，下一个要画的像素点是(x_i+1,y_i+1)，并且

$$P_{i+1}=P_i+2\Delta y-2\Delta x$$

(4) 重复步骤(3)，共Δx次。

例 2-3 应用Bresenham算法从坐标位置$p_1(3,4)$到$p_2(12,8)$扫描线段。

解：该线段的斜率为 $m=4/9$，$\Delta x=9$，$\Delta y=4$。

决策参数的初值 $P_1=2\Delta y-\Delta x=-1$，$2\Delta y=8$，$2\Delta y-2\Delta x=-10$。

绘制初始点 $p_1(3,4)$，并从决策参数中确定沿线路径的后继像素点位置如表 2-2 所示。

表 2-2　例 2-3 的后继像素点位置

i	P_i	(x_{i+1},y_{i+1})
0	−1	(4,4)
1	7	(5,5)
2	−3	(6,5)
3	5	(7,6)
4	−5	(8,6)
5	3	(9,7)
6	−7	(10,7)
7	1	(11,8)
8	−9	(12,8)

所以，应用 Bresenham 算法扫描线段 p_1p_2 得到的像素点为(3,4)，(4,4)，(5,5)，(6,5)，(7,6)，(8,6)，(9,7)，(10,7)，(11,8)，(12,8)。

结果如图 2-5 所示。

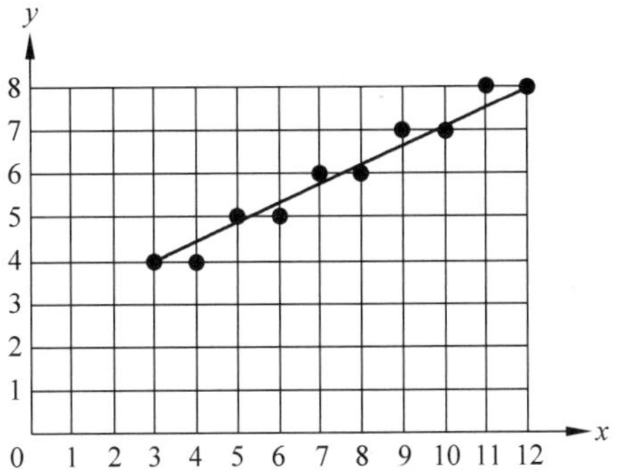

图 2-5　应用 Bresenham 算法扫描线段 p_1p_2 得到的结果

2.2　圆与椭圆的生成算法

圆是经常使用的基本图形，因此在大多数图形软件中都包含生成圆和圆弧的函数。本节我们学习圆的生成算法。

2.2.1　圆的特征

已知圆心坐标(x_c,y_c)和半径 r，圆的方程为

$$(x-x_c)^2+(y-y_c)^2=r^2$$

由上式导出

$$y=y_c\pm\sqrt{r^2-(x-x_c)^2}$$

当圆心坐标(x_c,y_c)为坐标原点时，圆的方程可化简为

$$x^2+y^2=r^2$$

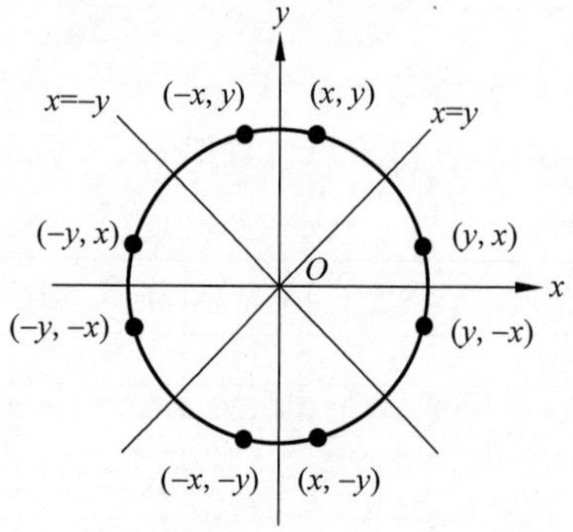

图 2-6 圆的对称性

通过考虑圆的对称性可以减少圆生成算法的计算量。圆心位于坐标原点的圆有四条特殊的对称轴 $x=0$、$y=0$、$x=y$ 和 $x=-y$，见图 2-6。

从而若已知圆弧上一点 $p(x,y)$，就可以得到其关于四条对称轴的七个对称点，这种性质称为八分对称性。因此只要能画出八分之一的圆弧，就可以利用对称性原理得到整个圆弧。下面介绍现在画圆最常用的方法——中点画圆算法，该方法通过检验两像素点间的中点位置以确定该中点是在圆边界之内还是之外。

2.2.2 中点画圆算法

这里仅讨论圆心位于坐标原点(0,0)的圆的画圆算法，对于圆心不在坐标原点的圆，可先用平移变换将圆心平移到坐标原点，然后进行画圆，最后再将圆生成的所有像素点平移到原来的位置。另外所画圆弧范围为：在第一象限中，圆弧段从 $x=0$ 到 $x=y$，曲线上每个点切线的斜率从 0 变化到 −1.0。因此该八分之一圆弧以 x 方向单位间隔采样，并使用决策参数来确定每一步两个可能的 y 位置中哪个更接近于圆的位置。最后其他七个八分之一圆弧中的位置可以通过对称性得到。

定义一个圆心位于坐标原点(0,0)的圆函数为 $F(x,y)=x^2+y^2-r^2$。

根据点与圆的相对位置关系，可得：

(1) 如果点 (x,y) 在圆上，则 $F(x,y)=0$；

(2) 如果点 (x,y) 在圆外，则 $F(x,y)>0$；

(3) 如果点 (x,y) 在圆内，则 $F(x,y)<0$。

假设已经确定像素点 $p_i(x_i,y_i)$ 为描述圆的一个像素点，在 $x_{i+1}=x_i+1$ 处需要确定像素点位置 (x_i+1,y_i) 与 (x_i+1,y_i-1) 哪个更接近圆在该位置的交点，如图 2-7 所示。

把两个像素点的中点 $(x_i+1,y_i-0.5)$ 代入圆函数作为决策参数。如果中点在圆内，则像素点 (x_i+1,y_i) 离圆在该处的实际位置近些；否则，像素点 (x_i+1,y_i-1) 离圆在该处的实际位置近些。

因此构造决策参数为

$$
\begin{aligned}
d_i &= F(M)=F(x_i+1,y_i-0.5)\\
&=(x_i+1)^2+(y_i-0.5)^2-r^2
\end{aligned}
$$

若 $d_i<0$，那么中点在圆内，则应取像素点 (x_i+1,y_i) 描绘圆路径在该处的实际位置；否则，中点在圆外或圆边界上，应取像素点 (x_i+1,y_i-1) 描绘圆路径在该处的实际位置。

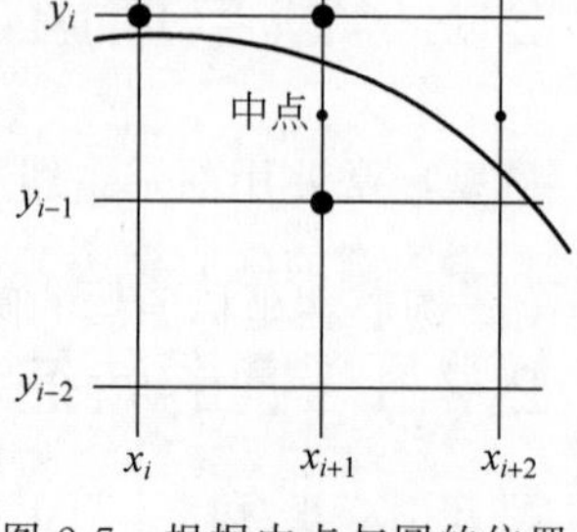

图 2-7 根据中点与圆的位置决定取哪个像素点

后续的决策参数可以使用增量运算得到

$$
d_{i+1}=F(M)=F(x_{i+1}+1,y_{i+1}-0.5)=(x_{i+1}+1)^2+(y_{i+1}-0.5)^2-r^2
$$

由于 $x_{i+1}=x_i+1$，用 d_{i+1} 减去 d_i，可得

$$d_{i+1}-d_i=2(x_i+1)+(y_{i+1}^2-y_i^2)-(y_{i+1}-y_i)+1$$

上式中 y_{i+1} 的值根据 d_i 可以确定。如果 $d_i<0$，则 $y_{i+1}=y_i$；否则 $y_{i+1}=y_i+1$。由此得到：如果 $d_i<0$，取像素点(x_i+1,y_i)，而下一个决策参数 d_{i+1} 为

$$d_{i+1}=d_i+2x_i+3=d_i+2x_{i+1}+1$$

否则，取像素点(x_i+1,y_i-1)，而下一个决策参数 d_{i+1} 为

$$d_{i+1}=d_i+2x_i-2y_i+5=d_i+2x_{i+1}-2y_{i+1}+1$$

这里 $x_{i+1}=x_i+1,y_{i+1}=y_i-1$。

最后，对圆函数在起始位置$(x_0,y_0)=(0,r)$可得决策参数的初值：

$$d_0=F(1,r-0.5)=1.25-r$$

假如将半径 r 指定为整数，则可以对 d_0 进行简单的取整，即 $d_0=1-r$。

中点画圆算法可概括为如下步骤。

(1) 输入圆半径 r 和圆心(x_c,y_c)，并得到圆周(圆心在原点)上的第一个点：

$$(x_0,y_0)=(0,r)$$

(2) 计算决策参数的初始值：

$$d_0=1-r$$

(3) 在每个 x_i 位置，从 $i=0$ 开始，完成下列测试：假如 $d_i<0$，圆心在$(0,0)$的圆的下一个点为(x_i+1,y_i)，并且

$$d_{i+1}=d_i+2x_{i+1}+1$$

否则，圆的下一个点是(x_i+1,y_i-1)，并且

$$d_{i+1}=d_i+2x_{i+1}-2y_{i+1}+1$$

其中，$x_{i+1}=x_i+1,y_{i+1}=y_i-1$。

(4) 确定在其他七个八分圆中的对称点。

(5) 将每个计算出的像素点位置(x,y)位移到圆心在(x_c,y_c)的圆路径上，并画坐标值：

$$x=x+x_c,\quad y=y+y_c$$

(6) 重复步骤(3)到步骤(5)，直至 $x>y$。

例 2-4 给定圆的圆心为坐标原点、半径 $r=11$，应用中点画圆算法在第一象限从 $x=0$ 到 $x=y$ 扫描八分圆，并根据对称性得出整个圆的像素点。

解：首先确定在第一象限从 $x=0$ 到 $x=y$ 沿八分圆的像素点位置。决策参数的初始值为

$$d_0=1-r=1-11=-10$$

对于圆心在坐标原点的圆，初始点$(x_0,y_0)=(0,11)$，计算决策参数的初始增量项：

$$2x_0=0,\quad 2y_0=22$$

使用中点画圆算法计算的后继决策参数值和沿圆路径的位置如表 2-3 所示。

表 2-3 例 2-4 的后继决策参数值和沿圆路径的位置

i	d_i	(x_{i+1},y_{i+1})	$2x_{i+1}$	$2y_{i+1}$
0	−10	(1,11)	2	22
1	−7	(2,11)	4	22
2	−2	(3,11)	6	22
3	5	(4,10)	8	20

续表

i	d_i	(x_{i+1}, y_{i+1})	$2x_{i+1}$	$2y_{i+1}$
4	−6	(5,10)	10	20
5	5	(6,9)	12	18
6	0	(7,8)	14	16
7	−1	(8,8)	16	16

从而第一象限从 $x=0$ 到 $x=y$ 沿八分圆的像素点为(0,11),(1,11),(2,11),(3,11),(4,10),(5,10),(6,9),(7,8),(8,8)。

结果如图 2-8 所示。

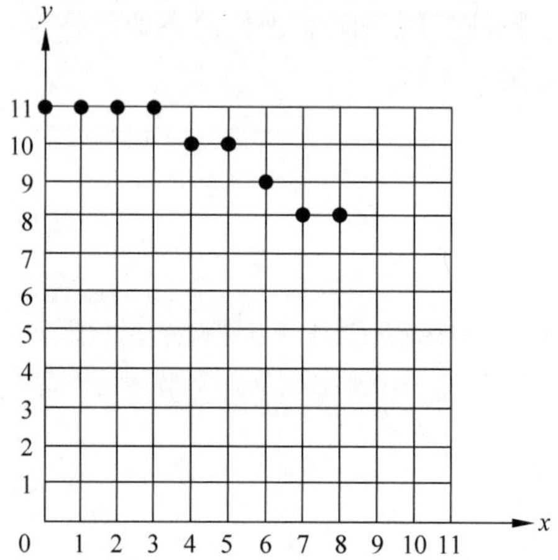

图 2-8 半径为 11 的圆的第一个八分圆的像素点位置

2.2.3 中点椭圆生成算法

可以将椭圆理解为拉长了的圆,或经过修改的圆,它的半径从一个方向的最大值变到其正交方向的最小值。椭圆内部这两个正交方向的直线段称为椭圆的长轴和短轴。通过椭圆上任一点到椭圆的两个焦点的距离可以给出椭圆的精确定义:椭圆上任一点到这两点的距离之和都等于一个常数。

本节讨论椭圆的扫描转换中点算法,与中点画圆算法中讨论的相似,设扫描的椭圆为中心在坐标原点的标准椭圆。如果需要中心不在坐标原点及显示不在标准位置的椭圆,可以将扫描转换后的所有点进行平移及旋转几何变换并对长轴和短轴重新定向。但目前只考虑显示标准位置的椭圆。

和圆的扫描算法一样,考虑椭圆的对称性可以进一步减少计算量。圆心在坐标原点的标准椭圆分别关于 x 轴和 y 轴对称,即在四分象限中对称。但与圆不同,它在八分象限中不是对称的。因此,我们只要计算一个象限中椭圆曲线的像素点位置,就可通过对称性得到其他三个象限的像素点位置。本算法扫描转换的范围为第一象限上的椭圆弧。中心在坐标原点的标准椭圆方程可以表示为

$$F(x,y)=b^2x^2+a^2y^2-a^2b^2=0$$

对于二维平面上的点(x,y)与椭圆的位置关系如下:

(1) 如果点在椭圆上,则 $F(x,y)=0$;

(2) 如果点在椭圆外,则 $F(x,y)>0$;

(3) 如果点在椭圆内,则 $F(x,y)<0$。

在第一象限上的椭圆弧扫描转换分两部分取单位步长,以弧上斜率为-1的点作为分界将第一象限椭圆弧分为上下两部分。上部分椭圆弧切线斜率绝对值都小于1,所以以 x 方向取单位步长,判断 y 方向到底取哪个值;而下部分椭圆弧切线斜率绝对值都大于1,所以以 y 方向取单位步长,判断 x 方向到底取哪个值,如图2-9所示。

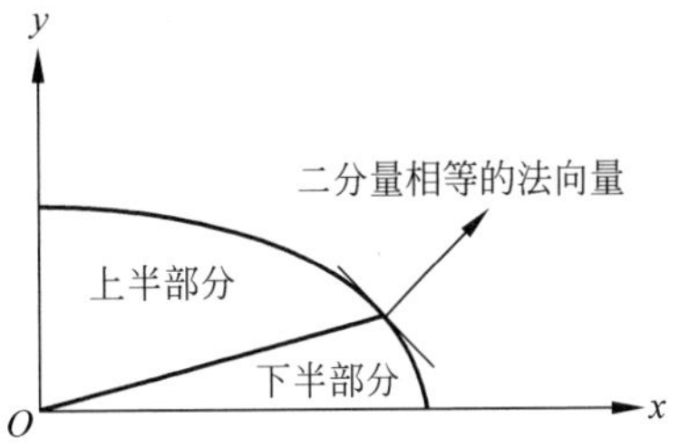

图2-9 第一象限的椭圆弧

从上半部分移到下半部分的判断条件可以根据椭圆的斜率计算出,椭圆的斜率从椭圆方程可得

$$\frac{dy}{dx}=-\frac{b^2x}{a^2y}$$

在上半部分和下半部分的交界区,$\frac{dy}{dx}=-1$,即 $b^2x=a^2y$。

因此,移出上半部分的条件是

$$b^2x\geqslant a^2y$$

(1) 首先进行椭圆弧的上半部分的扫描转换:与中点画圆算法类似,从起始像素点$(0,b)$开始,以 x 方向取单位步长进行选取像素点。假设已经确定(x_i,y_i)为描述椭圆弧的一个像素点。在该部分以 x 方向取单位步长,在 $x_{i+1}=x_i+1$ 处需要确定像素点位置(x_i+1,y_i)与(x_i+1,y_i-1)哪个更接近椭圆在该位置的交点。方法是将这两个像素点的中点$(x_i+1,y_i-0.5)$代入椭圆函数作为决策参数。如果中点在椭圆内,则像素点(x_i+1,y_i)离椭圆在该处的实际位置近些;否则,像素点(x_i+1,y_i-1)离椭圆在该处的实际位置近些,如图2-10所示。

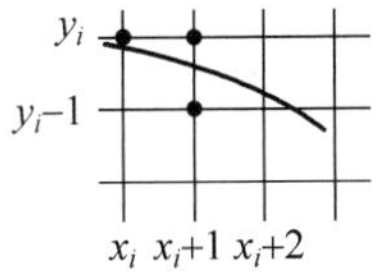

图2-10 椭圆轨迹上取样位置在 x_i+1 处候选像素点间的中点

具体算法如下。

将像素点(x_i+1,y_i)与像素点(x_i+1,y_i-1)的中点$(x_i+1,y_i-0.5)$代入椭圆函数作为判断选取哪个像素点的决策参数 d_i:

$$d_i=F(x_i+1,y_i-0.5)=b^2(x_i+1)^2+a^2(y_i-0.5)^2-a^2b^2$$

若 $d_i<0$,那么中点在椭圆内,则应取像素点(x_i+1,y_i)描绘椭圆路径在该处的实际位置;否则,中点在椭圆外或边界上,应取像素点(x_i+1,y_i-1)描绘椭圆路径在该处的实际位置。

后续的决策参数可以使用增量运算得到

$$d_{i+1}=F(M)=F(x_{i+1}+1,y_{i+1}-0.5)=b^2(x_{i+1}+1)^2+a^2(y_{i+1}-0.5)^2-a^2b^2$$

由于 $x_{i+1}=x_i+1$,用 d_{i+1} 减去 d_i,可得

$$d_{i+1}-d_i=2b^2(x_i+1)+a^2(y_{i+1}^2-y_i^2)-a^2(y_{i+1}-y_i)+b^2$$

上式中 y_{i+1} 的值根据 d_i 可以确定。如果 $d_i<0$,则 $y_{i+1}=y_i$;否则 $y_{i+1}=y_i+1$。

由此得到：如果 $d_i<0$，取像素点(x_i+1,y_i)，下一个决策参数 d_{i+1} 为

$$d_{i+1}=d_i+b^2(2x_i+3)=d_i+2b^2x_{i+1}+b^2$$

否则，取像素点(x_i+1,y_i-1)，下一个决策参数 d_{i+1} 为

$$d_{i+1}=d_i+2b^2x_i+3b^2-2y_i+2a^2=d_i+2b^2x_{i+1}-2a^2y_{i+1}+b^2$$

这里 $x_{i+1}=x_i+1,y_{i+1}=y_i-1$。

最后，对该部分椭圆函数在起始位置$(x_0,y_0)=(0,R)$可得决策参数的初值：

$$d_0=F(1,R-0.5)=b^2-a^2b+0.25a^2$$

(2) 在扫描转换椭圆的下半部分时，在负 y 方向取单位步长。在 $y_{i+1}=y_i-1$ 处需要确定像素点位置(x_i,y_i-1)与(x_i+1,y_i-1)哪个更接近椭圆在该位置的交点。方法还是将这两个像素点的中点$(x_i+0.5,y_i-1)$代入椭圆函数作为决策参数。如果中点在椭圆内，则像素点(x_i+1,y_i-1)离椭圆在该处的实际位置近些；否则，像素点(x_i,y_i-1)离椭圆在该处的实际位置近些，如图 2-11 所示。

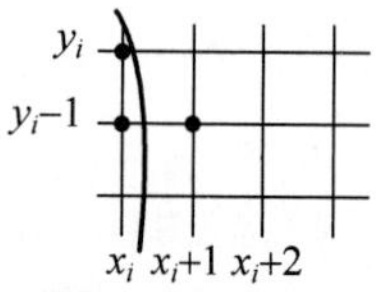

图 2-11 椭圆轨迹上取样位置在 y_i-1 处候选像素点间的中点

具体算法如下。

将像素点(x_i,y_i-1)与像素点(x_i+1,y_i-1)的中点$(x_i+0.5,y_i-1)$代入椭圆函数作为判断选取哪个像素点的决策参数 d_i：

$$d_i=F(x_i+0.5,y_i-1)=b^2(x_i+0.5)^2+a^2(y_i-1)^2-a^2b^2$$

若 $d_i<0$，那么中点在椭圆内，则应取像素点(x_i+1,y_i-1)描绘椭圆路径在该处的实际位置；否则，中点在椭圆外或边界上，应取像素点(x_i,y_i-1)描绘椭圆路径在该处的实际位置。

为了确定连续的决策参数间的关系，还要求后续的决策参数 d_{i+1}：

$$d_{i+1}=F(M)=F(x_{i+1}+0.5,y_{i+1}-1)=b^2(x_{i+1}+0.5)^2+a^2(y_{i+1}-1)^2-a^2b^2$$

由于 $y_{i+1}=y_i-1$，当用 d_{i+1} 减去 d_i，可得

$$d_{i+1}-d_i=b^2(x_{i+1}^2-x_i^2)+b^2(x_{i+1}-x_i)-2a^2(y_i-1)+a^2$$

上式中 x_{i+1} 的值根据 d_i 可以确定。如果 $d_i<0$，则 $x_{i+1}=x_i+1$；否则 $x_{i+1}=x_i$。由此得到：如果 $d_i<0$，取像素点(x_i+1,y_i-1)，下一个决策参数 d_{i+1} 为

$$d_{i+1}=d_i+2b^2x_i+3b^2-2y_i+3a^2=d_i+2b^2x_{i+1}-2a^2y_{i+1}+a^2$$

否则，取像素点(x_i,y_i-1)，下一个决策参数 d_{i+1} 为

$$d_{i+1}=d_i-2a^2y_i+3a^2=d_i-2a^2y_{i+1}+a^2$$

这里 $x_{i+1}=x_i+1,y_{i+1}=y_i-1$。

最后，求决策参数初始值时，特别要注意：下半部分椭圆函数起始位置是上半部分椭圆弧扫描转换得到的最后一个像素点，如果把该起始位置设为(x_0,y_0)可得决策参数的初值：

$$d_0=F(x_0+0.5,y_0-1)=b^2(x_0+0.5)^2+a^2(y_0-1)^2-a^2b^2$$

特别说明：对于下半部分椭圆弧扫描转换，还可以以逆时针方向，从$(a,0)$开始选择像素点位置，然后以 y 方向取正单位步长，直到扫描到上半部分的最后位置，该过程请读者自己推导。

中点椭圆生成算法可概括为如下步骤。

(1) 输入 a，b 和椭圆中心(x_c,y_c)，并得到椭圆(中心在原点)上的第一个点：

$$(x_0,y_0)=(0,r_y)$$

(2) 计算上半部分区域中决策参数的初始值：

$$d_0=b^2-a^2b+0.25a^2$$

(3) 在上半部分区域中的每个 x_i 位置，从 $i=0$ 开始，完成下列测试：如果 $d_i<0$，中心在$(0,0)$的椭圆的下一个点为(x_i+1,y_i)，下一个决策参数 d_{i+1} 为

$$d_{i+1}=d_i+2b^2x_{i+1}+b^2$$

否则，沿椭圆的下一个点为(x_i+1,y_i-1)，下一个决策参数 d_{i+1} 为

$$d_{i+1}=d_i+2b^2x_{i+1}-2a^2y_{i+1}+b^2$$

这里 $x_{i+1}=x_i+1$，$y_{i+1}=y_i-1$。

并且直到 $b^2x\geqslant a^2y$。

(4) 使用上半部分区域中的最后点(x_0,y_0)来计算下半部分区域中参数的初始值：

$$d_0=b^2(x_0+0.5)^2+a^2(y_0-1)^2-a^2b^2$$

(5) 在下半部分区域中的每个 y_i 位置，从 $i=0$ 开始，完成下列测试：如果 $d_i<0$，中心在$(0,0)$的椭圆的下一个点为(x_i+1,y_i-1)，下一个决策参数 d_{i+1} 为

$$d_{i+1}=d_i+2b^2x_{i+1}-2a^2y_{i+1}+a^2$$

否则，椭圆的下一个点为(x_i,y_i-1)，下一个决策参数 d_{i+1} 为

$$d_{i+1}=d_i-2a^2y_{i+1}+a^2$$

直到 $y=0$。

(6) 确定其他三个象限中的对称点。

(7) 将计算出的每个像素点位置(x,y)移到中心在(x_c,y_c)的椭圆轨迹上，并按坐标值绘制点：$x=x+x_c$，$y=y+y_c$。

例 2-5 应用中点椭圆生成算法，给定输入椭圆参数 $a=8$ 和 $b=6$，确定第一象限内椭圆轨迹上的光栅像素点位置。

对于上半部分区域，圆心在原点的椭圆的初始点为$(x_0,y_0)=(0,6)$，决策参数的初始值为

$$d_0=b^2-a^2b+0.25a^2=-332$$

使用中点椭圆生成算法的后继决策参数值和椭圆轨迹的位置如表 2-4 所示。

表 2-4 例 2-5 的后继决策参数值和椭圆轨迹的位置

i	d_i	(x_{i+1},y_{i+1})	$2b^2x_{i+1}$	$2a^2y_{i+1}$
0	−332	(1,6)	72	768
1	−224	(2,6)	144	768
2	−44	(3,6)	216	768
3	208	(4,5)	288	640

续表

i	d_i	(x_{i+1},y_{i+1})	$2b^2x_{i+1}$	$2a^2y_{i+1}$
4	−108	(5,5)	360	640
5	288	(6,4)	432	512
6	244	(7,3)	504	384

由于 $2b^2x \geqslant 2a^2y$，因此椭圆轨迹已经移出上半部分区域。

对于下半部分区域，初始点为$(x_0,y_0)=(7,3)$，初始决策参数为

$$d_0=b^2(x_0+0.5)^2+a^2(y_0-1)^2-a^2b^2=-151$$

第一象限中椭圆轨迹的其余位置如表 2-5 所示。

表 2-5 第一象限中椭圆轨迹的其余位置

i	d_i	(x_{i+1},y_{i+1})	$2b^2x_{i+1}$	$2a^2y_{i+1}$
0	−151	(8,2)	576	256
1	233	(8,1)	576	128
2	745	(8,0)	—	—

图 2-12 给出了第一象限内沿椭圆边界计算出的位置。

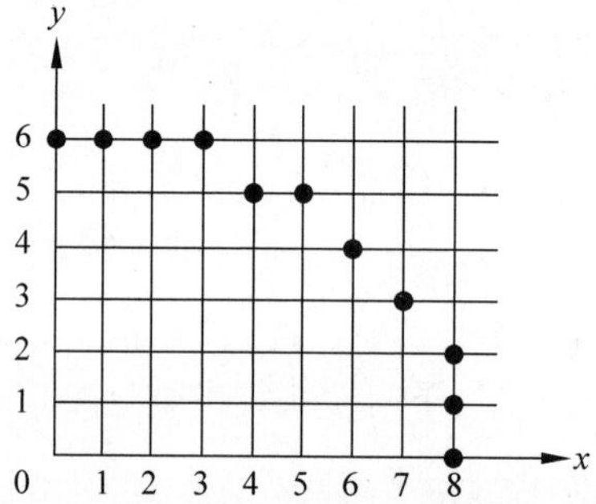

图 2-12 中心在原点，$a=8$ 和 $b=6$，应用中点椭圆生成算法得到的该椭圆在第一象限的像素点位置

2.3 多边形的区域填充

本节讨论如何用一个颜色或图案来填充一个二维区域。被填充的图形称为填充区或填充区域。填充区常常是一个平面上封闭的轮廓，一般来说，区域的封闭轮廓可以简单地看作多边形。若轮廓线由曲线构成，则可将曲线转换成顺序连接而成的多条直线段，此时，区域轮廓线仍然是一种逼近的多边形。另外，尽管填充区可以使用各种图形，但图形库一般不支持任意填充图形的描述。多数库函数要求填充区为指定的多边形。由于多边形有限性边界，比其他填充形状更容易处理，因而我们以讨论多边形的区域填充为主。

2.3.1 多边形填充的基础理论

1. 多边形理论

一个多边形(Polygon)在数学上定义为由三个或更多称为定点的坐标位置描述的平面图形，这些顶点由称为多边形的边(Edge 或 Side)顺序连接。进一步来看，几何上要求多边形的边除了端点之外没有其他的公共点。因此，根据定义，一个多边形在其单一平面上必须

有其所有的顶点且边之间无交叉。多边形的例子有三角形、矩形、八边形和十六边形等。有时，任一有封闭折现边界的平面图形暗指一个多边形，而若其没有交叉边则称为标准多边形(Standard Polygon)或简单多边形(Simple Polygon)。为了避免对象引用的混淆，我们把术语“多边形”限定为那些有封闭折现边界且无交叉边的平面图形。

1）多边形的分类

多边形的内角(Interior Angle)是由两条相邻边形成的多边形边界之内的角。如果一个多边形的所有内角均小于180°，则该多边形为凸(Convex)边形。凸边形的一个等价定义是它的内部完全在它的任一边及其延长线的一侧。同样，如果任意两点位于凸边形的内部，其连线也位于内部。不是凸边形的多边形称为凹(Concave)多边形。

2）内-外测试

各种图形处理经常需要鉴别对象的内部区域。识别简单对象如凸多边形、圆或椭圆的内部通常是一件很容易的事情。但有时我们必须处理较复杂的对象。例如，我们可能要描述一个有相交边的复杂填充区。在该形状中，xy 平面上哪一部分为对象边界的内部，哪一部分为外部并不总是一目了然的。奇偶规则是识别平面图形内部区域的常用方法。

奇偶规则也称奇偶性规则或偶奇规则，该规则从任意位置 p 到对象坐标范围以外的远点画一条概念上的直线(射线)，并统计沿该射线与各边的交点数目。假如多边形与这条射线相交的边数为奇数，则 p 是内部点；否则 p 是外部点。为了得到精确的相交边数，必须确认所画的直线不与任何多边形顶点相交。

在计算机图形学中，多边形有两种重要的表示方法：顶点表示和点阵表示。顶点表示是用多边形的顶点序列来表示多边形，特点直观、几何意义强、占内存少，易于进行几何变换，但由于它没有明确指出哪些像素点在多边形内，故不能直接用于面着色。点阵表示是用位于多边形内的像素点集合来刻画多边形。这种表示丢失了许多几何信息，但便于帧缓冲器表示图形，是面着色所需要的图形表示形式。光栅图形的一个基本问题是把多边形的顶点表示转换为点阵表示。这种转换称为多边形的扫描转换。

区域填充也就是指先将用点阵表示的多边形区域内的一点(称为种子点)赋予指定的颜色和灰度，然后将这种颜色和灰度扩展到整个区域内的过程。

这里所讨论的多边形可以是凸多边形、凹多边形，还可以是含内环多边形，三种多边形分别描述如下。

(1) 凸多边形：任意两顶点间的连线均在多边形内。

(2) 凹多边形：存在两顶点间的连线有不在多边形内的部分。

(3) 含内环多边形：多边形内包含有封闭多边形。

2. 逐点判别算法

1）多边形内点的判别准则

对多边形进行填充，关键是找出多边形内的像素点。在顺序给定多边形顶点坐标的情况下，如何判明一个像素点是处于多边形的内部还是外部呢？

从测试点引出一条伸向无穷远处的射线(假设是水平向右的射线)，如图2-13所示，因为多边形是闭合的，那么：

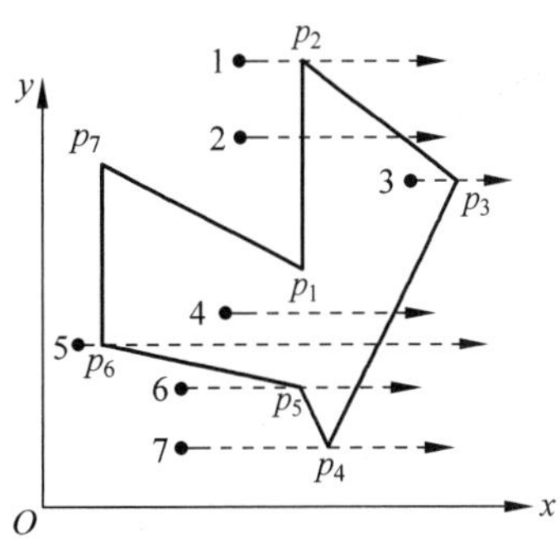

图2-13　多边形内点的判别准则和奇异点

若射线与多边形边界的交点个数为奇数，则该点为内点(如测试点 4 引出的射线)；

反之，交点个数为偶数，则该点为外点(如测试点 2 引出的射线)。

2) 奇异点的处理

上述的判别准则在大多数情况下是正确的，但当水平扫描线正好通过多边形顶点时，要特别注意。例如，图 2-13 中过顶点的射线 1、射线 7，它们与多边形的交点个数为奇数，按照判别准则它们应该是内点，但实际上却是外点。

而图中过顶点的射线 3、射线 5，对于判别准则的使用又是正确的。

综合以上情况，我们将多边形的顶点分为两大类。

(1) 局部极值点：如图中的点 p_1、p_2、p_4 和 p_7。对于这些点来说，进入该点的边线和离开该点的边线位于过该点扫描线的同一侧。

(2) 非极值点：如图中的点 p_3、p_5、p_6。对于这些点来说，进入该点的边线和离开该点的边线位于过该点扫描线的两侧。

处理奇异点的规则：

(1) 对于局部极值点，应看成两个点；

(2) 对于非极值点，应看成一个点。

3) 逐点判别算法步骤

(1) 求出多边形的最小包围盒：从 $p_i(x_i, y_i)$ 中求极值 $x_{\min}$、$y_{\min}$、$x_{\max}$、$y_{\max}$。

(2) 对包围盒中的每个像素引水平射线进行测试。

(3) 求出该射线与多边形每条边的有效交点个数。

(4) 如果个数为奇数，该点置为填充色；否则，该点置为背景色。

逐点判别算法虽然简单，但不可取，原因是速度慢。它割断了各像素之间的联系，孤立地考虑问题。由于要对每个像素进行多次求交运算，求交时要做大量的乘除运算，从而影响了填充速度。

2.3.2 多边形的扫描线填充算法

扫描线多边形区域填充算法是按扫描线顺序，计算扫描线与多边形的相交区间，再用要求的颜色显示这些区间的像素点。区间的端点可以通过计算扫描线与多边形边界线的交点获得。对于一条扫描线，多边形的填充过程可以分为 4 个步骤。

(1) 求交：计算扫描线与多边形各边的交点。

(2) 排序：把所有交点按 x 值递增顺序排序。

(3) 配对：第一个与第二个，第三个与第四个等，每对交点代表扫描线与多边形的一个相交区间。

(4) 填色：把相交区间内的像素点置成多边形颜色，把相交区间外的像素点置成背景色。

在研究扫描线与多边形交点配对时，有两个需要特殊考虑的问题：一是当扫描线与多边形顶点相交时，交点的取舍问题；二是多边形边界上像素点的取舍问题。对于第二个问题，当扫描线与多边形顶点相交时，规定落在右/上边界的像素点不予填充，而落在左/下边界的像素点予以填充，这样就可以解决该问题。

对于第一个问题，当扫描线与多边形顶点相交时，会出现异常情况。如图 2-14 所示，扫描线 2 与 p_1 相交。按前述方法求得交点(x 坐标)序列为 2,2,8，这将导致[2,8]区间内的像素点取背景色，而这个区间的像素点正是属于多边形内部，是需要填充的。所以，我们拟考虑当扫描线与多边形顶点相交时，相同的交点只取一个。这样，扫描线 2 与多边形的交点序列就成为[2,8]，正是我们所希望的结果。然而，按新的规定，扫描线 7 与多边形边的交点序列为 2,9,11，这将导致错把[2,9]区间作为多边形内部填充。

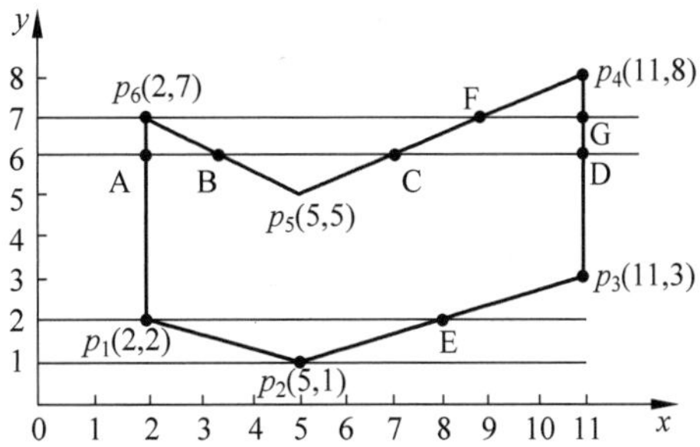

图 2-14　扫描线相交多边形的情况

为了正确地进行交点取舍，必须对上述两种情况区别对待。在第一种情况，扫描线交于一顶点，而共享顶点的两条边分别落在扫描线的两边，这时，交点只算一个；在第二种情况，共享交点的两条边在扫描线的同一边，这时，交点作为零个或两个，取决于该点是多边形的局部最高点还是局部最低点。具体实现时，只需检查顶点的两条边的另外两个端点的 y 值。按这两个 y 值中大于交点 y 值的个数是 0，1，2 来决定是零个、一个、还是两个。例如，扫描线 1 交顶点 p_2，由于共享该顶点的两条边的另外两个顶点均高于扫描线，故取交点 p_2 两次，这使得 p_2 像素点用多边形颜色设置。再考虑扫描线 2，在 p_1 处，由于 p_6 高于扫描线，而 p_2 低于扫描线，所以该交点只算一个。而在 p_6 处，由于 p_1 和 p_5 均在下方，所以扫描线 7 与之相交时，交点算零个，该点不予填充。

具体实现方法：为多边形的每一条边建立一边表。为了提高效率，在处理一条扫描线时，仅对与它相交的多边形的边进行求交运算。把与当前扫描线相交的边称为活性边，并把它们按与扫描线交点递增的顺序存放在一个链表中，称此链表为活性边表。另外使用增量法计算时，需要知道一条边何时不再与下一条扫描线相交，以便及时把它从扫描线循环中删除出去。为了方便活性边表的建立与更新，为每一条扫描线建立一个新边表（NET），存放该扫描线第一次出现的边。为使程序简单、易读，这里新边表的结构应保存其对应边如下信息：当前边的边号、边的较低端点（$x_{\min}$，$y_{\min}$）与边的较高端点（$x_{\max}$，$y_{\max}$）和从当前扫描线到下一条扫描线间 x 的增量 Δx。

活性边表（AET）：把与当前扫描线相交的边称为活性边，并把它们按与扫描线交点的 x 坐标递增的顺序存放在一个链表的结点内容中。

假定当前扫描线与多边形某一条边的交点的 x 坐标为 x，则下一条扫描线与该边的交点不需要重复计算，只要加一个增量 Δx。设该边的直线方程为 $ax+by+c=0$，若 $y=y_i$，$x=x_i$，则当 $y=y_{i+1}$ 时：

$$x_{i+1}=\frac{1}{a}(-b\cdot y_{i+1}-c_i)=x_i-\frac{b}{a}$$

其中，$\Delta x=-b/a$ 为常数。

另外使用增量法计算时，我们需要知道一条边何时不再与下一条扫描线相交，以便及时把它从活性边表中删除出去。综上所述，活性边表的结点应为对应边保存如下内容：第 1 项存当前扫描线与边的交点坐标的 x 值；第 2 项存从当前扫描线到下一条扫描线间 x 的增量 Δx；第 3 项存该边所交的最高扫描线号 $y_{\max}$。

x：当前扫描线与边的交点坐标。

Δx：从当前扫描线到下一条扫描线间 x 的增量。

y_{max}：该边所交的最高扫描线号。

为了方便活性边表的建立与更新，我们为每一条扫描线建立一个新边表(NET)，存放在该扫描线第一次出现的边。也就是说，若某边的较低端点为 y_{min}，则该边就放在扫描线 y_{min} 的新边表中。

算法步骤如下。

(1) 初始化：构造边表。

(2) 对边表进行排序，构造活性边表。

(3) 对每条扫描线对应的活性边表求交点。

(4) 判断交点类型，并两两配对。

(5) 对符合条件的交点之间用画线方式填充。

(6) 下一条扫描线，直至满足扫描结束条件。

当设备驱动程序允许一次写多个连续像素点的值时，可利用区间连贯性，用每一指令填充区间若干连续像素点，进一步提高算法效率。此算法一般也称作有序边表算法。

2.3.3 边填充算法

上一节所介绍的有序边表算法对显示的每个像素点只访问一次，这样输入输出的要求可降为最少。又由于该算法与输入输出的细节无关，因而它也与设备无关。该算法的主要缺点是对各种表的维护和排序开销太大，适合软件实现而不适合硬件实现。下面介绍另一类的实区域扫描转换算法——边填充算法。

边填充算法的基本思想：对于每一条扫描线和每条多边形边的交点(x_1, y_1)，将该扫描线上交点右方的所有像素点取补。对多边形的每条边作此处理，多边形的顺序随意。如图 2-15 所示，为应用边填充算法填充一个多边形的示意图。其中，图 2-15(a)是对 $p_1 p_2$ 处理；图 2-15(b)是对 $p_2 p_3$ 处理；图 2-15(c)是对 $p_3 p_4$ 处理；图 2-15(d)是对 $p_4 p_5$ 处理；图 2-15(e)是对 $p_5 p_1$ 处理。

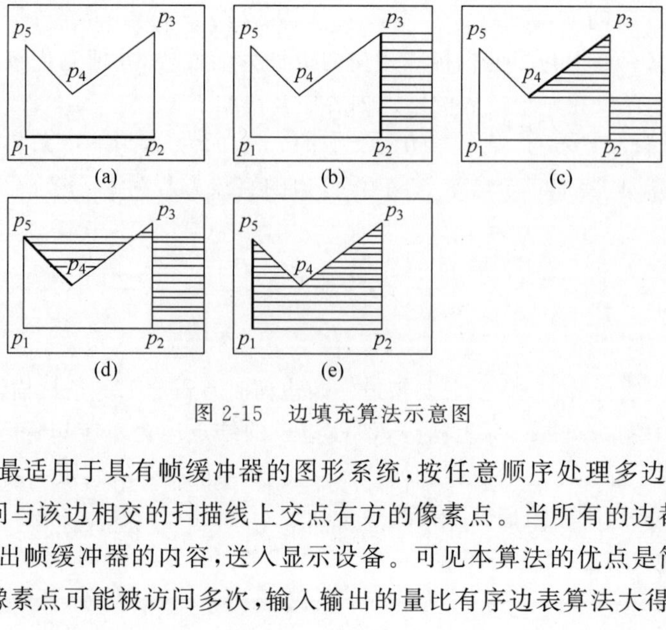

图 2-15 边填充算法示意图

边填充算法最适用于具有帧缓冲器的图形系统，按任意顺序处理多边形的边。在处理每条边时，仅访问与该边相交的扫描线上交点右方的像素点。当所有的边都被处理之后，按照扫描线顺序读出帧缓冲器的内容，送入显示设备。可见本算法的优点是简单，缺点是对于复杂图形，每个像素点可能被访问多次，输入输出的量比有序边表算法大得多。

为了减少边填充算法访问像素点的次数,可引入栅栏。所谓栅栏指的是一条与扫描线垂直的直线,栅栏位置通常取多边形顶点,且把多边形分成左右两半。栅栏填充算法的基本思想:对于每个扫描线与多边形的交点,就将交点与栅栏之间的像素点取补。若交点位于栅栏左边,则将交点之右、栅栏之左的所有像素点取补;若交点位于栅栏右边,则将栅栏之右、交点之左的像素点取补。如图 2-16 所示,为应用栅栏填充算法填充一个多边形的示意图。其中,图 2-16(a)是对 p_1p_2 处理;图 2-16(b)是对 p_2p_3 处理;图 2-16(c)是对 p_3p_4 处理;图 2-16(d)是对 p_4p_5 处理;图 2-16(e)是对 p_5p_1 处理。

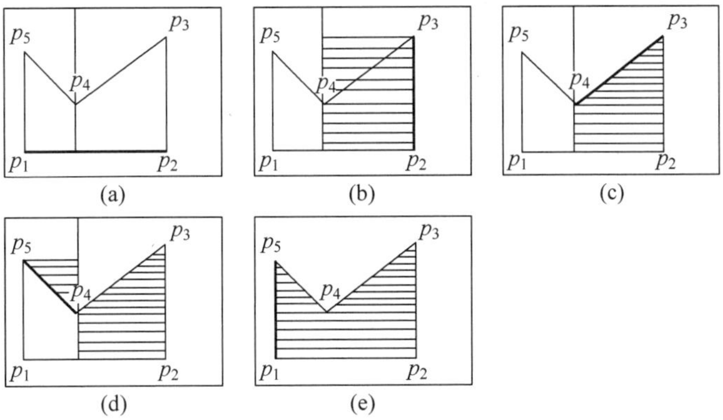

图 2-16 栅栏填充算法示意图

栅栏填充算法只是为了减少被重复访问的像素点的数目,但仍有一些像素点会被重复访问。

下面介绍的边标志算法进一步改进了栅栏填充算法,使得算法对每个像素点仅访问一次。边标志算法分为两个步骤。

第一步,对多边形的每条边进行直线扫描转换,亦即对多边形边界所经过的像素点打上边标志。

第二步,填充。对每条与多边形相交的扫描线,依从左到右的顺序,逐个访问该扫描线上的像素点。使用一个布尔量 Inside 来指示当前点的状态,若点在多边形内,则 Inside 为真。若点在多边形外,则 Inside 为假。Inside 的初始值为假,每当当前访问像素点为被打上边标识的点,就把 Inside 取反。对未打标识的像素点,Inside 不变。若访问当前像素点时,对 Inside 作必要操作之后,Inside 取真,则把该像素点置为多边形色。

2.3.4 种子填充算法

这里的区域指已表示成点阵形式的填充图形,是像素点的集合。区域有两种表示形式:内点表示和边界表示,如图 2-17 所示。内点表示,即区域内的所有像素点有相同颜色;边界表示,即区域的边界点有相同颜色。区域填充指先将区域的一点赋予指定的颜色,然后将该颜色扩展到整个区域的过程。

区域填充算法要求区域是连通的。区域可分为 4 连通区域和 8 连通区域,如图 2-18 所示。4 连通区域指的是从区域上一点出发,可通过 4 个方向,即上、下、左、右移动的组合,在不越出区域的前提下,到达区域内的任意像素点;8 连通区域指的是从区域内每个像素点出发,可通过 8 个方向,即上、下、左、右、左上、右上、左下、右下这 8 个方向的移动组合来到达区域内的任意像素。

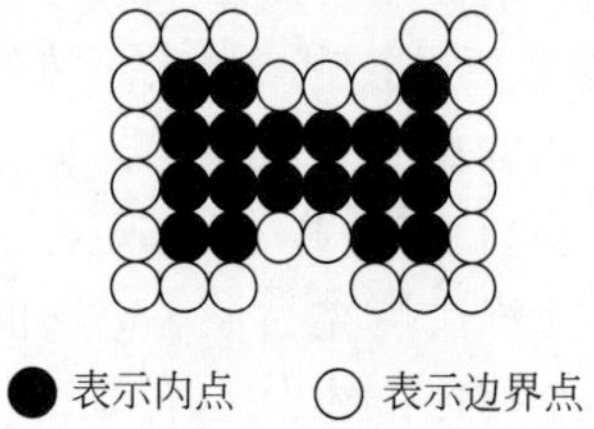

图 2-17 区域的内点表示和边界表示

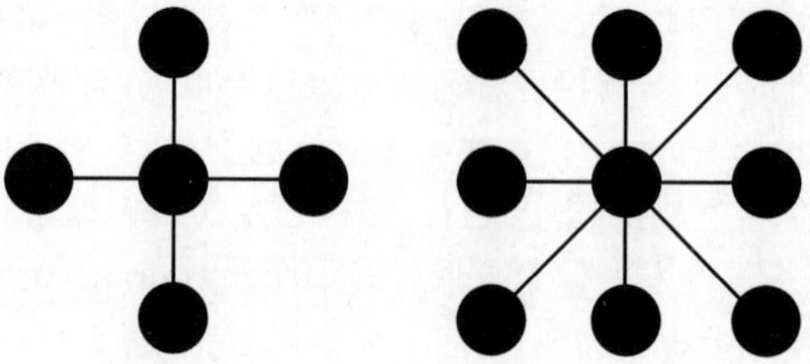

图 2-18 4 连通区域和 8 连通区域

种子填充算法则是假设在多边形内有一像素点已知，由此出发利用连通性填充区域内的所有像素点。一般采用多次递归方式。种子填充算法中允许从 4 个方向寻找下一个像素点，称为四向算法；允许从 8 个方向寻找下一个像素点，称为八向算法。下面以四向算法为例来讨论种子填充算法，如果是八向算法，只是简单地把搜索方向从 4 个改成 8 个。可以使用栈结构来实现简单的种子填充算法。算法原理：种子像素点入栈；当栈非空时重复执行如下 3 步操作。

(1) 栈顶像素点出栈。

(2) 将出栈像素点置成多边形色。

(3) 按左、上、右、下顺序检查出栈像素点相邻的 4 个像素点，若其中某个像素点不在边界且未置成多边形色，则把该像素点入栈。

简单的种子填充算法把太多的像素点压入堆栈，有些像素点甚至会入栈多次，从而降低了算法的效率，同时还要求很大的存储空间来实现栈结构。下面介绍扫描线种子填充算法，该填充算法能够提高区域填充的效率。

算法的基本过程：给定种子点(x,y)，首先填充种子点所在扫描线上给定区域的一个区段，然后确定与这一区段相连通的上、下两条扫描线上位于给定区域内的区段，并依次保存下来。重复这个过程，直到填充结束。

扫描线种子填充算法可由下列 3 个步骤实现。

(1) 初始化：确定种子点元素(x,y)。

(2) 判断种子点(x,y)是否满足非边界、非填充色的条件，若满足条件，以 y 作为当前扫描线沿向左、右两个方向填充，直到边界。

(3) 确定新的种子点：检查与当前扫描线 y 上、下相邻的两条扫描线上的像素点。若存在非边界、未填充的像素点，则返回步骤(2)进行扫描填充，直至区域所有元素均为填充色，程序结束。

2.4 本章小结

本章主要讲述如何在光栅图形显示器上构造基本二维几何图形(如点、直线、圆、椭圆、多边形等)的算法与原理。

本章首先介绍了 DDA(数值微分)画线算法、中点画线法和 Bresenham 算法 3 种直线生成算法，以及中点画圆算法和中点椭圆生成算法。在多边形的区域填充的讨论中分别介绍了多边形填充的基础理论、多边形的扫描线填充算法、边填充算法和种子填充算法。

2.5　习题

1. 应用 DDA 画线算法绘制起点为(2,3),终点为(12,7)的直线段。
2. 应用中点画线法绘制起点为(1,2),终点为(13,10)的直线段。
3. 应用 Bresenham 算法绘制起点为(2,4),终点为(14,9)的直线段。
4. 给定圆半径 $r=13$,应用中点画圆算法绘制圆心为坐标原点的圆。
5. 椭圆生成算法与圆生成算法的不同点是什么?
6. 如何判断点在多边形的内或外?
7. 描述扫描线填充算法的实现过程。
8. 描述边填充算法的实现过程。
9. 描述种子填充算法的实现过程。
10. 区分三种填充算法的不同。

第 3 章 图形的几何变换

CHAPTER 3

在图形设计与构造中,图形的二维和三维几何变换有着广泛的应用。应用于图形的几何描述并改变它的位置、方向或大小的操作称为图形的几何变换。几何变换主要包括平移、旋转、缩放、对称及错切等操作。一般有两个方法可以对图形进行几何变换:一种是变换矩阵作用到图形的每个点从而产生图形变换;另一种是变换矩阵作用到图形一系列顶点或关键点,通过几何变换得到新的顶点或关键点序列,从而得到变换后的图形。因此,我们都以点的形式研究图形的几何变换。

本章要点:

本章重点掌握二维基本几何变换、三维平移变换、关于坐标轴的三维旋转变换和三维缩放变换。了解关于任意轴的三维旋转过程。

3.1 几何变换的数学基础

1. 矢量运算

矢量为有向线段,有方向和大小。设有两个矢量 $\boldsymbol{V}_1(x_1,y_1,z_1)$,$\boldsymbol{V}_2(x_2,y_2,z_2)$。

(1) 矢量的长度为

$$|\boldsymbol{V}_1|=\sqrt{x_1^2+y_1^2+z_1^2}$$

(2) 数乘矢量为

$$a\boldsymbol{V}_1=(ax_1,ay_1,az_1)$$

(3) 两矢量之和为

$$\boldsymbol{V}_1+\boldsymbol{V}_1=(x_1+x_2,y_1+y_2,z_1+z_2)$$

(4) 两矢量的点积为

$$\boldsymbol{V}_1\cdot\boldsymbol{V}_2=|\boldsymbol{V}_1||\boldsymbol{V}_2|\cos\theta=x_1\cdot x_2+y_1\cdot y_2+z_1\cdot z_2$$

θ 为两向量之间的夹角。

另外,点积满足交换律和分配律:

$$\boldsymbol{V}_1\cdot\boldsymbol{V}_2=\boldsymbol{V}_2\cdot\boldsymbol{V}_1$$

$$\boldsymbol{V}_1\cdot(\boldsymbol{V}_2+\boldsymbol{V}_3)=\boldsymbol{V}_1\cdot\boldsymbol{V}_2+\boldsymbol{V}_1\cdot\boldsymbol{V}_3$$

(5) 两矢量的叉积为

$$\boldsymbol{V}_1 \times \boldsymbol{V}_2 = \begin{vmatrix} \boldsymbol{i} & \boldsymbol{j} & \boldsymbol{k} \\ x_1 & y_1 & z_1 \\ x_2 & y_2 & z_2 \end{vmatrix} = (y_1 \cdot z_2 - y_2 \cdot z_1, z_1 \cdot x_2 - z_2 \cdot x_1, x_1 \cdot y_2 - x_2 \cdot y_1)$$

叉积满足反交换律和分配律：

$$\boldsymbol{V}_1 \times \boldsymbol{V}_2 = -\boldsymbol{V}_2 \times \boldsymbol{V}_1$$

$$\boldsymbol{V}_1 \times (\boldsymbol{V}_2 + \boldsymbol{V}_3) = \boldsymbol{V}_1 \times \boldsymbol{V}_2 + \boldsymbol{V}_1 \times \boldsymbol{V}_3$$

2. 矩阵运算

假设一个 m 行、n 列矩阵 $\boldsymbol{A}$：

$$\boldsymbol{A}_{mn} = \begin{bmatrix} a_{11} & a_{12} & \cdots & a_{1n} \\ a_{21} & a_{22} & \cdots & a_{2n} \\ \vdots & \vdots & & \vdots \\ a_{m1} & a_{m2} & \cdots & a_{mn} \end{bmatrix}$$

1) 矩阵加法运算

假设两个矩阵 $\boldsymbol{A}$ 和 $\boldsymbol{B}$ 都是 m 行、n 列，把其对应位置元素相加而得到的矩阵叫作矩阵 $\boldsymbol{A}$、$\boldsymbol{B}$ 的和，记为 $\boldsymbol{A}+\boldsymbol{B}$。

$$\boldsymbol{A} + \boldsymbol{B} = \begin{bmatrix} a_{11}+b_{11} & a_{12}+b_{12} & \cdots & a_{1n}+b_{1n} \\ a_{21}+b_{21} & a_{22}+b_{22} & \cdots & a_{2n}+b_{2n} \\ \vdots & \vdots & & \vdots \\ a_{m1}+b_{m1} & a_{m2}+b_{m2} & \cdots & a_{mn}+b_{mn} \end{bmatrix}$$

只有在两个矩阵行和列的数目都相同时才能做加法运算。

2) 数乘矩阵

用数 k 乘矩阵 $\boldsymbol{A}$ 每一个元素而得的矩阵叫作 k 与 $\boldsymbol{A}$ 之积，记为 $k\boldsymbol{A}$。

$$k\boldsymbol{A} = \begin{bmatrix} ka_{11} & ka_{12} & \cdots & ka_{1n} \\ ka_{21} & ka_{22} & \cdots & ka_{2n} \\ \vdots & \vdots & & \vdots \\ ka_{m1} & ka_{m2} & \cdots & ka_{mn} \end{bmatrix}$$

3) 矩阵乘法运算

只有前矩阵的列数等于后矩阵的行数时，两个矩阵才能相乘。

$\boldsymbol{C}_{mn} = \boldsymbol{A}_{mp} \cdot \boldsymbol{B}_{pn}$，矩阵 $\boldsymbol{C}$ 中的每个元素 c_{ij} 为

$$c_{ij} = \sum_{k=1}^{p} a_{ik} \cdot b_{kj}$$

如 $\boldsymbol{A}$ 为 2×3 的矩阵，$\boldsymbol{B}$ 为 3×2 的矩阵，两者的乘积为

$$\boldsymbol{C} = \boldsymbol{AB} = \begin{bmatrix} a_{11} & a_{12} & a_{13} \\ a_{21} & a_{22} & a_{23} \end{bmatrix} \begin{bmatrix} b_{11} & b_{12} \\ b_{21} & b_{22} \\ b_{31} & b_{32} \end{bmatrix}$$

$$= \begin{bmatrix} a_{11}b_{11}+a_{12}b_{21}+a_{13}b_{31} & a_{11}b_{12}+a_{12}b_{22}+a_{13}b_{32} \\ a_{21}b_{11}+a_{22}b_{21}+a_{23}b_{31} & a_{21}b_{12}+a_{22}b_{22}+a_{23}b_{32} \end{bmatrix}$$

4）单位矩阵

对于 $n\times n$ 的矩阵，如果其对角线上的各个元素均为 1，其余的元素都为 0，则该矩阵称为单位矩阵，记为 $\boldsymbol{I}_n$。对于任意 $m\times n$ 矩阵恒有

$$\boldsymbol{A}_{mn}\boldsymbol{I}_n=\boldsymbol{A}_{mn}$$

$$\boldsymbol{I}_m\boldsymbol{A}_{mn}=\boldsymbol{A}_{mn}$$

5）矩阵的转置

交换一个矩阵 $\boldsymbol{A}_{m\times n}$ 所有行列的元素，所得到的 $n\times m$ 矩阵称为原有矩阵的转置，记为 $\boldsymbol{A}^{\mathrm{T}}$。

$$\boldsymbol{A}^{\mathrm{T}}=\begin{bmatrix} a_{11} & a_{21} & \cdots & a_{m1} \\ a_{12} & a_{22} & \cdots & a_{m2} \\ \vdots & \vdots & & \vdots \\ a_{1n} & a_{2n} & \cdots & a_{mn} \end{bmatrix}$$

可得 $(\boldsymbol{A}^{\mathrm{T}})^{\mathrm{T}}=\boldsymbol{A}$，$(\boldsymbol{A}+\boldsymbol{B})^{\mathrm{T}}=(\boldsymbol{A}^{\mathrm{T}}+\boldsymbol{B}^{\mathrm{T}})$，$(k\boldsymbol{A})^{\mathrm{T}}=k\boldsymbol{A}^{\mathrm{T}}$。

矩阵积的转置为 $(\boldsymbol{AB})^{\mathrm{T}}=\boldsymbol{B}^{\mathrm{T}}\boldsymbol{A}^{\mathrm{T}}$。

6）矩阵的逆

对于 $m\times n$ 的方阵 $\boldsymbol{A}$，如果存在 $m\times n$ 的方阵 $\boldsymbol{B}$，使得 $\boldsymbol{AB}=\boldsymbol{BA}=\boldsymbol{I}_n$，则称 $\boldsymbol{B}$ 是 $\boldsymbol{A}$ 的逆，记为 $\boldsymbol{B}=\boldsymbol{A}^{-1}$，$\boldsymbol{A}$ 被称为非奇异矩阵。矩阵的逆是相互的，$\boldsymbol{A}$ 也可记为 $\boldsymbol{A}=\boldsymbol{B}^{-1}$，$\boldsymbol{B}$ 也是一个非奇异矩阵。任何非奇异矩阵有且只有一个逆矩阵。

7）矩阵运算的基本性质

矩阵的加法满足交换律与结合律：

$$(\boldsymbol{A}+\boldsymbol{B})=(\boldsymbol{B}+\boldsymbol{A})$$

$$\boldsymbol{A}+(\boldsymbol{B}+\boldsymbol{C})=(\boldsymbol{A}+\boldsymbol{B})+\boldsymbol{C}$$

数乘的矩阵满足分配律与结合律：

$$a(\boldsymbol{A}+\boldsymbol{B})=a\boldsymbol{A}+a\boldsymbol{B}$$

$$a(\boldsymbol{AB})=(a\boldsymbol{A})\boldsymbol{B}=\boldsymbol{A}(a\boldsymbol{B})$$

矩阵的乘法满足结合律：

$$\boldsymbol{A}(\boldsymbol{BC})=(\boldsymbol{AB})\boldsymbol{C}$$

矩阵的乘法对加法满足分配律：

$$(\boldsymbol{A}+\boldsymbol{B})\boldsymbol{C}=\boldsymbol{AC}+\boldsymbol{BC}$$

$$\boldsymbol{C}(\boldsymbol{A}+\boldsymbol{B})=\boldsymbol{CA}+\boldsymbol{CB}$$

但矩阵的乘法不满足交换律：

$$\boldsymbol{AB}\neq\boldsymbol{BA}$$

3.2 二维基本几何变换

3.2.1 平移、缩放、旋转变换

1. 平移变换

将一个点的坐标增加位移量得到新的坐标，称为平移变换。假设 x、y 两个方向的平移

量分别为t_x,t_y,将原来点的坐标$p(x,y)$增加该平移量变为新坐标$p'(x',y')$,则平移变换的等式形式为

$$\begin{cases} x' = x + t_x \\ y' = y + t_y \end{cases}$$

变换矩阵为

$$\begin{bmatrix} x' \\ y' \end{bmatrix} = \begin{bmatrix} t_x \\ t_y \end{bmatrix} + \begin{bmatrix} x \\ y \end{bmatrix}$$

或写成

$$\boldsymbol{P}' = \boldsymbol{P} + \boldsymbol{T}$$

其中：

$$\boldsymbol{P} = \begin{bmatrix} x \\ y \end{bmatrix},\quad \boldsymbol{P}' = \begin{bmatrix} x' \\ y' \end{bmatrix},\quad \boldsymbol{T} = \begin{bmatrix} t_x \\ t_y \end{bmatrix}$$

将一个三角形进行平移变换得到的图形如图 3-1 所示。

2. 旋转变换

二维旋转是将一个对象绕与xy平面垂直的旋转轴进行旋转,旋转轴与xy平面的交点称为基准点。

如图 3-2 所示,坐标点$p(x,y)$以坐标原点为基准点,逆时针旋转θ角,变换为新的坐标点$p'(x',y')$。

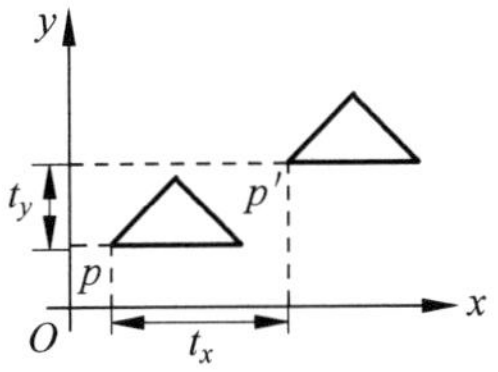

图 3-1 平移变换示例

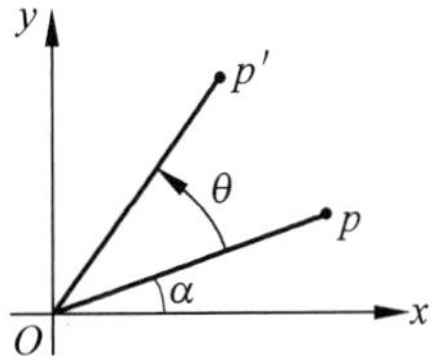

图 3-2 相对原点将点p旋转得到p'

注意：旋转角度是分正负的,正角度θ定义为绕基准点逆时针旋转；而负角度定义为绕基准点顺时针旋转。

推导过程如下。

变换前点$p(x,y)$的两个坐标可分别表示为

$$\begin{cases} x = r\cos\alpha \\ y = r\sin\alpha \end{cases}$$

变换后点$p'(x',y')$的两个坐标可分别表示为

$$\begin{cases} x' = r\cos(\alpha+\theta) = r\cos\alpha\cos\theta - r\sin\alpha\sin\theta \\ y' = r\sin(\alpha+\theta) = r\sin\alpha\cos\theta + r\cos\alpha\sin\theta \end{cases}$$

从而得到旋转变换的等式形式为

$$\begin{cases} x' = x\cos\theta - y\sin\theta \\ y' = x\sin\theta + y\cos\theta \end{cases}$$

由等式形式得到变换矩阵为

$$\begin{bmatrix} x' \\ y' \end{bmatrix} = \begin{bmatrix} \cos\theta & -\sin\theta \\ \sin\theta & \cos\theta \end{bmatrix} \begin{bmatrix} x \\ y \end{bmatrix}$$

或写成

$$\boldsymbol{P}'=\boldsymbol{RP}$$

其中：

$$\boldsymbol{P}=\begin{bmatrix}x\\y\end{bmatrix},\quad \boldsymbol{P}'=\begin{bmatrix}x'\\y'\end{bmatrix},\quad \boldsymbol{R}=\begin{bmatrix}\cos\theta & -\sin\theta\\ \sin\theta & \cos\theta\end{bmatrix}$$

如果顺时针旋转角度为 θ，此时 θ 代入负值即可。

将△ABC 以坐标原点为基准点进行旋转得到的结果如图 3-3 所示。

3. 缩放变换

假设缩放系数为 s_x 和 s_y，两缩放系数分别与原来点 $p(x,y)$ 两方向坐标相乘得到新的坐标 $p'(x',y')$，从而缩放变换等式形式为

$$\begin{cases}x'=s_x\cdot x\\ y'=s_y\cdot y\end{cases}$$

变换矩阵为

$$\begin{bmatrix}x'\\y'\end{bmatrix}=\begin{bmatrix}s_x & 0\\ 0 & s_y\end{bmatrix}\begin{bmatrix}x\\y\end{bmatrix}$$

或写成

$$\boldsymbol{P}'=\boldsymbol{SP}$$

其中：

$$\boldsymbol{P}'=\begin{bmatrix}x'\\y'\end{bmatrix},\quad \boldsymbol{S}=\begin{bmatrix}s_x & 0\\ 0 & s_y\end{bmatrix},\quad \boldsymbol{P}=\begin{bmatrix}x\\y\end{bmatrix}$$

在缩放体系中，有一个缩放变换后不改变位置的点称为固定点。在此缩放中，固定点为坐标原点。不过，固定点可以被选择在任何位置，在 3.2.2 节中再加以描述。

缩放系数 s_x 和 s_y 可以取任何正数值。值大于 1 将放大对象的尺寸，值小于 1 将缩小对象的尺寸。当 s_x 和 s_y 取值相同时，x 和 y 两方向保持相对比例不变，称为一致缩放；否则，称为差值缩放。

将△ABC 以固定点为坐标原点进行缩放变换，如图 3-4 所示。

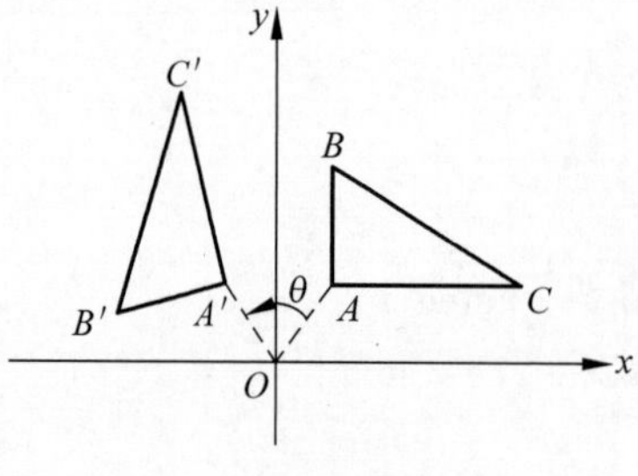

图 3-3　将△ABC 以坐标原点为基准点旋转 θ 所得结果

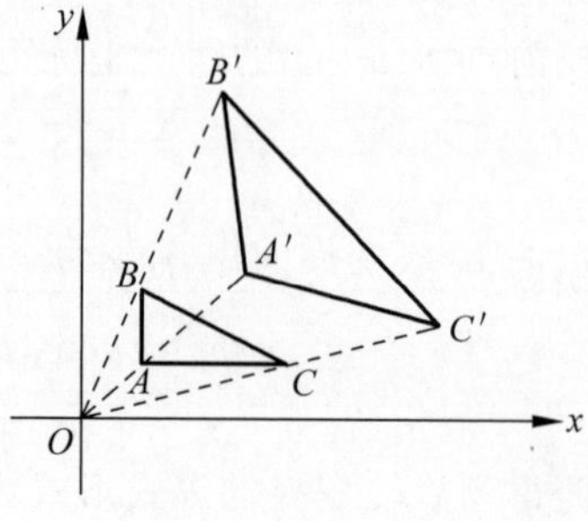

图 3-4　以固定点为坐标原点的缩放变换示意图

4. 齐次坐标表示

从平移、缩放、旋转矩阵变换可以看到：平移是加法运算，而缩放、旋转是乘法运算，变换矩阵的形式不统一，无法形成几何变换的模板式运算，也更难进行复合变换。为了使变换

矩阵的形式统一,引入齐次坐标。

如果将二维矩阵表示形式扩展为三维矩阵表示形式,将变换矩阵的第三列用于平移项,则所有的变换公式可表达为矩阵乘法。将二维坐标表示(x,y)扩充到三维坐标表示(x_h, y_h, h)。(x_h, y_h, h)称为齐次坐标,这里的齐次系数 h 是一个非零值,因此

$$x=\frac{x_h}{h},\quad y=\frac{y_h}{h}$$

这样,二维齐次坐标表示为$(h\times x, h\times y, h)$。对于二维几何变换,可以把齐次系数 h 取为非零值。对于每个坐标点(x,y),可以有无数个等价的齐次表达式。最方便的选择是简单地将齐次系数 h 设置成 1。因此每个二维坐标位置都可用齐次坐标$(x,y,1)$来表示。

利用齐次坐标表示坐标点位置,我们就可以用矩阵相乘的形式来统一所有的几何变换。二维坐标点用三维列向量表示,二维变换矩阵用一个 3×3 的矩阵表示。

5. 齐次坐标下几何变换的矩阵表示

1) 二维平移变换的矩阵表示

齐次坐标下二维平移变换矩阵的形式为

$$\begin{bmatrix}x'\\y'\\1\end{bmatrix}=\begin{bmatrix}1&0&t_x\\0&1&t_y\\0&0&1\end{bmatrix}\begin{bmatrix}x\\y\\1\end{bmatrix}=\begin{bmatrix}x+t_x\\y+t_y\\1\end{bmatrix}=\boldsymbol{T}(t_x,t_y)\begin{bmatrix}x\\y\\1\end{bmatrix}$$

其中,平移矩阵 $\boldsymbol{T}(t_x,t_y)$为

$$\boldsymbol{T}(t_x,t_y)=\begin{bmatrix}1&0&t_x\\0&1&t_y\\0&0&1\end{bmatrix}$$

2) 二维旋转变换的矩阵表示

齐次坐标下以坐标原点为中心且旋转角度为 θ 的二维旋转变换矩阵形式为

$$\begin{bmatrix}x'\\y'\\1\end{bmatrix}=\begin{bmatrix}\cos\theta&-\sin\theta&0\\\sin\theta&\cos\theta&0\\0&0&1\end{bmatrix}\begin{bmatrix}x\\y\\1\end{bmatrix}=\begin{bmatrix}x\cos\theta-y\sin\theta\\x\sin\theta+y\cos\theta\\1\end{bmatrix}=\boldsymbol{R}(\theta)\begin{bmatrix}x\\y\\1\end{bmatrix}$$

其中,旋转矩阵 $\boldsymbol{R}(\theta)$为

$$\boldsymbol{R}(\theta)=\begin{bmatrix}\cos\theta&-\sin\theta&0\\\sin\theta&\cos\theta&0\\0&0&1\end{bmatrix}$$

3) 二维缩放变换的矩阵表示

齐次坐标下固定点为坐标原点且缩放系数为 s_x 和 s_y 的二维缩放变换矩阵形式为

$$\begin{bmatrix}x'\\y'\\1\end{bmatrix}=\begin{bmatrix}s_x&0&0\\0&s_y&0\\0&0&1\end{bmatrix}\begin{bmatrix}x\\y\\1\end{bmatrix}=\begin{bmatrix}s_x\cdot x\\s_y\cdot y\\1\end{bmatrix}=\boldsymbol{S}(s_x,s_y)\begin{bmatrix}x\\y\\1\end{bmatrix}$$

其中,缩放矩阵 $\boldsymbol{S}(s_x,s_y)$为

$$\boldsymbol{S}(s_x,s_y)=\begin{bmatrix}s_x&0&0\\0&s_y&0\\0&0&1\end{bmatrix}$$

6. 逆变换

1）逆平移变换

通过对平移距离取负值可得到平移变换的逆矩阵。假设两平移距离为 t_x, t_y，则其逆平移矩阵为

$$T^{-1}(t_x, t_y) = \begin{bmatrix} 1 & 0 & -t_x \\ 0 & 1 & -t_y \\ 0 & 0 & 1 \end{bmatrix}$$

逆平移是与原平移变换方向相反的平移，因此，平移矩阵和其逆平移矩阵的乘积是一个单位矩阵。

2）逆旋转变换

通过对旋转角度取负值可得到旋转变换的逆矩阵。坐标原点为基准点、旋转角度为 θ 的旋转变换，其逆旋转矩阵为

$$R^{-1}(\theta) = \begin{bmatrix} \cos(-\theta) & -\sin(-\theta) & 0 \\ \sin(-\theta) & \cos(-\theta) & 0 \\ 0 & 0 & 1 \end{bmatrix} = \begin{bmatrix} \cos\theta & \sin\theta & 0 \\ -\sin\theta & \cos\theta & 0 \\ 0 & 0 & 1 \end{bmatrix}$$

相同角度 θ 绕着逆时针和顺时针分别形成两个互逆矩阵，因此，旋转矩阵和其逆旋转矩阵的乘积是一个单位矩阵。

3）逆缩放变换

将缩放系数取其倒数形成缩放变换的逆矩阵。因此，固定点为坐标原点且缩放系数 s_x 和 s_y 的二维缩放变换的逆矩阵可表示为

$$S^{-1}(s_x, s_y) = \begin{bmatrix} \frac{1}{s_x} & 0 & 0 \\ 0 & \frac{1}{s_y} & 0 \\ 0 & 0 & 1 \end{bmatrix}$$

缩放矩阵和其逆矩阵的乘积也是一个单位矩阵。

3.2.2 复合变换

我们对点位置 P 进行两次变换，因为矩阵乘积具有结合率，可知变换后的坐标点为

$$P' = M_2 M_1 P = (M_2 M_1) P$$

令

$$M = M_2 M_1$$

则有

$$P' = MP$$

M 即为复合变换矩阵。两次变换如此，三次或以上次变换也类似。

常见的复合几何变换如下。

1. 复合二维平移

如果将两个连续的平移向量 (t_{1x}, t_{1y}) 和 (t_{2x}, t_{2y}) 施加于坐标点 P，变换后坐标点 P' 为

$$\begin{aligned}\boldsymbol{P}' &= \boldsymbol{T}(t_{2x}, t_{2y})\{\boldsymbol{T}(t_{1x}, t_{1y})\boldsymbol{P}\} \\ &= \{\boldsymbol{T}(t_{2x}, t_{2y})\boldsymbol{T}(t_{1x}, t_{1y})\}\boldsymbol{P}\end{aligned}$$

其中，$\boldsymbol{P}$ 和 $\boldsymbol{P}'$ 均为齐次坐标列向量。两个平移变换的矩阵相乘为

$$\begin{bmatrix} 0 & 0 & t_{2x} \\ 0 & 0 & t_{2y} \\ 0 & 0 & 1 \end{bmatrix} \begin{bmatrix} 0 & 0 & t_{1x} \\ 0 & 0 & t_{1y} \\ 0 & 0 & 1 \end{bmatrix} = \begin{bmatrix} 0 & 0 & t_{2x} + t_{1x} \\ 0 & 0 & t_{2y} + t_{1y} \\ 0 & 0 & 1 \end{bmatrix}$$

或

$$\boldsymbol{T}(t_{2x}, t_{2y})\boldsymbol{T}(t_{1x}, t_{1y}) = \boldsymbol{T}(t_{2x} + t_{1x}, t_{2y} + t_{1y})$$

从而得出：对同一点做两次平移变换相当于两次平移分量之和作为平移分量的一次平移变换。

2. 复合二维旋转

如果将两个连续的旋转角度 θ_1 和 θ_2 施加于坐标点 $\boldsymbol{P}$，那么变换后的坐标 $\boldsymbol{P}'$ 为

$$\boldsymbol{P}' = \boldsymbol{R}(\theta_2)\{\boldsymbol{R}(\theta_1)\boldsymbol{P}\} = \{\boldsymbol{R}(\theta_2)\boldsymbol{R}(\theta_1)\}\boldsymbol{P}$$

其中，$\boldsymbol{P}$ 和 $\boldsymbol{P}'$ 均为齐次坐标列向量。两个旋转变换的矩阵相乘为

$$\begin{bmatrix} \cos\theta_2 & -\sin\theta_2 & 0 \\ \sin\theta_2 & \cos\theta_2 & 0 \\ 0 & 0 & 1 \end{bmatrix} \begin{bmatrix} \cos\theta_1 & -\sin\theta_1 & 0 \\ \sin\theta_1 & \cos\theta_1 & 0 \\ 0 & 0 & 1 \end{bmatrix} = \begin{bmatrix} \cos(\theta_2 + \theta_1) & -\sin(\theta_2 + \theta_1) & 0 \\ \sin(\theta_2 + \theta_1) & \cos(\theta_2 + \theta_1) & 0 \\ 0 & 0 & 1 \end{bmatrix}$$

或

$$\boldsymbol{R}(\theta_2)\boldsymbol{R}(\theta_1) = \boldsymbol{R}(\theta_2 + \theta_1)$$

从而得出：对同一点做两次旋转变换相当于两次的旋转角度之和作为旋转角度的一次旋转变换。

3. 复合二维缩放

如果将两个连续缩放变换作用于坐标点 $\boldsymbol{P}$，变换后坐标点 $\boldsymbol{P}'$ 为

$$\begin{aligned}\boldsymbol{P}' &= \boldsymbol{S}(s_{2x}, s_{2y})\{\boldsymbol{S}(s_{1x}, s_{1y})\boldsymbol{P}\} \\ &= \{\boldsymbol{S}(s_{2x}, s_{2y})\boldsymbol{S}(s_{1x}, s_{1y})\}\boldsymbol{P}\end{aligned}$$

其中，$\boldsymbol{P}$ 和 $\boldsymbol{P}'$ 均为齐次坐标列向量。两个缩放变换的矩阵相乘为

$$\begin{bmatrix} s_{2x} & 0 & 0 \\ 0 & s_{2y} & 0 \\ 0 & 0 & 1 \end{bmatrix} \begin{bmatrix} s_{1x} & 0 & 0 \\ 0 & s_{1y} & 0 \\ 0 & 0 & 1 \end{bmatrix} = \begin{bmatrix} s_{2x} \cdot s_{1x} & 0 & 0 \\ 0 & s_{2y} \cdot s_{1y} & 0 \\ 0 & 0 & 1 \end{bmatrix}$$

或

$$\boldsymbol{S}(s_{2x}, s_{2y})\boldsymbol{S}(s_{1x}, s_{1y}) = \boldsymbol{S}(s_{2x} \cdot s_{1x}, s_{2y} \cdot s_{1y})$$

从而得出：对同一点做两次缩放变换相当于两次的缩放系数之积作为缩放系数的一次缩放变换。

4. 二维基准点为 $\boldsymbol{M}(x_r, y_r)$ 的旋转变换

前面所学习的旋转变换是基准点为坐标原点的旋转变换。如果基准点为任意一点 $M(x_r, y_r)$，可以通过下面 3 个步骤的复合变换得到。

步骤 1　平移变换使基准点 $M(x_r, y_r)$ 回到坐标原点，两方向的平移分量分别为 $-x_r$ 和 $-y_r$。变换点 $p(x_0, y_0)$ 通过同样的平移分量变换到 (x_1, y_1)，平移矩阵变换为

$$\begin{bmatrix} x_1 \\ y_1 \\ 1 \end{bmatrix} = \boldsymbol{T}(t_x, t_y) \begin{bmatrix} x_0 \\ y_0 \\ 1 \end{bmatrix}$$

其中：

$$\boldsymbol{T}(t_x, t_y) = \begin{bmatrix} 0 & 0 & -x_r \\ 0 & 0 & -y_r \\ 0 & 0 & 1 \end{bmatrix}$$

步骤 2 以基准点为坐标原点进行旋转变换，变换矩阵为

$$\begin{bmatrix} x_2 \\ y_2 \\ 1 \end{bmatrix} = \boldsymbol{R}(\theta) \begin{bmatrix} x_1 \\ y_1 \\ 1 \end{bmatrix}$$

其中：

$$\boldsymbol{R}(\theta) = \begin{bmatrix} \cos\theta & -\sin\theta & 0 \\ \sin\theta & \cos\theta & 0 \\ 0 & 0 & 1 \end{bmatrix}$$

步骤 3 将基准点平移回原来的位置(x_r, y_r)。x 方向的平移分量 x_r、y 方向的平移分量 y_r，即步骤 1 中平移变换的逆变换：

$$\begin{bmatrix} x_3 \\ y_3 \\ 1 \end{bmatrix} = \boldsymbol{T}^{-1}(t_x, t_y) \begin{bmatrix} x_2 \\ y_2 \\ 1 \end{bmatrix}$$

其中：

$$\boldsymbol{T}^{-1}(t_x, t_y) = \begin{bmatrix} 0 & 0 & x_r \\ 0 & 0 & y_r \\ 0 & 0 & 1 \end{bmatrix}$$

应用复合变换表示为

$$\begin{aligned} \begin{bmatrix} x_3 \\ y_3 \\ 1 \end{bmatrix} &= \begin{bmatrix} 0 & 0 & x_r \\ 0 & 0 & y_r \\ 0 & 0 & 1 \end{bmatrix} \begin{bmatrix} \cos\theta & -\sin\theta & 0 \\ \sin\theta & \cos\theta & 0 \\ 0 & 0 & 1 \end{bmatrix} \begin{bmatrix} 0 & 0 & -x_r \\ 0 & 0 & -y_r \\ 0 & 0 & 1 \end{bmatrix} \begin{bmatrix} x_1 \\ y_1 \\ 1 \end{bmatrix} \\ &= \begin{bmatrix} \cos\theta & -\sin\theta & x_r(1-\cos\theta)+y_r\sin\theta \\ \sin\theta & \cos\theta & y_r(1-\cos\theta)-x_r\sin\theta \\ 0 & 0 & 1 \end{bmatrix} \begin{bmatrix} x_1 \\ y_1 \\ 1 \end{bmatrix} \end{aligned}$$

如图 3-5 所示，其中图 3-5(a)中的三角形和基准点(x_r, y_r)都在原始位置；图 3-5(b)中平移变换使基准点(x_r, y_r)回到坐标原点位置，三角形各点也随之平移相同的平移分量；图 3-5(c)绕坐标原点旋转三角形；图 3-5(d)逆平移变换使基准点回到(x_r, y_r)所在的原始位置，就得到变换后的三角形。

5. 二维固定点为 $\boldsymbol{M}(x_f, y_f)$ 的缩放变换

前面所学的缩放变换是固定点为坐标原点的缩放变换。如果固定点为任意点 $M(x_f,$

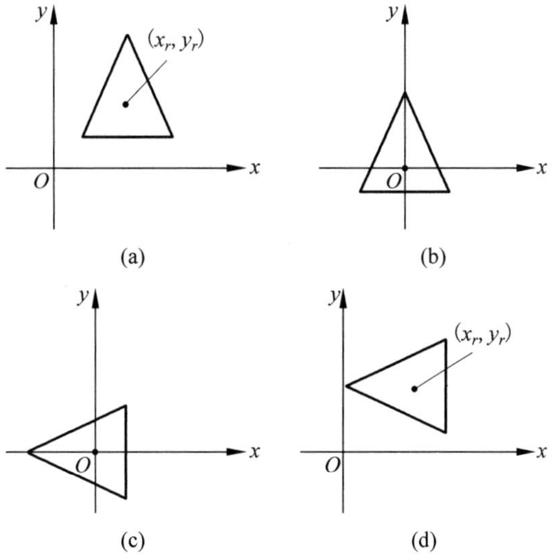

图 3-5　基准点为(x_r, y_r)的旋转变换

y_f)，可以通过下面 3 个步骤的复合变换得到。

步骤 1　平移变换使固定点 $M(x_f, y_f)$回到坐标原点处，两方向的平移分量分别为 $-x_f$ 和$-y_f$。变换点 $p(x_0, y_0)$通过同样的平移分量变换到(x_1, y_1)，平移矩阵变换为

$$\begin{bmatrix} x_1 \\ y_1 \\ 1 \end{bmatrix} = \boldsymbol{T}(t_x, t_y) \begin{bmatrix} x_0 \\ y_0 \\ 1 \end{bmatrix}$$

其中：

$$\boldsymbol{T}(t_x, t_y) = \begin{bmatrix} 0 & 0 & -x_f \\ 0 & 0 & -y_f \\ 0 & 0 & 1 \end{bmatrix}$$

步骤 2　以固定点为坐标原点进行缩放变换，缩放矩阵变换为

$$\begin{bmatrix} x_2 \\ y_2 \\ 1 \end{bmatrix} = \boldsymbol{S}(s_x, s_y) \begin{bmatrix} x_1 \\ y_1 \\ 1 \end{bmatrix}$$

其中：

$$\boldsymbol{S}(s_x, s_y) = \begin{bmatrix} s_x & 0 & 0 \\ 0 & s_y & 0 \\ 0 & 0 & 1 \end{bmatrix}$$

步骤 3　最后将固定点平移回原来的位置(x_f, y_f)，x 方向的平移分量为 x_f，y 方向的平移分量为 y_f，即步骤 1 中平移变换的逆变换：

$$\begin{bmatrix} x_3 \\ y_3 \\ 1 \end{bmatrix} = \boldsymbol{T}^{-1}(t_x, t_y) \begin{bmatrix} x_2 \\ y_2 \\ 1 \end{bmatrix}$$

其中：

$$\boldsymbol{T}^{-1}(t_x, t_y) = \begin{bmatrix} 0 & 0 & x_f \\ 0 & 0 & y_f \\ 0 & 0 & 1 \end{bmatrix}$$

应用复合变换表示为

$$\begin{bmatrix} x_3 \\ y_3 \\ 1 \end{bmatrix} = \begin{bmatrix} 0 & 0 & x_f \\ 0 & 0 & y_f \\ 0 & 0 & 1 \end{bmatrix} \begin{bmatrix} s_x & 0 & 0 \\ 0 & s_y & 0 \\ 0 & 0 & 1 \end{bmatrix} \begin{bmatrix} 0 & 0 & -x_f \\ 0 & 0 & -y_f \\ 0 & 0 & 1 \end{bmatrix} \begin{bmatrix} x_0 \\ y_0 \\ 1 \end{bmatrix}$$

$$= \begin{bmatrix} s_x & 0 & x_f(1-s_x) \\ 0 & s_y & y_f(1-s_y) \\ 0 & 0 & 1 \end{bmatrix} \begin{bmatrix} x_0 \\ y_0 \\ 1 \end{bmatrix}$$

如图 3-6 所示，其中图 3-6(a)中的三角形和固定点(x_f, y_f)都在原始位置；图 3-6(b)平移变换使固定点(x_f, y_f)回到坐标原点位置，三角形各点也随之平移相同的平移分量；图 3-6(c)绕坐标原点进行缩放；图 3-6(d)逆平移使固定点回到(x_f, y_f)所在的原始位置，就得到变换后的三角形。

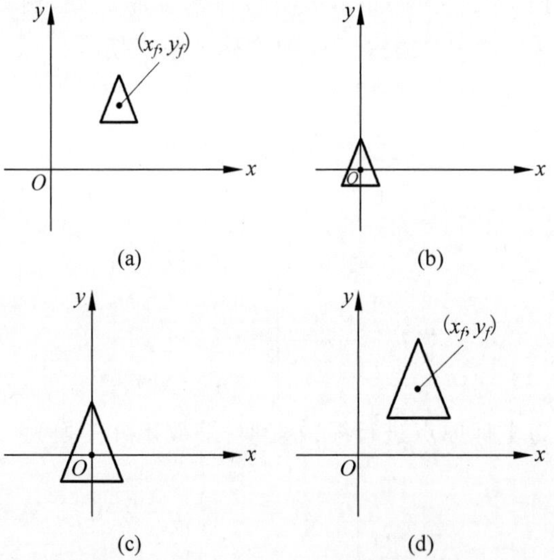

图 3-6 固定点为(x_f, y_f)的缩放变换

3.2.3 对称变换

对称变换又称为镜像变换。对于二维对称操作可将图形绕对称轴旋转 180°而成，下面列举几个常见对称轴的对称变换。

(1) 坐标点(x, y)关于$y=0$即x轴作对称变换得到新的坐标(x', y')，等式形式为

$$\begin{cases} x' = x \\ y' = -y \end{cases}$$

变换矩阵为

$$\begin{bmatrix}x'\\y'\\1\end{bmatrix}=\begin{bmatrix}1&0&0\\0&-1&0\\0&0&1\end{bmatrix}\begin{bmatrix}x\\y\\1\end{bmatrix}$$

这种对称变换保持 x 坐标不变，y 坐标取相反值。将 $\triangle ABC$ 关于 x 轴作对称变换，如图 3-7 所示。

(2) 坐标点 (x,y) 关于 $x=0$ 即 y 轴作对称变换得到新的坐标 (x',y')，等式形式为

$$\begin{cases}x'=-x\\y'=y\end{cases}$$

变换矩阵为

$$\begin{bmatrix}x'\\y'\\1\end{bmatrix}=\begin{bmatrix}-1&0&0\\0&1&0\\0&0&1\end{bmatrix}\begin{bmatrix}x\\y\\1\end{bmatrix}$$

这种对称变换保持 y 坐标不变，x 坐标取相反值。将 $\triangle ABC$ 关于 y 轴作对称变换，如图 3-8 所示。

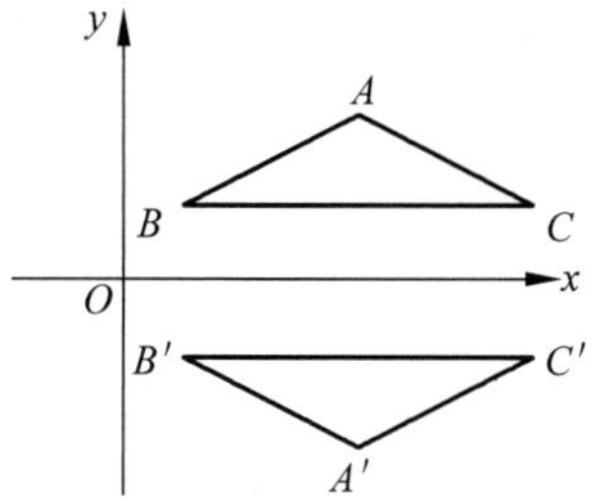

图 3-7 $\triangle ABC$ 关于 x 轴的对称变换

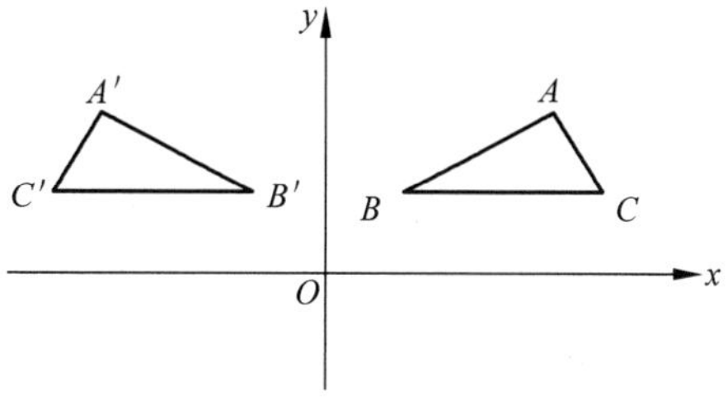

图 3-8 $\triangle ABC$ 关于 y 轴的对称变换

(3) 坐标点 (x,y) 关于坐标原点作对称变换得到新的坐标 (x',y')，等式形式为

$$\begin{cases}x'=-x\\y'=-y\end{cases}$$

变换矩阵为

$$\begin{bmatrix}x'\\y'\\1\end{bmatrix}=\begin{bmatrix}-1&0&0\\0&-1&0\\0&0&1\end{bmatrix}\begin{bmatrix}x\\y\\1\end{bmatrix}$$

这种对称变换 x 坐标值和 y 坐标值同时取相反值。将 $\triangle ABC$ 关于坐标原点作对称变换，如图 3-9 所示。

(4) 坐标点 (x,y) 关于直线 $y=x$ 作对称变换得到新的坐标 (x',y')，等式形式为

$$\begin{cases}x'=y\\y'=x\end{cases}$$

变换矩阵为

$$\begin{bmatrix}x'\\y'\\1\end{bmatrix}=\begin{bmatrix}0&1&0\\1&0&0\\0&0&1\end{bmatrix}\begin{bmatrix}x\\y\\1\end{bmatrix}$$

将 $\triangle ABC$ 关于 $y=x$ 轴作对称变换，如图 3-10 所示。

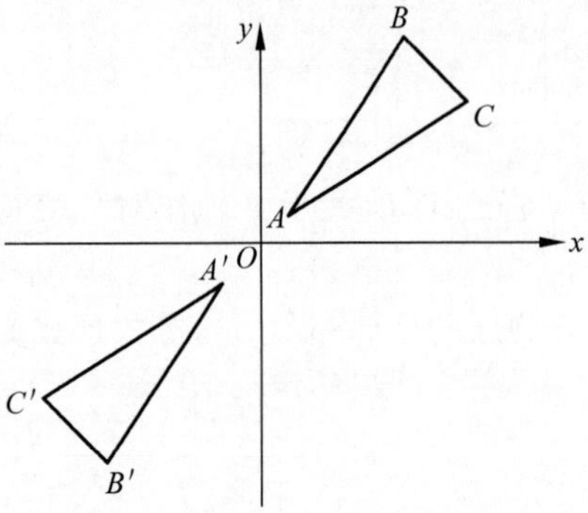

图 3-9　△ABC 关于坐标原点的对称变换

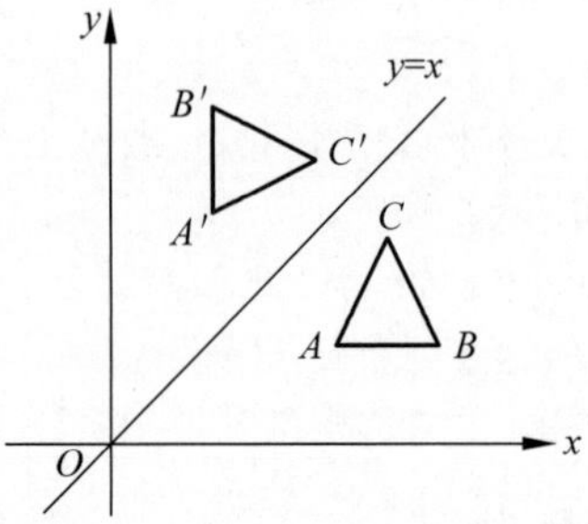

图 3-10　△ABC 关于 $y=x$ 轴的对称变换

(5) 坐标点(x,y)关于直线 $y=-x$ 作对称变换得到新的坐标(x',y')，等式形式为

$$\begin{cases} x' = -y \\ y' = -x \end{cases}$$

变换矩阵为

$$\begin{bmatrix} x' \\ y' \\ 1 \end{bmatrix} = \begin{bmatrix} 0 & -1 & 0 \\ -1 & 0 & 0 \\ 0 & 0 & 1 \end{bmatrix} \begin{bmatrix} x \\ y \\ 1 \end{bmatrix}$$

将△ABC 关于 $y=-x$ 轴作对称变换，如图 3-11 所示。

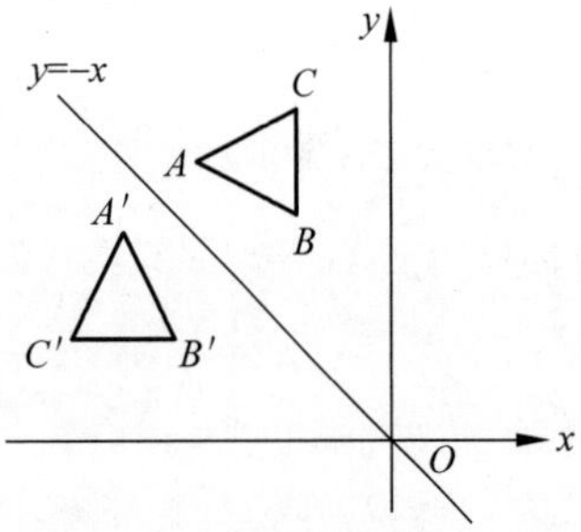

图 3-11　△ABC 关于 $y=-x$ 轴的对称变换

(6) 坐标点(x,y)关于任意直线 $y=mx+b$ 的对称变换。

可以通过复合变换完成这种对称变换。具体操作：先平移对称轴 $y=mx+b$ 使其过原点，然后旋转对称轴使其成为某个坐标轴，再关于该坐标轴作对称变换，最后逆旋转和逆平移使对称轴回到原来的位置，这样就可以得到坐标点(x,y)关于任意直线 $y=mx+b$ 的对称点(x',y')。由于平移时可以沿 x 方向或 y 方向平移，而旋转也可以沿逆时针或顺时针旋转成为某个坐标轴，因此变换矩阵并不唯一。

从对称轴 $y=mx+b$ 的直线方程可知：直线在 y 轴上的截矩为 b，在 x 轴上的截矩为 $-\dfrac{b}{m}$。假设直线的正切角为 α，则 $\alpha=\mathrm{arctg}(m)$，α 余角设为 $\beta=90°-\alpha$。那么正常描述坐标点(x,y)关于任意直线 $y=mx+b$ 的对称变换可分以下 4 种情况。

第一种情况：沿 y 方向作平移变换使对称轴过原点，逆时针旋转 β 角度使其成为 y 轴，再关于 y 轴作对称，最后作相应逆旋转变换和逆平移变换使对称轴回到原来的位置。从而得到最后的变换点坐标。对应的复合变换矩阵为

$$\begin{bmatrix} x' \\ y' \\ 1 \end{bmatrix} = \begin{bmatrix} 1 & 0 & 0 \\ 0 & 1 & b \\ 0 & 0 & 1 \end{bmatrix} \begin{bmatrix} \cos\beta & \sin\beta & 0 \\ -\sin\beta & \cos\beta & 0 \\ 0 & 0 & 1 \end{bmatrix} \begin{bmatrix} -1 & 0 & 0 \\ 0 & 1 & 0 \\ 0 & 0 & 1 \end{bmatrix} \begin{bmatrix} \cos\beta & -\sin\beta & 0 \\ \sin\beta & \cos\beta & 0 \\ 0 & 0 & 1 \end{bmatrix} \begin{bmatrix} 1 & 0 & 0 \\ 0 & 1 & -b \\ 0 & 0 & 1 \end{bmatrix} \begin{bmatrix} x \\ y \\ 1 \end{bmatrix}$$

如图 3-12 所示。

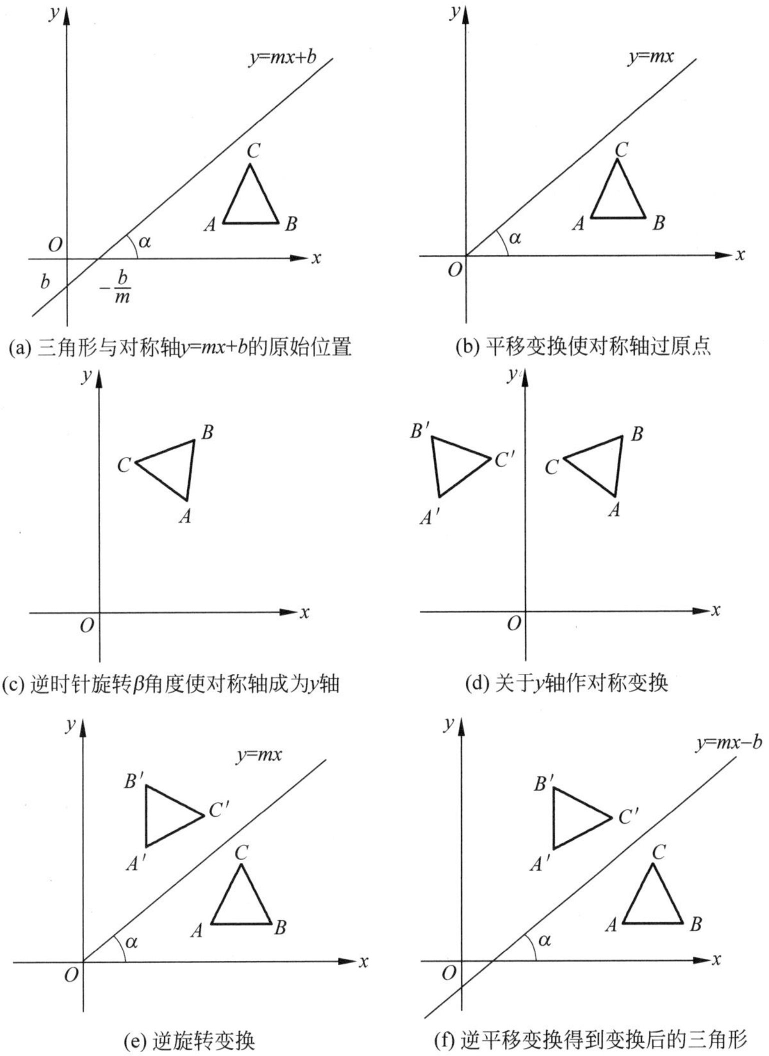

(a) 三角形与对称轴$y=mx+b$的原始位置　(b) 平移变换使对称轴过原点

(c) 逆时针旋转β角度使对称轴成为y轴　(d) 关于y轴作对称变换

(e) 逆旋转变换　(f) 逆平移变换得到变换后的三角形

图 3-12　关于任意直线 $y=mx+b$ 的对称变换过程

第二种情况：沿 x 方向作平移变换使对称轴过原点，顺时针旋转 α 角度使其成为 x 轴，再关于 x 轴作对称变换，最后作逆旋转变换和逆平移变换使对称轴回到原来的位置。对应的变换矩阵为

$$\begin{bmatrix} x' \\ y' \\ 1 \end{bmatrix} = \begin{bmatrix} 1 & 0 & -\dfrac{b}{m} \\ 0 & 1 & 0 \\ 0 & 0 & 1 \end{bmatrix} \begin{bmatrix} \cos\alpha & -\sin\alpha & 0 \\ \sin\alpha & \cos\alpha & 0 \\ 0 & 0 & 1 \end{bmatrix} \begin{bmatrix} 1 & 0 & 0 \\ 0 & -1 & 0 \\ 0 & 0 & 1 \end{bmatrix} \begin{bmatrix} \cos\alpha & \sin\alpha & 0 \\ -\sin\alpha & \cos\alpha & 0 \\ 0 & 0 & 1 \end{bmatrix} \begin{bmatrix} 1 & 0 & \dfrac{b}{m} \\ 0 & 1 & 0 \\ 0 & 0 & 1 \end{bmatrix} \begin{bmatrix} x \\ y \\ 1 \end{bmatrix}$$

后两种情况通过两方向的平移变换与两方向的旋转变换交叉组合就可得出，但注意旋转使对称轴成为某个轴时，对称矩阵就必须只关于该轴对称。

3.2.4 错切变换

错切变换是一种使图形形状发生变化的变换，经过错切变换的图形就好像内部夹层发生滑动而组成的新图形。下面介绍两种简单的沿着 x 方向的错切变换和沿着 y 方向的错切变换。

1. 简单的沿 x 方向的错切变换

这种错切变换保持 y 值不变，而 x 值产生与 y 值成正比的平移量。

变换等式为

$$\begin{cases} x' = x + \mathrm{sh}_x \cdot y \\ y' = y \end{cases}$$

其中，sh_x 可为任意实数，称为错切参数。sh_x 为正值时坐标点向右移动，sh_x 为负值时坐标点向左移动。变换矩阵为

$$\begin{bmatrix} x' \\ y' \\ 1 \end{bmatrix} = \begin{bmatrix} 1 & \mathrm{sh}_x & 0 \\ 0 & 1 & 0 \\ 0 & 0 & 1 \end{bmatrix} \begin{bmatrix} x \\ y \\ 1 \end{bmatrix}$$

如图 3-13 所示。

在图 3-13 中，可以看出：错切参数 $\mathrm{sh}_x = \dfrac{\Delta x}{y}$ 。

2. 简单的沿 y 方向的错切变换

这种错切变换保持 x 值不变，而 y 值产生同 x 值成正比的平移量。

变换等式为

$$\begin{cases} x' = x \\ y' = y + \mathrm{sh}_y \cdot x \end{cases}$$

变换矩阵为

$$\begin{bmatrix} x' \\ y' \\ 1 \end{bmatrix} = \begin{bmatrix} 1 & 0 & 0 \\ \mathrm{sh}_y & 1 & 0 \\ 0 & 0 & 1 \end{bmatrix} \begin{bmatrix} x \\ y \\ 1 \end{bmatrix}$$

如图 3-14 所示。

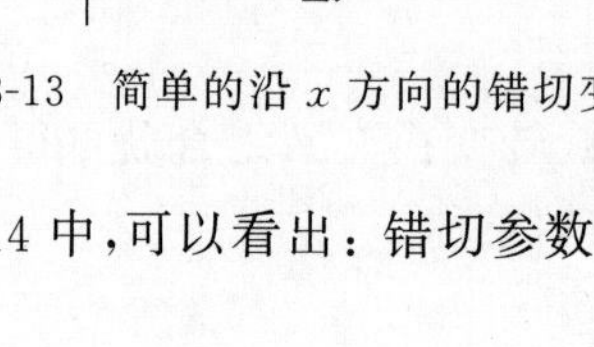

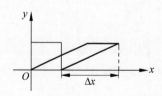

图 3-13 简单的沿 x 方向的错切变换

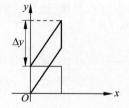

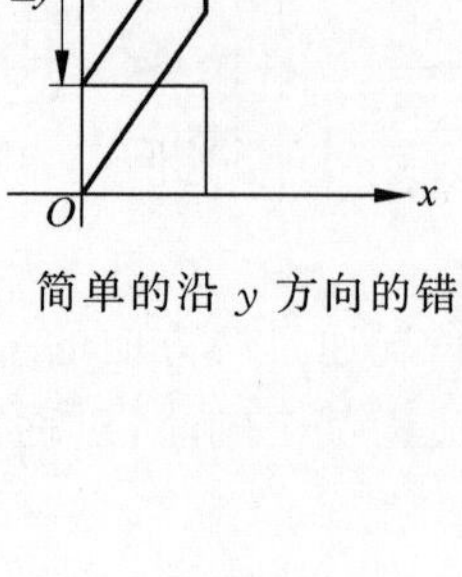

图 3-14 简单的沿 y 方向的错切变换

在图 3-14 中，可以看出：错切参数 $\mathrm{sh}_y = \dfrac{\Delta y}{x}$。

3.3 三维基本几何变换

三维几何变换是在二维几何变换的基础上考虑 z 坐标而得到的。三维平移变换与三维缩放变换只是在二维相应几何变换基础上多了 z 分量。而三维旋转变换比较复杂：在 xy 平面上的二维旋转只考虑沿着垂直于 xy 平面的坐标轴进行旋转，也就是绕一个基准点旋转；而三维空间中可以绕任意方向的旋转轴进行旋转，往往可以通过绕某个坐标轴进行复合变换得到，因此关于坐标轴的旋转最为关键。

一个三维位置在齐次坐标中表示为四元列向量，每一个几何变换操作是依次左乘坐标向量为 4×4 的变换矩阵。

3.3.1 三维平移变换

将平移距离 t_x, t_y, t_z 加到原来的坐标 (x, y, z) 上变换为新的坐标 (x', y', z')，平移变换等式形式为

$$\begin{cases} x' = x + t_x \\ y' = y + t_y \\ z' = z + t_z \end{cases}$$

变换矩阵为

$$\begin{bmatrix} x' \\ y' \\ z' \\ 1 \end{bmatrix} = \begin{bmatrix} 1 & 0 & 0 & t_x \\ 0 & 1 & 0 & t_y \\ 0 & 0 & 1 & t_z \\ 0 & 0 & 0 & 1 \end{bmatrix} \begin{bmatrix} x \\ y \\ z \\ 1 \end{bmatrix}$$

或

$$\boldsymbol{P}' = \boldsymbol{TP}$$

其中，平移矩阵 $\boldsymbol{T}$ 为

$$\boldsymbol{T} = \begin{bmatrix} 1 & 0 & 0 & t_x \\ 0 & 1 & 0 & t_y \\ 0 & 0 & 1 & t_z \\ 0 & 0 & 0 & 1 \end{bmatrix}$$

如图 3-15 所示。

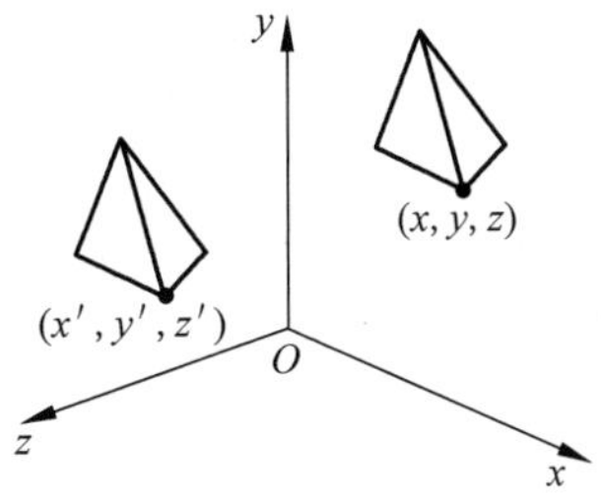

图 3-15　平移变换

3.3.2 三维旋转变换

一般任意旋转轴的旋转往往可以通过围绕坐标轴的旋转并结合适当的平移变换的复合而得到。因此我们首先讨论绕三个坐标轴的旋转。

1. 绕 z 轴的三维旋转变换

任意点绕 z 轴三维旋转形成一个与 z 轴垂直的旋转平面，z 坐标在该变换中保持不变，而 x、y 坐标在旋转平面中的旋转变换相当于基准点为坐标原点的二维旋转。变换等式为

$$\begin{cases} x' = x\cos\theta - y\sin\theta \\ y' = x\sin\theta + y\cos\theta \\ z' = z \end{cases}$$

齐次变换矩阵为

$$\begin{bmatrix} x' \\ y' \\ z' \\ 1 \end{bmatrix} = \begin{bmatrix} \cos\theta & -\sin\theta & 0 & 0 \\ \sin\theta & \cos\theta & 0 & 0 \\ 0 & 0 & 1 & 0 \\ 0 & 0 & 0 & 1 \end{bmatrix} \begin{bmatrix} x \\ y \\ z \\ 1 \end{bmatrix}$$

或写成

$$\boldsymbol{P}' = \boldsymbol{R}_z \boldsymbol{P}$$

其中，绕 z 轴三维旋转矩阵 $\boldsymbol{R}_z$ 为

$$\boldsymbol{R}_z = \begin{bmatrix} \cos\theta & -\sin\theta & 0 & 0 \\ \sin\theta & \cos\theta & 0 & 0 \\ 0 & 0 & 1 & 0 \\ 0 & 0 & 0 & 1 \end{bmatrix}$$

如图 3-16 所示。

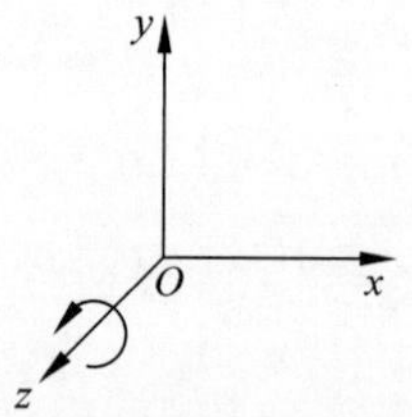

图 3-16 绕 z 轴的三维旋转

2. 绕 y 轴的三维旋转变换

由于三个坐标轴是对等关系，对 1 中的等式作坐标参数 x、y、z 的循环替换：$z \to y$，$y \to x$，$x \to z$，根据该方式的轮换，可得等式形式为

$$\begin{cases} x' = z\cos\theta - x\sin\theta \\ y' = z\sin\theta + x\cos\theta \\ y' = y \end{cases}$$

齐次变换矩阵为

$$\begin{bmatrix} x' \\ y' \\ z' \\ 1 \end{bmatrix} = \begin{bmatrix} \cos\theta & 0 & \sin\theta & 0 \\ 0 & 1 & 0 & 0 \\ -\sin\theta & 0 & \cos\theta & 0 \\ 0 & 0 & 0 & 1 \end{bmatrix} \begin{bmatrix} x \\ y \\ z \\ 1 \end{bmatrix}$$

或写成

$$\boldsymbol{P}' = \boldsymbol{R}_y \boldsymbol{P}$$

其中,绕 y 轴的三维旋转矩阵 $\boldsymbol{R}_y$ 为

$$\boldsymbol{R}_y = \begin{bmatrix} \cos\theta & 0 & \sin\theta & 0 \\ 0 & 1 & 0 & 0 \\ -\sin\theta & 0 & \cos\theta & 0 \\ 0 & 0 & 0 & 1 \end{bmatrix}$$

坐标轴轮换如图 3-17 所示。

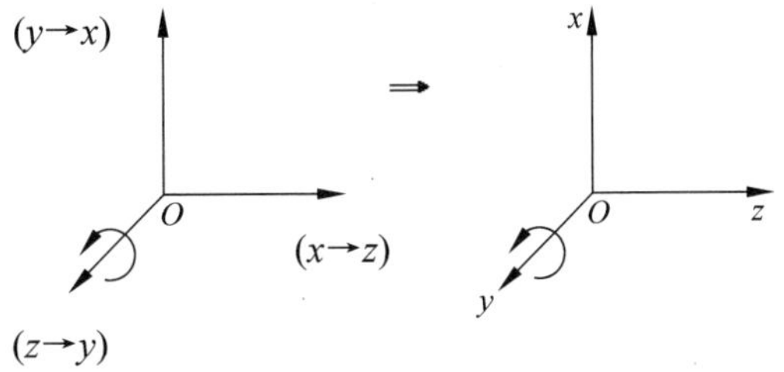

图 3-17　由绕 z 轴旋转经过循环坐标替换生成绕 y 轴旋转

3. 绕 x 轴的三维旋转变换

对 1 中等式作坐标参数 x、y、z 的循环替换:

$z \to x$,$x \to y$,$y \to z$,根据该方式的轮换,可得等式形式为

$$\begin{cases} y' = y\cos\theta - z\sin\theta \\ z' = y\sin\theta + z\cos\theta \\ x' = x \end{cases}$$

齐次变换矩阵为

$$\begin{bmatrix} x' \\ y' \\ z' \\ 1 \end{bmatrix} = \begin{bmatrix} 1 & 0 & 0 & 0 \\ 0 & \cos\theta & -\sin\theta & 0 \\ 0 & \sin\theta & \cos\theta & 0 \\ 0 & 0 & 0 & 1 \end{bmatrix} \begin{bmatrix} x \\ y \\ z \\ 1 \end{bmatrix}$$

或写成

$$\boldsymbol{P}' = \boldsymbol{R}_x \boldsymbol{P}$$

其中,绕 x 轴的三维旋转矩阵 $\boldsymbol{R}_x$ 为

$$\boldsymbol{R}_x = \begin{bmatrix} 1 & 0 & 0 & 0 \\ 0 & \cos\theta & -\sin\theta & 0 \\ 0 & \sin\theta & \cos\theta & 0 \\ 0 & 0 & 0 & 1 \end{bmatrix}$$

坐标轴轮换如图 3-18 所示。

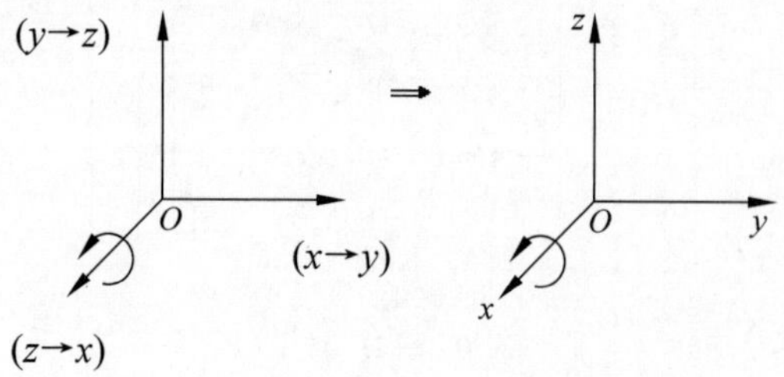

图 3-18　由绕 z 轴旋转经过循环坐标替换生成绕 x 轴旋转

4. 绕任意轴的一般三维旋转

如果旋转轴不是坐标轴，而是一条任意轴，可以应用关于坐标轴旋转和平移所形成的复合变换得到图形。假设任意轴由两个坐标点 $\boldsymbol{P}_1$ 和 $\boldsymbol{P}_2$ 确定。如果沿着从 $\boldsymbol{P}_2$ 到 $\boldsymbol{P}_1$ 的轴进行观察，并且旋转的方向为逆时针方向，旋转角度为 θ，则轴向量的齐次坐标可以定义为

$$\boldsymbol{V}=\boldsymbol{P}_2-\boldsymbol{P}_1=\begin{bmatrix} x_2-x_1 \\ y_2-y_1 \\ z_2-z_1 \\ 1 \end{bmatrix}$$

同时，沿旋转轴的单位向量的齐次坐标 $\boldsymbol{u}$ 定义为

$$\boldsymbol{u}=\frac{\boldsymbol{V}}{|\boldsymbol{V}|}=\begin{bmatrix} a \\ b \\ c \\ 1 \end{bmatrix}$$

其中，分量 a，b，c 是旋转轴的方向余弦：

$$a=\frac{x_2-x_1}{|\boldsymbol{V}|},\quad b=\frac{y_2-y_1}{|\boldsymbol{V}|},\quad c=\frac{z_2-z_1}{|\boldsymbol{V}|}$$

可以将旋转轴变换到任意一个坐标轴，下面以 z 轴为例来讨论其变换序列。

操作步骤如下：

① 平移对象，使旋转轴的一个点 $\boldsymbol{P}_1$ 与坐标原点重合；

② 旋转对象使旋转轴与某一个坐标轴重合，如 z 轴；

③ 绕坐标轴完成指定的旋转；

④ 利用逆旋转变换使旋转轴回到其原始方向；

⑤ 利用逆平移变换使旋转轴回到原始位置。

如图 3-19 所示。

具体实现过程如下。

(1) 选择将 $\boldsymbol{P}_1$ 点平移回到坐标原点，$\boldsymbol{P}_1$ 点的三维坐标为(x_1,y_1,z_1)，该平移变换矩阵为

$$\boldsymbol{T}(-x_1,-y_1,-z_1)=\begin{bmatrix} 1 & 0 & 0 & -x_1 \\ 0 & 1 & 0 & -y_1 \\ 0 & 0 & 1 & -z_1 \\ 0 & 0 & 0 & 1 \end{bmatrix}$$

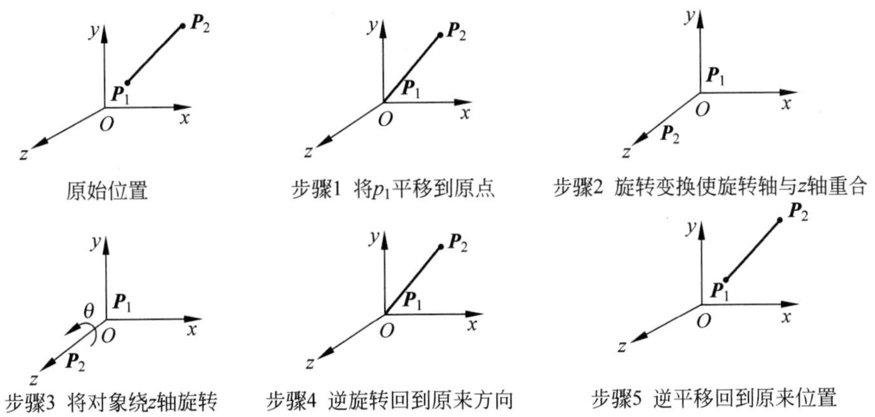

图 3-19 绕任意轴旋转时,将旋转轴变换成 z 轴的 5 个步骤

(2) 使旋转轴与 z 轴重合的变换可以通过两次坐标轴旋转完成。

实现方法并不唯一,可以通过先绕 x 轴旋转,将向量 $\boldsymbol{u}$ 变换到 xOz 平面上,设旋转矩阵为 $\boldsymbol{R}_x(\alpha)$; 再绕 y 轴旋转,将向量 $\boldsymbol{u}$ 变换到 z 轴,设旋转矩阵为 $\boldsymbol{R}_y(\beta)$。图 3-20 和图 3-21 给出了向量 $\boldsymbol{u}$ 的两次旋转。由于旋转计算包括正弦函数和余弦函数,可以通过标准的向量运算来得到这两个旋转矩阵的元素。向量的点积运算可以确定余弦项,向量的叉积运算可以确定正弦项。

① 求 $\boldsymbol{R}_x(\alpha)$的参数,如图 3-20 所示。

旋转角 α 是旋转轴 $\boldsymbol{u}$ 在 yOz 平面的投影 $\boldsymbol{u}'=(0,b,c)$与 z 轴的夹角。旋转角度 α 的余弦可以由 $\boldsymbol{u}'$和 z 轴上单位向量 $\boldsymbol{u}_z$ 的点积得到

$$\cos\alpha=\frac{\boldsymbol{u}'\cdot\boldsymbol{u}_z}{|\boldsymbol{u}'||\boldsymbol{u}_z|}=\frac{c}{d}$$

其中,d 是 $\boldsymbol{u}'$的模:

$$d=\sqrt{b^2+c^2}$$

同样,可以利用 $\boldsymbol{u}'$和 $\boldsymbol{u}_z$ 的叉积得到 α 的正弦。$\boldsymbol{u}'$和 $\boldsymbol{u}_z$ 叉积形式为

$$\boldsymbol{u}'\times\boldsymbol{u}_z=\boldsymbol{u}_x|\boldsymbol{u}'||\boldsymbol{u}_z|\sin\alpha$$

并且 $\boldsymbol{u}'$和 $\boldsymbol{u}_z$ 叉积的笛卡儿形式为

$$\boldsymbol{u}'\times\boldsymbol{u}_z=\boldsymbol{u}_x\cdot b$$

联立两种叉积形式的等式右边可得

$$\boldsymbol{u}_x|\boldsymbol{u}'||\boldsymbol{u}_z|\sin\alpha=\boldsymbol{u}_x\cdot b$$

另外有

$$|\boldsymbol{u}'|=d,\quad |\boldsymbol{u}_z|=1$$

得出

$$\sin\alpha=\frac{b}{d}$$

最后将计算出来的 $\cos\alpha$ 和 $\sin\alpha$ 代入绕 x 轴旋转的矩阵,即可得到将旋转轴 p_1p_2 旋转到 xOz 平面的旋转矩阵 $\boldsymbol{R}_x(\alpha)$。

$$\boldsymbol{R}_x(\alpha)=\begin{bmatrix}1 & 0 & 0 & 0\\ 0 & \dfrac{c}{d} & -\dfrac{b}{d} & 0\\ 0 & \dfrac{b}{d} & \dfrac{c}{d} & 0\\ 0 & 0 & 0 & 1\end{bmatrix}$$

② 求 $\boldsymbol{R}_y(\beta)$的参数，如图 3-21 所示。

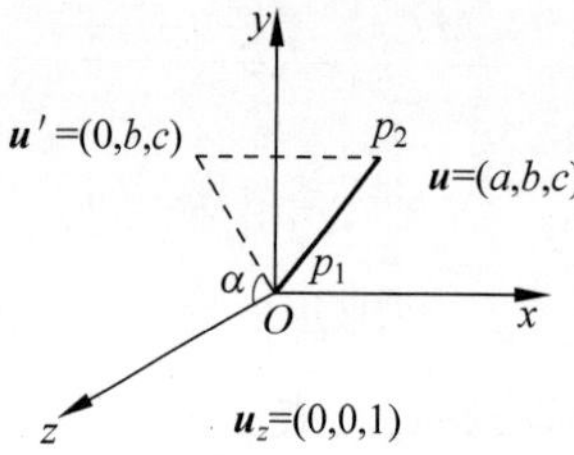

图 3-20　求旋转变换 $\boldsymbol{R}_x(\alpha)$的参数

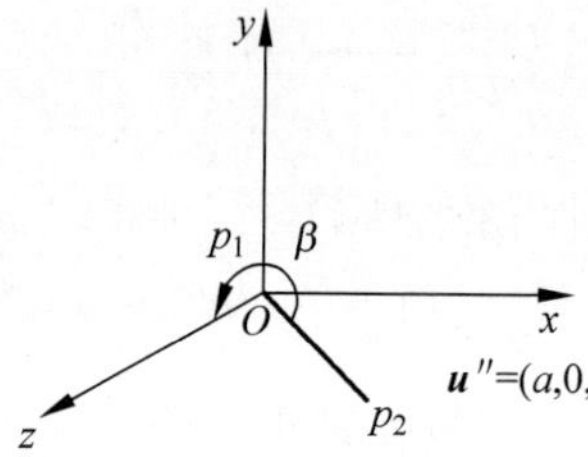

图 3-21　求旋转变换 $\boldsymbol{R}_y(\beta)$的参数

经过 $\boldsymbol{R}_x(\alpha)$变换，p_2 已落入 xOz 平面，但 p_2 点与 x 轴的距离保持不变。因此，p_1p_2 现在的单位矢量 $\boldsymbol{u}''$的 z 方向的分量的值即为$\boldsymbol{u}'$的长度，该值等于 d。也就是 $\boldsymbol{u}''=(a,0,d)$。设 β 是 $\boldsymbol{u}''$与 $\boldsymbol{u}_z$ 的夹角。

$\boldsymbol{u}''$的模$|\boldsymbol{u}''|$为

$$|\boldsymbol{u}''|=\sqrt{a^2+d^2}=\sqrt{a^2+b^2+c^2}=1$$

单位向量 $\boldsymbol{u}_z$ 的模$|\boldsymbol{u}_z|=1$。

所以：

$$\cos\beta=\frac{\boldsymbol{u}''\cdot\boldsymbol{u}_z}{|\boldsymbol{u}''||\boldsymbol{u}_z|}=d$$

比较叉积与坐标无关的形式：

$$\boldsymbol{u}''\times\boldsymbol{u}_z=\boldsymbol{u}_y\,|\boldsymbol{u}''||\boldsymbol{u}_z|\sin\beta$$

$\boldsymbol{u}''$和 $\boldsymbol{u}_z$ 叉积的笛卡儿形式为

$$\boldsymbol{u}''\times\boldsymbol{u}_z=\boldsymbol{u}_y\cdot(-a)$$

所以：

$$\sin\beta=-a$$

最后将计算出来的 $\cos\beta$ 和 $\sin\beta$ 代入绕 y 轴旋转的矩阵，即可得到将旋转轴 p_1p_2 旋转到 z 轴的旋转矩阵$\boldsymbol{R}_y(\beta)$：

$$\boldsymbol{R}_y(\beta)=\begin{bmatrix}d & 0 & -a & 0\\ 0 & 1 & 0 & 0\\ a & 0 & d & 0\\ 0 & 0 & 0 & 1\end{bmatrix}$$

(3) 将旋转轴与 z 轴重合后，作对象关于 z 轴旋转 θ 角的旋转变换，最后分别进行 $\boldsymbol{R}_y(\beta)$的逆变换、$\boldsymbol{R}_x(\alpha)$ 的逆变换和 $\boldsymbol{T}(-x_1,-y_1,-z_1)$的逆变换得到最终结果。

关于 z 轴旋转 θ 角的旋转变换矩阵为

$$\boldsymbol{R}_z(\theta)=\begin{bmatrix}\cos\theta & -\sin\theta & 0 & 0\\ \sin\theta & \cos\theta & 0 & 0\\ 0 & 0 & 0 & 0\\ 0 & 0 & 0 & 1\end{bmatrix}$$

$\boldsymbol{R}_y(\beta)$的逆变换矩阵为

$$\boldsymbol{R}_y^{-1}(\beta)=\begin{bmatrix}d & 0 & a & 0\\ 0 & 1 & 0 & 0\\ -a & 0 & d & 0\\ 0 & 0 & 0 & 1\end{bmatrix}$$

$\boldsymbol{R}_x(\alpha)$ 的逆变换矩阵为

$$\boldsymbol{R}_x^{-1}(\alpha)=\begin{bmatrix}1 & 0 & 0 & 0\\ 0 & \frac{c}{d} & \frac{b}{d} & 0\\ 0 & -\frac{b}{d} & \frac{c}{d} & 0\\ 0 & 0 & 0 & 1\end{bmatrix}$$

$\boldsymbol{T}(-x_1,-y_1,-z_1)$ 的逆变换矩阵为

$$\boldsymbol{T}^{-1}(-x_1,-y_1,-z_1)=\begin{bmatrix}1 & 0 & 0 & x_1\\ 0 & 1 & 0 & y_1\\ 0 & 0 & 1 & z_1\\ 0 & 0 & 0 & 1\end{bmatrix}$$

最终,可得绕任意轴 p_1p_2 旋转 θ 角的旋转变换的复合变换为

$$\begin{bmatrix}x'\\ y'\\ z'\\ 1\end{bmatrix}=\begin{bmatrix}1 & 0 & 0 & x_1\\ 0 & 1 & 0 & y_1\\ 0 & 0 & 1 & z_1\\ 0 & 0 & 0 & 1\end{bmatrix}\begin{bmatrix}1 & 0 & 0 & 0\\ 0 & \frac{c}{d} & \frac{b}{d} & 0\\ 0 & -\frac{b}{d} & \frac{c}{d} & 0\\ 0 & 0 & 0 & 1\end{bmatrix}\begin{bmatrix}d & 0 & a & 0\\ 0 & 1 & 0 & 0\\ -a & 0 & d & 0\\ 0 & 0 & 0 & 1\end{bmatrix}\begin{bmatrix}\cos\theta & -\sin\theta & 0 & 0\\ \sin\theta & \cos\theta & 0 & 0\\ 0 & 0 & 0 & 0\\ 0 & 0 & 0 & 1\end{bmatrix}$$

$$\begin{bmatrix}d & 0 & -a & 0\\ 0 & 1 & 0 & 0\\ a & 0 & d & 0\\ 0 & 0 & 0 & 1\end{bmatrix}\begin{bmatrix}1 & 0 & 0 & 0\\ 0 & \frac{c}{d} & -\frac{b}{d} & 0\\ 0 & \frac{b}{d} & \frac{c}{d} & 0\\ 0 & 0 & 0 & 1\end{bmatrix}\begin{bmatrix}1 & 0 & 0 & -x_1\\ 0 & 1 & 0 & -y_1\\ 0 & 0 & 1 & -z_1\\ 0 & 0 & 0 & 1\end{bmatrix}\begin{bmatrix}x\\ y\\ z\\ 1\end{bmatrix}$$

复合变换 $\boldsymbol{R}(\theta)$可简写为

$$\boldsymbol{R}(\theta)=\boldsymbol{T}^{-1}\boldsymbol{R}_x^{-1}(\alpha)\boldsymbol{R}_y^{-1}(\beta)\boldsymbol{R}_z(\theta)\boldsymbol{R}_y(\beta)\boldsymbol{R}_x(\alpha)\boldsymbol{T}$$

3.3.3 三维缩放变换

1. 以固定点为坐标原点的三维缩放

点 $p(x、y、z)$关于坐标原点的三维缩放只是在二维缩放基础上增加 z 坐标的缩放参数

即可，因此缩放系数为 s_x, s_y, s_z 的三维缩放的等式形式为

$$\begin{cases} x' = s_x \cdot x \\ y' = s_y \cdot y \\ z' = s_z \cdot z \end{cases}$$

对应的变换矩阵为 $\begin{bmatrix} x' \\ y' \\ z' \\ 1 \end{bmatrix} = \begin{bmatrix} s_x & 0 & 0 & 0 \\ 0 & s_y & 0 & 0 \\ 0 & 0 & s_z & 0 \\ 0 & 0 & 0 & 1 \end{bmatrix} \begin{bmatrix} x \\ y \\ z \\ 1 \end{bmatrix}$

如图 3-22 所示。

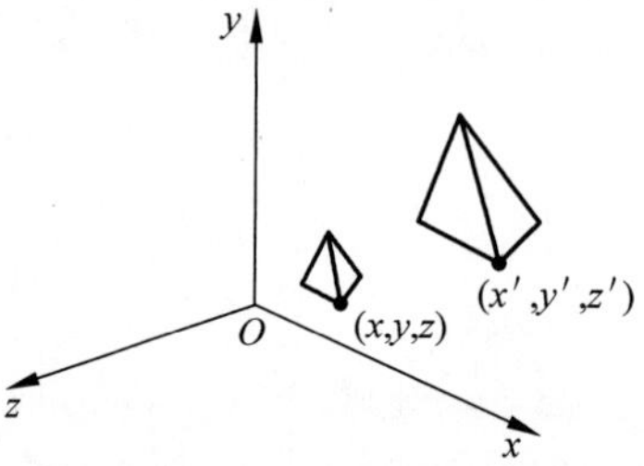

图 3-22 相对于坐标原点的缩放变换

2. 以固定点为任意点的三维缩放

如果固定点为任意点(x_f, y_f, z_f)，可以通过下面 3 个步骤的复合变换得到，如图 3-23 所示。

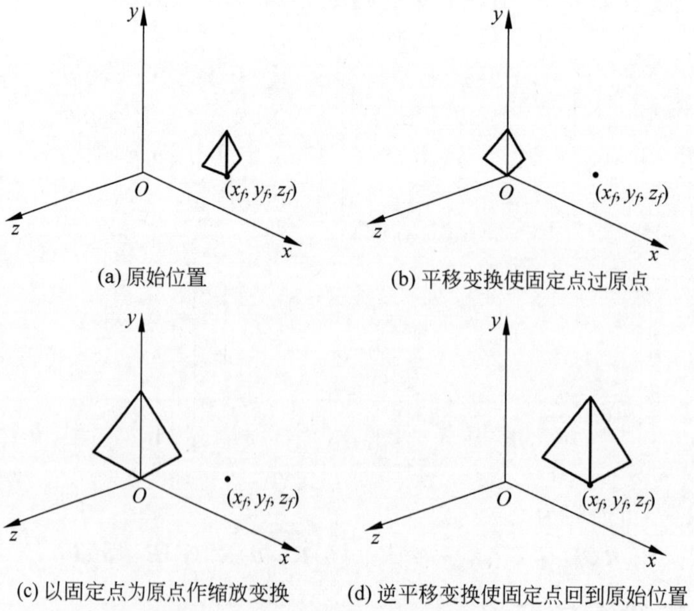

图 3-23 以任意固定点进行缩放变换

步骤 1 先做平移变换使固定点(x_f, y_f, z_f)回到坐标原点处，那么图形上的任意一点

(x_0,y_0,z_0)可以通过 x 方向的平移分量为$-x_f$、y 方向的平移分量为$-y_f$、z 方向的平移分量为$-z_f$ 的平移变换变换到(x_1,y_1,z_1)，平移变换的矩阵为

$$\begin{bmatrix} x_1 \\ y_1 \\ z_1 \\ 1 \end{bmatrix} = \boldsymbol{T}(t_x,t_y,t_z) \begin{bmatrix} x_0 \\ y_0 \\ z_0 \\ 1 \end{bmatrix}$$

其中：

$$\boldsymbol{T}(t_x,t_y,t_z) = \begin{bmatrix} 0 & 0 & 0 & -x_f \\ 0 & 0 & 0 & -y_f \\ 0 & 0 & 0 & -z_f \\ 0 & 0 & 0 & 1 \end{bmatrix}$$

步骤 2　以固定点为坐标原点进行缩放变换，缩放变换的矩阵为

$$\begin{bmatrix} x_2 \\ y_2 \\ z_2 \\ 1 \end{bmatrix} = \boldsymbol{S}(s_x,s_y,s_z) \begin{bmatrix} x_1 \\ y_1 \\ z_1 \\ 1 \end{bmatrix}$$

其中：

$$\boldsymbol{S}(s_x,s_y,s_z) = \begin{bmatrix} s_x & 0 & 0 & 0 \\ 0 & s_y & 0 & 0 \\ 0 & 0 & s_z & 0 \\ 0 & 0 & 0 & 1 \end{bmatrix}$$

步骤 3　将固定点移回原来的位置(x_f,y_f,z_f)，则 x 方向的平移分量为 x_f、y 方向的平移分量为 y_f，z 方向的平移分量为 z_f。变换点也随之增加相同的分量，即可得到最终结果。

步骤 1 中平移变换的逆变换为

$$\begin{bmatrix} x_3 \\ y_3 \\ z_3 \\ 1 \end{bmatrix} = \boldsymbol{T}^{-1}(t_x,t_y,t_z) \begin{bmatrix} x_2 \\ y_2 \\ z_2 \\ 1 \end{bmatrix}$$

其中：

$$\boldsymbol{T}^{-1}(t_x,t_y,t_z) = \begin{bmatrix} 0 & 0 & 0 & x_f \\ 0 & 0 & 0 & y_f \\ 0 & 0 & 0 & z_f \\ 0 & 0 & 0 & 1 \end{bmatrix}$$

复合变换表示为

$$\begin{bmatrix} x_3 \\ y_3 \\ z_3 \\ 1 \end{bmatrix} = \begin{bmatrix} 0 & 0 & 0 & x_f \\ 0 & 0 & 0 & y_f \\ 0 & 0 & 0 & z_f \\ 0 & 0 & 0 & 1 \end{bmatrix} \begin{bmatrix} s_x & 0 & 0 & 0 \\ 0 & s_y & 0 & 0 \\ 0 & 0 & s_z & 0 \\ 0 & 0 & 0 & 1 \end{bmatrix} \begin{bmatrix} 0 & 0 & 0 & -x_f \\ 0 & 0 & 0 & -y_f \\ 0 & 0 & 0 & -z_f \\ 0 & 0 & 0 & 1 \end{bmatrix} \begin{bmatrix} x_0 \\ y_0 \\ z_0 \\ 1 \end{bmatrix}$$

$$= \begin{bmatrix} s_x & 0 & 0 & (1-s_x)x_f \\ 0 & s_y & 0 & (1-s_y)y_f \\ 0 & 0 & s_z & (1-s_z)z_f \\ 0 & 0 & 0 & 1 \end{bmatrix} \begin{bmatrix} x_0 \\ y_0 \\ z_0 \\ 1 \end{bmatrix}$$

复合变换的矩阵表示为

$$\boldsymbol{T}(x_f, y_f, z_f)\boldsymbol{S}(s_x, s_y, s_z)\boldsymbol{T}(-x_f, -y_f, -z_f) = \begin{bmatrix} s_x & 0 & 0 & (1-s_x)x_f \\ 0 & s_y & 0 & (1-s_y)y_f \\ 0 & 0 & s_z & (1-s_z)z_f \\ 0 & 0 & 0 & 1 \end{bmatrix}$$

3.4 本章小结

本章主要介绍了二、三维几何变换。在几何变换的讨论中，分别介绍了二维平移、旋转、缩放、对称、错切变换与三维平移、旋转、缩放变换的等式与矩阵。通过几何变换可以将场景中的物体在适当的位置并以适当的尺寸予以显示。

3.5 习题

1. 如下图，求△ABC 绕 A 点逆时针旋转 45°所形成的新的三角形。

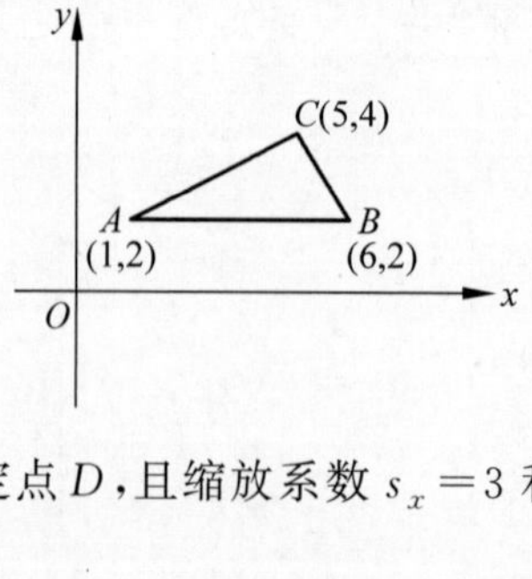

2. 如下图，求△ABC 以固定点 D，且缩放系数 $s_x=3$ 和 $s_y=4$ 作缩放变换后所形成的新的三角形。

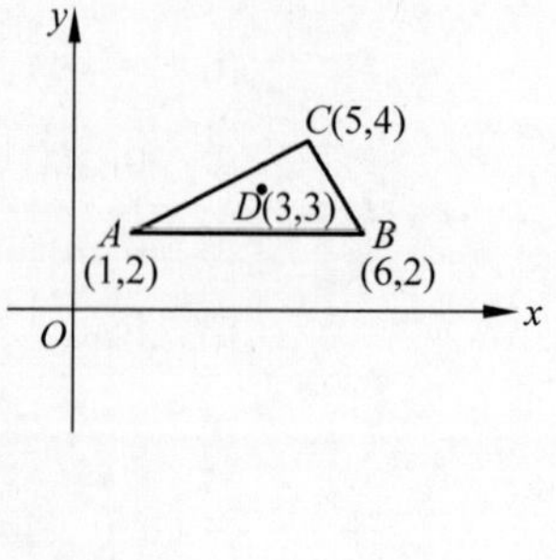

3. 如下图，求△ABC 关于直线 $y=2x-4$ 作对称变换得到的△$A'B'C'$。

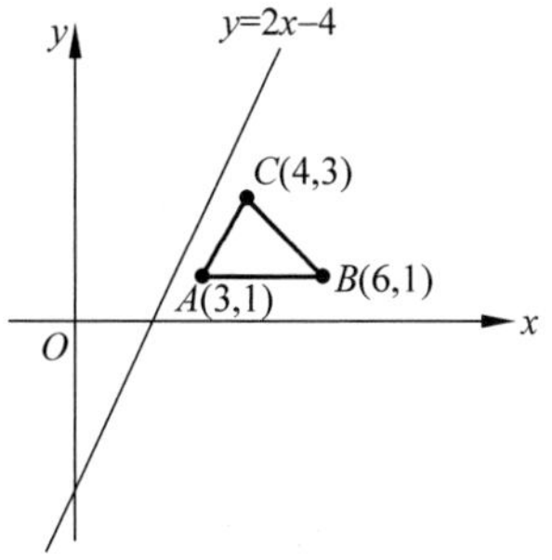

4. 描述基准点为任意点的二维旋转变换的操作步骤。
5. 分别写出平移逆矩阵、旋转逆矩阵和缩放逆矩阵。
6. 描述固定点为任意点的二维缩放变换的操作步骤。
7. 求关于 y 轴顺时针旋转 $p(4,5,6)$，旋转角度为 30°的点 p'。
8. 描述固定点为任意点的三维缩放的操作步骤。
9. 写出绕任意轴 p_1p_2 旋转 θ 角的旋转变换的复合变换矩阵。
10. 写出两种错切变换的矩阵表示。

第 4 章 图形观察

CHAPTER 4

在计算机图形学中，图形观察是研究的基础内容之一。在二维图形观察中，可使用 xOy 平面上包含全图或任意部分的区域来选择视图。用户可以只选择一个区域，也可以同时选择几个区域来显示，再利用裁剪窗口将需要保留的场景映射到设备坐标系上。对于三维图形，需要利用投影将场景变换到平面视图，再识别可见部分。

本章要点：

本章重点掌握线段与多边形裁剪算法，了解图形的三维投影算法及图形观察的作用。

4.1 二维观察

4.1.1 二维观察的基本概念

二维世界坐标系的场景映射到设备坐标系的过程称为二维观察变换。场景显示给屏幕往往经过一系列的坐标系的变换。通常，在构造和显示一个场景的过程中会使用几个不同的笛卡儿参照系，并在各自坐标系中构造其部分形状，这些坐标系可称为建模坐标系或局部坐标系。我们把建模坐标系下的各部分的图形放到一个坐标系中而形成整体形状，该坐标系就称为世界坐标系。当然，对于简单的图形，我们可以直接在世界坐标系中建立，建模坐标系与世界坐标系之间也不受任何输出设备的约束。世界坐标系位置要转换到对场景进行观察就需要将世界坐标系转换为对应的观察坐标系，就像照相机根据不同的位置和方向对描述的景物进行拍照，要选取需要显示的那一部分。另外，各种图形由指定输出设备显示，还需要将场景转化到在规范化坐标系下，其坐标范围从−1 到 1 或从 0 到 1，这依不同的系统而定。最后，图形经扫描转换到光栅系统中进行显示。显示设备的坐标系称为设备坐标系或屏幕坐标系。

划分二维场景中要显示的部分应用裁剪窗口，所有在裁剪窗口之外的图形均要裁剪掉，只有在裁剪窗口内部的场景才能显示在屏幕上，如图 4-1 所示。裁剪窗口有时指世界窗口或观察窗口。图形系统还用视口的另一"窗口"来控制显示窗口的定位。图形在裁剪窗口内的部分映射到显示窗口中的指定位置的视口中。窗口选择要看什么，而视口指定在输出设备的什么位置进行观察。

裁剪窗口和视口一般都是正则矩形，其各边分别与坐标轴平行。有时也会采用圆形和多边形等其他形状的窗口和视口，但是处理时间长一些。因此，图形软件一般仅允许使用平

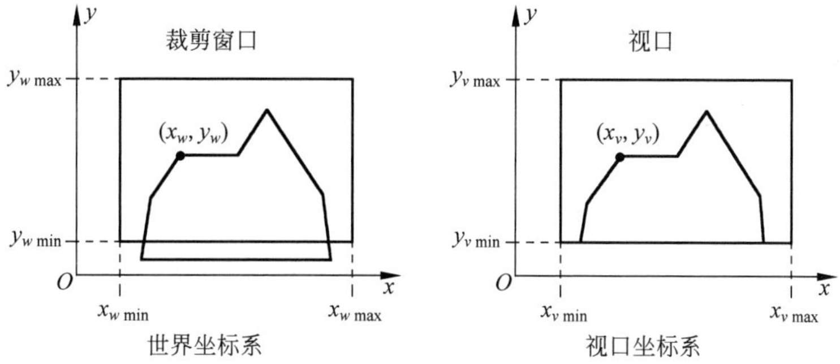

图 4-1　与坐标轴平行的裁剪窗口及对应的视口

行于 x 和 y 轴的矩形裁剪窗口。矩形裁剪窗口很容易通过给定矩形的一对顶点坐标来定义。

有些图形系统将规范化和窗口—视口的转换合并成一步。这样，视口坐标是从 0 到 1，即视口位于一个单位正方形内。裁剪后包含视口的单位正方形映射到输出显示设备上。为了说明规范化和视口变换的一般过程，首先定义一个视口，其规范坐标值从 0 到 1。按点的变换方式将图形上的点变换到该视口中。如果点在观察坐标系左下角，则它也必然显示在视口的左下角。图 4-2 显示了窗口到视口的映射，窗口内的点(x_w，y_w)映射到对应规范化的视口的点(x_v，y_v)。

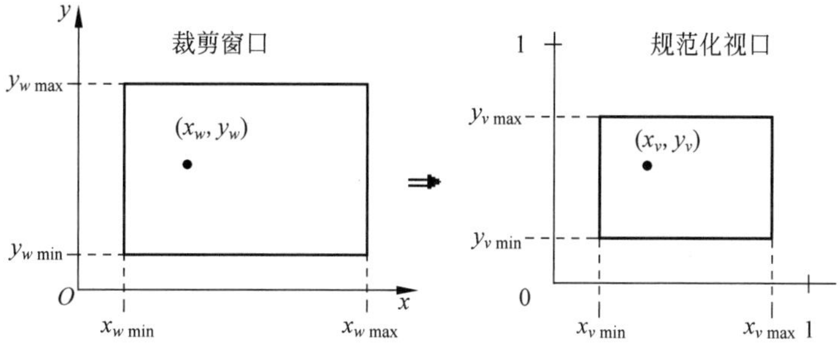

图 4-2　窗口内的点(x_w，y_w)映射到对应规范化的视口的点(x_v，y_v)

为了保持规范化的视口与窗口对应点的相对位置不变，必须满足 x 和 y 两个方向保持下列比例关系不变：

$$\frac{x_v - x_{v\min}}{x_{v\max} - x_{v\min}} = \frac{x_w - x_{w\min}}{x_{w\max} - x_{w\min}}$$

$$\frac{y_v - y_{v\min}}{y_{v\max} - y_{v\min}} = \frac{y_w - y_{w\min}}{y_{w\max} - y_{w\min}}$$

一般情况下，任何用来消除指定区域内或区域外的图形部分的过程称为裁剪算法，简称裁剪。虽然在裁剪应用中可以使用任何形状的裁剪窗口，但我们通常使用正则矩形作为裁剪窗口。

一般来说，图元类型的二维裁剪算法包括点的裁剪、线段(直线段)的裁剪、区域(多边形)的裁剪、曲线的裁剪和文字的裁剪。

除非特别声明，我们都假设裁剪窗口是一个正则矩形，四个边界分别为 $x_{w\min}$、$x_{w\max}$、$y_{w\min}$、$y_{w\max}$。

4.1.2 二维点裁剪

假设裁剪窗口是正则矩形，$x_{w\min}$、$x_{w\max}$、$y_{w\min}$、$y_{w\max}$ 为四个边界坐标，如果点 $p(x,y)$满足下列不等式：

$$\begin{cases} x_{w\min} \leqslant x \leqslant x_{w\max} \\ y_{w\min} \leqslant y \leqslant y_{w\max} \end{cases}$$

则保存该点用于显示。

如果这四个不等式中有任何一个不满足，则裁剪掉该点。

许多情况需要点裁剪的过程。例如，点的裁剪可以用于包含云、海面泡沫、烟或爆炸等，用小点或小球这样的粒子进行建模的场景。另外，点裁剪是最基本的裁剪形式，其他裁剪方法都以点裁剪为基础。

4.1.3 二维线裁剪

我们通过上一节中的点裁剪算法来测试一线段是否完整地落在所指定的裁剪窗口的内部或某一边界的外侧：如果两个端点都在四条裁剪边界内(图 4-3 中 p_1 到 p_2 的线段)，则该线段完全在裁剪窗口内，保留输出；如果一线段的两个端点都在四条边界中任意一条的外侧(图 4-3 中的线段 p_3p_4)，则该线段完全在裁剪窗口的外部，从场景中裁剪掉。如果上述两个特殊测试失败，则线段必定和至少一条边界线相交。

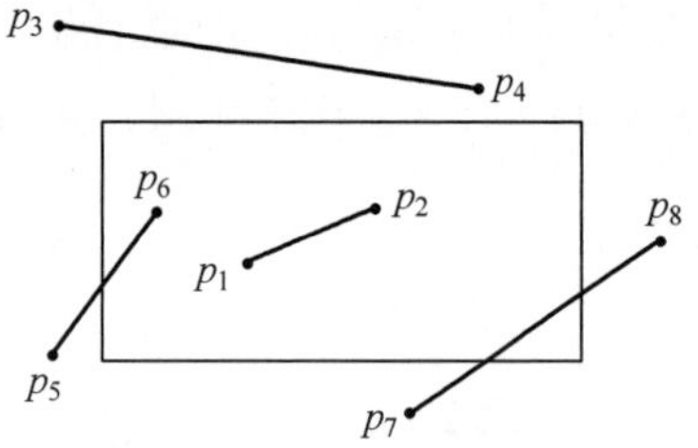

图 4-3 线段与裁剪窗口的位置关系

下面介绍几种常见的二维图形裁剪算法。

1. Cohen-Sutherland 线段裁剪算法

该算法通过初始测试来减少交点计算，从而提高线段裁剪效率。Cohen-Sutherland 线段裁剪算法可以归纳为三步。

第一步：定义区域码。

裁剪矩形窗口的 4 条边分别延长成直线形成 4 条边界，每条边界把平面分成两部分，裁剪窗口总是在某边界的一侧。从而，有裁剪窗口的一侧称之为内侧，没有裁剪窗的一侧称为外侧。

每条线段的端点都赋以 4 位二进制码值 $B_4B_3B_2B_1$，称为区域码。每一位用来标识端点在裁剪窗口的边界的内侧还是外侧。在区域码中，裁剪窗口的边界可以按任意次序。图 4-4 给出从右到左对应第 1 位到第 4 位编号的顺序：B_1 对应裁剪窗口的左边界；B_2 对应裁剪窗口的右边界；B_3 对应裁剪窗口的下边界；B_4 对应窗口的上边界。对于任意位码，由于是二进制码值，该位只能取 1 或取 0，定义如下。

如果码位的值为 1(真)，表示该端点在相应裁剪窗口的边界的外侧。

如果码位的值为 0(假)，表示该端点在相应裁剪窗口的边界的内侧或边界上。

通过给线段每个端点都赋予 4 位二进制的区域码，就可以通过区域码确定线段两端点相对于裁剪窗口 4 个边界的位置。另一方面，裁剪窗口的 4 条边界将二维空间划分成 9 个区域，每个区域都有唯一的区域码。通过线段端点的区域码可以知道该端点在所划分的 9

个区域的哪个区域。图 4-5 列出了 9 个区域分别对应的二进制区域码。

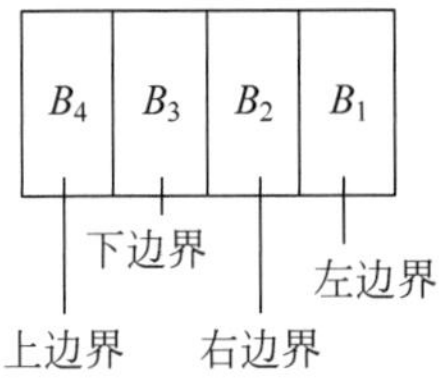

图 4-4　区域码各位及对应的裁剪窗口的边界

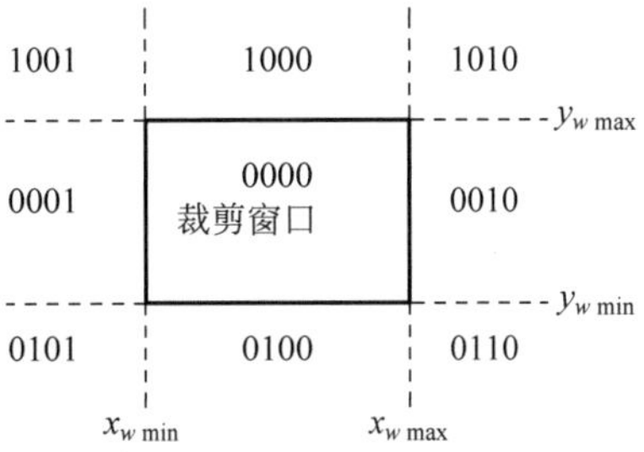

图 4-5　经裁剪窗口 4 个边界划分的 9 个区域及其区域码

区域码上每位的值可以通过将端点的坐标值(x,y)与裁剪窗口的边界相比较而得到：

如果 $x<x_{w\min}$，则 $B_1=1$；否则 $B_1=0$；

如果 $x>x_{w\max}$，则 $B_2=1$；否则 $B_2=0$；

如果 $y<y_{w\min}$，则 $B_3=1$；否则 $B_3=0$；

如果 $y>y_{w\max}$，则 $B_4=1$；否则 $B_4=0$。

还可以通过计算端点坐标与裁剪边界的差值，并使用符号位来确定区域码的值：

B_1 为$(x-x_{w\min})$的符号位；

B_2 为$(x_{w\max}-x)$的符号位；

B_3 为$(y-y_{w\min})$的符号位；

B_4 为$(y_{w\max}-y)$的符号位。

第二步：测试线段。

假设根据上述方法分别求出线段两端点 p_1 和 p_2 的区域码分别是 code1 和 code2。很容易得出线段完全在裁剪窗口之内需保留线段及线段两端点在某边界之外需清除线段的两种情况。

(1) 如果两个端点的区域码都为 0000，则线段两端点都在窗口内，可得线段完全在窗口内。可应用两端点的区域码的逻辑或运算为假进行判断，即如果 code1|code2＝False，则该直线完全在窗口内，保留输出。

(2) 如果两个端点区域码某位同时为 1，则线段两端点在某边界之外，则线段完全在窗口之外。可应用两端点的区域码的逻辑与运算为真进行判断，即如果 code1&code2＝True，则该直线段完全在窗口之外，清除该线段。

(3) 如果以上两种特殊测试都不满足，则按照左、右、下、上的处理顺序依次判断两端点的区域码相应位满足下列三种情况的哪一种，进行不同处理。

① 如果相应位其中一个是 1 而另一个是 0，可得线段与该边界有交点，进行求交运算。

② 如果相应位同时为 0，可得线段在相应边界内，在该边界处理保留，进行下一个边界测试。

③ 如果相应位同时为 1，可得线段在相应边界之外，清除线段。

按照左、右、下、上顺序处理完或某一步判断线段被清除，算法结束。

对于三种测试，如果发生了情况①，即线段与该边界有交点，进行第三步处理；否则，第三步处理不发生。

第三步：求交运算。

在测试线段过程中，如果线段与窗口某边界有交点，将边界值代入线段所在的直线方程求交点。假定直线的端点坐标为(x_1, y_1)和(x_2, y_2)，直线方程为

$$y = y_2 + m(x - x_1)$$

其中，斜率为

$$m = \frac{y_2 - y_1}{x_2 - x_1}$$

只要代入边界坐标，就可以求出在边界上交点的另一个坐标，从而得到交点的坐标。

注意：在某方向测试中，如果线段与该方向边界有交点，那么交点与边界之外的部分就被裁剪掉了，到下一边界测试时就是该边界内部端点和得到的交点所表示的线段部分，因而需要确定新的交点的区域码。

通过在求交过程中代入相应的边界值求出的另一方向坐标值与相同坐标的两个边界值比较确定区域码，具体情况如下。

(1) 假设线段与左边界有交点$(x_{w\min}, y_L)$，y_L 就是将 $x = x_{w\min}$ 代入直线方程所求的交点的 y 坐标方向的值，那么用 y_L 与 y 坐标方向的两边界值比较确定交点区域码：

如果 $y_L < y_{w\min}$，则交点区域码为 0100；

如果 $y_L > y_{w\max}$，则交点区域码为 1000；

如果 $y_{w\min} \leqslant y_L \leqslant y_{w\max}$，则交点区域码为 0000。

(2) 假设线段与右边界有交点$(x_{w\max}, y_R)$，y_R 就是将 $x = x_{w\text{man}}$ 代入直线方程所求的交点的 y 坐标方向的值，那么用 y_R 与 y 坐标方向的两边界值比较确定交点区域码：

如果 $y_R < y_{w\min}$，则交点区域码为 0100；

如果 $y_R > y_{w\max}$，则交点区域码为 1000；

如果 $y_{w\min} \leqslant y_R \leqslant y_{w\max}$，则交点区域码为 0000。

(3) 假设线段与下边界有交点$(x_B, y_{w\min})$，x_B 就是将 $y = y_{w\min}$ 代入直线方程所求的交点的 x 坐标方向的值，那么用 x_B 与 x 坐标方向的两边界值比较确定交点区域码：

如果 $x_B < x_{w\min}$，则交点区域码为 0001；

如果 $x_B > x_{w\max}$，则交点区域码为 0010；

如果 $x_{w\min} \leqslant x_B \leqslant x_{w\max}$，则交点区域码为 0000。

(4) 假设线段与上边界有交点$(x_T, y_{w\max})$，x_T 就是将 $y = y_{w\max}$ 代入直线方程所求的交点的 x 坐标方向的值，那么用 x_T 与 x 坐标方向的两边界值比较确定交点区域码：

如果 $x_T < x_{w\min}$，则交点区域码为 0001；

如果 $x_T > x_{w\max}$，则交点区域码为 0010；

如果 $x_{w\min} \leqslant x_T \leqslant x_{w\max}$，则交点区域码为 0000。

经过上述三部分描述，Cohen-Sutherland 线段裁剪算法的步骤可归纳如下。

(1) 输入直线段的两端点坐标 $p_1(x_1, y_1)$、$p_2(x_2, y_2)$，以及窗口的四条边界坐标 $x_{w\min}$、$y_{w\min}$、$x_{w\min}$ 和 $x_{w\max}$。

(2) 对 p_1、p_2 进行编码：点 p_1 的编码为 code1，点 p_2 的编码为 code2。

(3) 若 code1|code2=0，对直线段应简取之，转(6)；否则，若 code1&code2≠0，对直线段可简弃之，转(7)；

当上述两条均不满足时，进行步骤(4)。

(4) 确保 p_1 在窗口外部。若 p_1 在窗口内，则交换 p_1 和 p_2 的坐标值和编码。

(5) 根据 p_1 编码从低位开始判断码值，确定 p_1 在窗口外的哪一侧，如果线段与窗口边界有交点，则求出直线段与相应窗口边界的交点，并用该交点的坐标值替换 p_1 的坐标值，并重新赋予新区域码。考虑到 p_1 是窗口外的一点，因此可以去掉 p_1，转(2)。

(6) 用直线扫描转换算法画出当前的直线段 p_1p_2。

(7) 算法结束。

2. Liang-Barsky 裁剪算法

对于端点为(x_1,y_1)和(x_2,y_2)的直线段，可以使用参数形式描述直线段：

$$x = x_1 + u(x_2 - x_1)$$
$$y = y_1 + u(y_2 - y_1)$$

其中，$0 \leqslant u \leqslant 1$。

对于直线上一点(x,y)，若它在窗口内则有

$$x_{w\min} \leqslant x_1 + u(x_2 - x_1) \leqslant x_{w\max}$$
$$y_{w\min} \leqslant y_1 + u(y_2 - y_1) \leqslant y_{w\max}$$

可表示为

$$u(x_1 - x_2) \leqslant x_1 - x_{w\min}; \quad u(x_2 - x_1) \leqslant x_{w\max} - x_1$$
$$u(y_1 - y_2) \leqslant y_1 - y_{w\min}; \quad u(y_2 - y_1) \leqslant y_{w\max} - y_1$$

对于直线上一点(x,y)，若它在窗口内可统一表示为

$$u \cdot p_k \leqslant q_k \quad (k = 1,2,3,4)$$

其中，参数 p_k，q_k 定义为

$$p_1 = -(x_2 - x_1) \quad q_1 = x_1 - x_{w\min}$$
$$p_2 = x_2 - x_1 \quad q_2 = x_{w\max} - x_1$$
$$p_3 = -(y_2 - y_1) \quad q_3 = y_1 - y_{w\min}$$
$$p_4 = y_2 - y_1 \quad q_4 = y_{w\max} - y_1$$

任何一条直线如果平行于某一条裁剪边界，则有 $p_k=0$，下标 k 对应于与直线段平行的窗口边界($k=1,2,3,4$ 分别表示裁剪窗口的左、右、下、上边界)。对于某一个 k 值，如果还满足 $q_k<0$，那么直线完全在窗口的外面，可以抛弃；如果 $q_k \geqslant 0$，则该直线在它所平行的窗口边界的内部，还需要进一步计算才能确定直线是否在窗口内、外或相交。

当 $p_k<0$ 时，表示直线是从裁剪边界的外部延伸到内部；如果 $p_k>0$，则表示直线是从裁剪边界的内部延伸到外部的。对于 $p_k \neq 0$，可以计算出直线与边界 k 的交点的参数 u：

$$u = \frac{q_k}{p_k}$$

对于每一条直线，可以计算出直线位于裁剪窗口内的线段的参数值 u_1、u_2。u_1 的值是由那些使得直线是从外部延伸到内部的窗口边界所决定。对于这些边，计算 $r_k = q_k/p_k$。u_1 的值取 r_k 及 0 构成的集合中的最大值。u_2 的值是由那些使得直线是从内部延伸到外部的窗口边界 k 所决定。计算出 r_k，u_2 取 r_k 和 1 构成的集合中的最小值。如果 $u_1>u_2$，这条直线完全在窗口的外面，可以简单抛弃；否则根据参数 u 的两个值，计算出裁剪后线段

的端点。

例如,如图 4-6 所示的直线段 AB,根据裁剪算法,可知 p_1、$p_3<0$,则 r_1、r_3 分别表示直线与窗口左、下边界的交点的参数值。$u_1=\max(r_1,r_3,0)=r_1$; p_2、$p_4>0$,则 r_2 和 r_4 分别表示直线与窗口右、上边界交点的参数值。$u_2=\min(r_2,r_4,1)=r_4$。从直线方程的几何意义可知 $u_1<u_2$,把参数代入方程,就分别得到裁剪后线段的端点。对于直线 CD,只不过是 $u_1>u_2$,此时线段完全在窗口外面,为完全不可见。

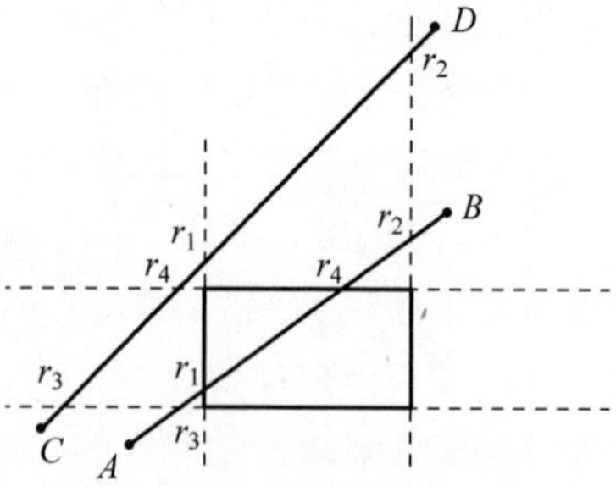

图 4-6 Liang-Barsky 裁剪算法中裁剪线段及所求参数

Liang-Barsky 裁剪算法减少了求交计算,一般比 Cohen-Sutherland 算法的效率要高些。在 Liang-Barsky 算法中,参数 u_1 和 u_2 的每次更新,只需要进行一次除法运算,且只有当最后获取裁剪结果线段时,才计算直线与窗口的交点。相反,在 Cohen-Sutherland 算法中即使直线完全在窗口的外面,也要重复进行求交计算。而且每次求交计算需要进行一次乘法运算和一次除法运算。另外,这两种算法都可以扩展到三维空间的裁剪。

Liang-Barsky 裁剪算法步骤如下。

(1) 输入直线段的两端点坐标(x_1,y_1)和(x_2,y_2),以及窗口的 4 条边界坐标 $x_{w\min}$、$x_{w\max}$、$y_{w\min}$、$y_{w\max}$。

(2) 若 $\Delta x=0$,则 $p_1=p_2=0$。此时进一步判断是否满足 $q_1<0$ 或 $q_2<0$,若满足,则线段不在窗口内,算法转(7); 否则,满足 $q_1>0$ 且 $q_2>0$,则进一步计算 u_1 和 u_2。算法转(5)。

(3) 若 $\Delta y=0$,则 $p_3=p_4=0$。此时进一步判断是否满足 $q_3<0$ 或 $q_4<0$,若满足,则该线段不在窗口内,算法转(7); 否则,满足 $q_1>0$ 且 $q_2>0$,则进一步计算 u_1 和 u_2。算法转(5)。

(4) 若上述两条均不满足,则有 $p_k\neq 0(k=1,2,3,4)$。此时计算 u_1 和 u_2。

(5) 求得 u_1 和 u_2 后,进行判断: 若 $u_1>u_2$,线段在窗口外,算法转(7); 若 $u_1<u_2$,利用直线的参数方程求得线段在窗口内的两端点坐标。

(6) 利用线段扫描转换算法绘制在窗口内的线段。

(7) 算法结束。

4.1.4 多边形区域裁剪

为了裁剪一个填充多边形,不能直接使用线裁剪算法对多边形的每条边进行裁剪。该方法一般无法构成封闭的多边形,往往会得到一系列不连接的线段。我们需要的是输出一个或多个裁剪后的填充区边界的封闭多边形。如图 4-7 所示,其中加粗部分表示裁剪后的结果。如果直接应用线裁剪算法裁剪,得到如图 4-7(b)中两段折线,这并不是我们所期望得到的结果。我们希望得到的正确结果是如图 4-7(c)中封闭的多边形。

因此,多边形裁剪过程中保留的顶点及多边形的边、裁剪窗口的交点及在多边形区域内窗口的顶点都可能是输出多边形结果的顶点,关键是如何形成裁剪后的多边形的正确的顶点序列。

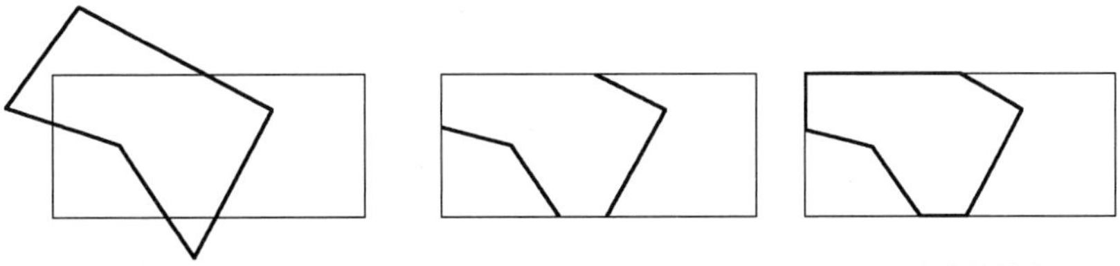

图 4-7 多边形裁剪

1. Sutherland-Hodgeman 多边形裁剪算法

由 Sutherland 和 Hodgeman 提出的多边形裁剪算法是将多边形顶点依次传递给由裁剪窗口 4 个边界为裁剪器的每个裁剪阶段，每个裁剪后的顶点传递给下一个裁剪器。虽然裁剪结果与裁剪器的顺序无关，但默认顺序为左边界裁剪器、右边界裁剪器、下边界裁剪器及上边界裁剪器。被裁剪的多边形的顶点序列代表多边形边的走向，一般默认以逆时针方向。多边形每条边的两个端点相对于各边界裁剪器内外判断有 4 种可能情况：两端点都在裁剪边界内侧；第一个端点在裁剪边界外侧，而第二个端点在裁剪边界内侧；第一个端点在裁剪边界内侧，而第二个端点在裁剪边界外侧；两端点都在裁剪边界外侧。每个裁剪器裁剪时都按照由这 4 种可能情况分别形成不同结果的测试规则完成该阶段裁剪过程。

① 如果两个输入端点都在裁剪边界内侧，则仅将第二个顶点传给下一个裁剪器。

② 如果第一个输入端点在裁剪边界外侧，而第二个输入端点在裁剪边界内侧，则将该多边形边与边界的交点和第二个顶点传给下一个裁剪器。

③ 第一个端点在裁剪边界内侧，而第二个端点在裁剪边界外侧，则将该多边形边与边界的交点传给下一个裁剪器。

④ 两端点都在裁剪边界外部，则不向下一个裁剪器传递任何点。

以边界裁剪为例，裁剪规则如图 4-8 所示。

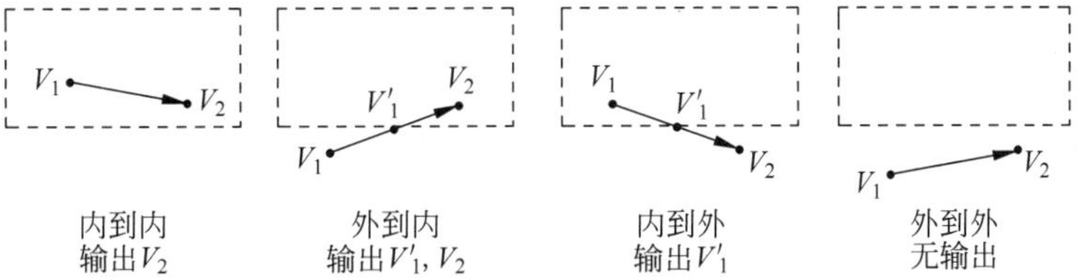

图 4-8 Sutherland-Hodgeman 多边形裁剪算法的裁剪规则

由裁剪窗口 4 个边界形成的 4 个裁剪器输出的最后顶点序列即为多边形裁剪的结果。如图 4-9 所示，应用 Sutherland-Hodgeman 多边形裁剪算法裁剪多边形{1,2,3,4}。

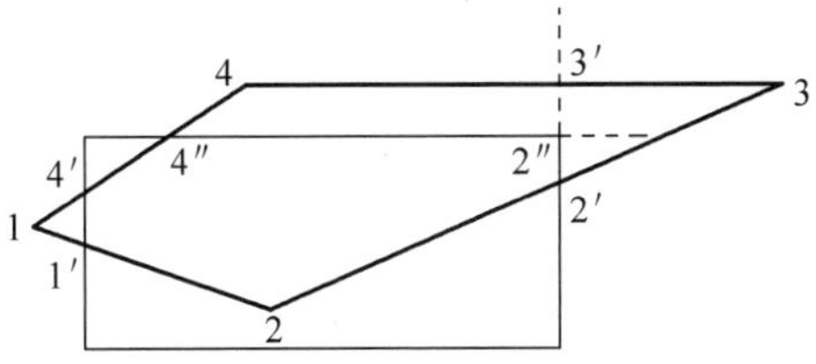

图 4-9 应用 Sutherland-Hodgeman 多边形裁剪算法裁剪多边形{1,2,3,4}

根据 Sutherland-Hodgeman 多边形裁剪规则，多边形{1,2,3,4}依次经过左边界裁剪器、右边界裁剪器、下边界裁剪器及上边界裁剪器，最终得到裁剪结果的顶点序列为{2″,4″,4′,1′,2,2′}，如图 4-10 所示。

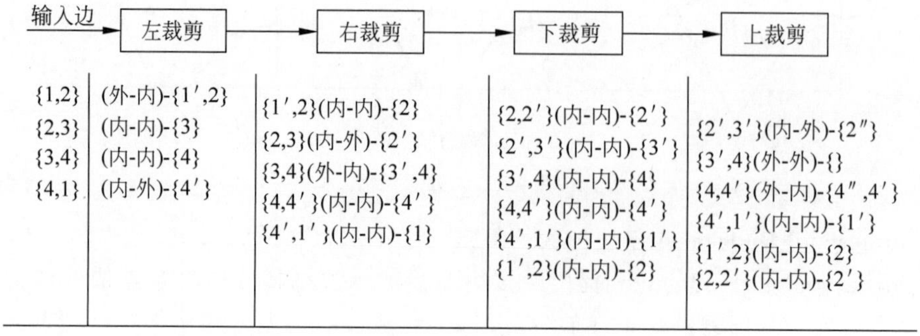

图 4-10 使用 Sutherland-Hodgeman 多边形裁剪算法裁剪多边形{1,2,3,4}

2. Weiler-Atherton 多边形裁剪算法

Weiler-Atherton 多边形裁剪算法是一个通用的多边形裁剪算法，不但可裁剪凸多边形还可以裁剪凹多边形。为了得到裁剪后的封闭填充区，沿多边形边界方向搜集顶点序列。当离开裁剪窗口时沿裁剪窗口边搜集窗口的顶点序列。裁剪窗口边的路线方向与被裁剪多边形边的方向一致。为了描述方便，如果多边形与裁剪窗口有交点，则根据与窗口相交边的走向区分交点：进入边与裁剪窗口的交点称为进交点，出去边与裁剪窗口的交点称为出交点。另外，处理方向根据多边形顶点序列方向而定，本节以逆时针方向为例描述该算法，实现过程如下。

(1) 按逆时针方向处理多边形的填充区域，直到相遇出交点。

(2) 在窗口边界上从出交点沿逆时针方向到达另一个与多边形的交点。如果该点是已处理边的点，则到下一步。如果是新交点，则继续按逆时针方向处理多边形直到遇到已处理的顶点。

(3) 形成裁剪后该区域的顶点队列。

(4) 回到出交点并继续按逆时针处理多边形的边。

图 4-11 描述了 Weiler-Atherton 算法裁剪凹多边形的过程，裁剪结果为多边形 $AKLM$ 和多边形 $PFGO$。

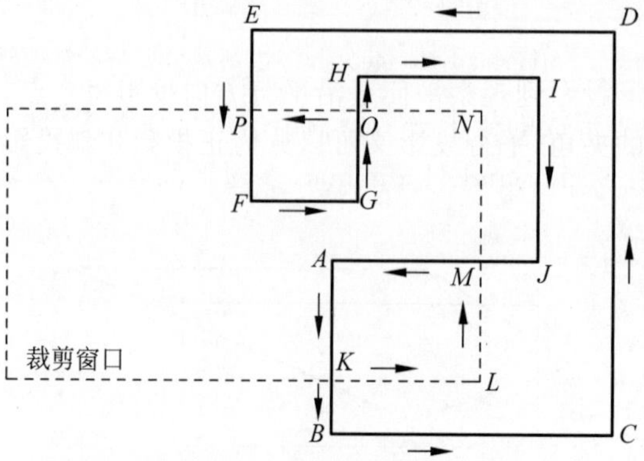

图 4-11 Weiler-Atherton 算法裁剪凹多边形

4.2　三维观察

4.2.1　三维观察的基本概念

在三维空间中的观察过程比二维观察复杂得多。要在三维世界的坐标系场景下显示，必须先建立观察用的坐标系。该坐标系定义与照相机胶片平面对应的观察平面或投影平面的方向一致。然后将三维图形描述转换到观察坐标系，并投影到观察平面上。可以引入投影变换来解决三维物体与二维显示的转变，投影变换把三维物体变换到一个二维投影平面上。因此本节讨论的主要是投影变换。

投影变换就是把三维立体图形投射到投影面上得到二维平面图形。一个三维图形的投影是由从投影中心发射出来的许多投影射线来定义的，这些投影线通过物体的每个点和投影平面相交，形成物体的投影。平面几何投影主要分平行投影、透视投影。通过这些投影变换得到三维立体物体的常用平面图形：三视图、轴测图以及透视图等。

平面几何投影的具体分类如图 4-12 所示。

- 平面几何投影
  - 平行投影
    - 正投影
      - 三视图
      - 正轴测投影
        - 正等测
        - 正二测
        - 正三测
    - 斜投影
      - 斜等测
      - 斜二测
  - 透视投影
    - 一点透视
    - 二点透视
    - 三点透视

图 4-12　平面几何投影的分类

4.2.2　平行投影

平行投影将三维图形投影到观察平面是沿平行方向投影每个点，如图 4-13 所示。

据投影线与投影面的夹角，平行投影又可以分为正投影和斜投影。其中，正投影的投影线与投影面垂直，而斜投影的投影线不与投影面垂直，如图 4-14 所示。

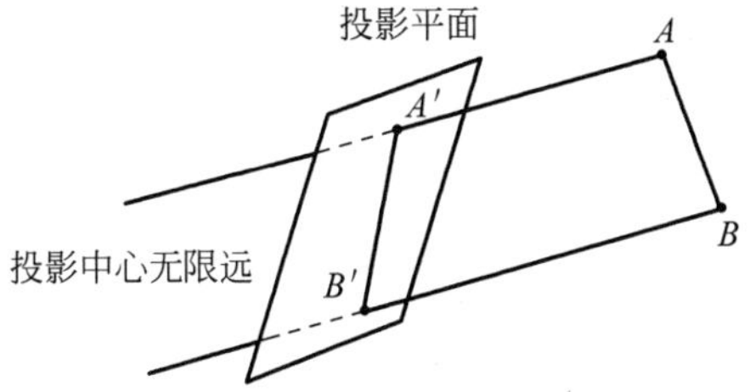

图 4-13　平行投影

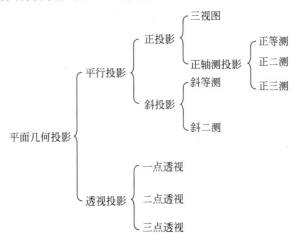

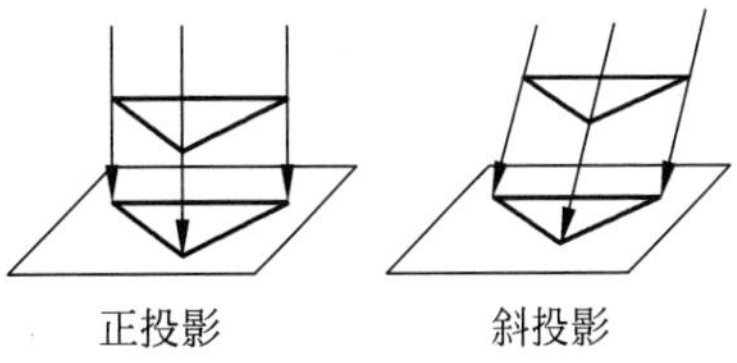

图 4-14　正投影和斜投影

1. 正投影

正投影又可分为三视图和正轴测。当投影面与某一坐标轴垂直时,得到的投影为三视图;否则,得到的投影为正轴测。正轴测有等轴测、正二测和正三测 3 种。当投影面与三个坐标轴之间的夹角都相等时为等轴测;当投影面与两个坐标轴之间的夹角相等时为正二测;当投影面与三个坐标轴之间的夹角都不相等时为正三测。本书只学习三视图的投影变换的矩阵形式。

三视图包括主视图、侧视图和俯视图三种,它们的投影平面分别与 y 轴、z 轴和 x 轴垂直。由于三视图可以真实地反映物体的距离和角度,三视图通常用于工程机械制图。为了将 3 个视图显示到同一个平面上,我们可以将俯视图绕 x 轴顺时针旋转 90°,侧视图绕 z 轴逆时针旋转 90°,就可以将 3 个视图都显示到 xOz 平面上了。另外,为了避免 3 个视图在坐标轴上有重合的边界,再将俯视图和侧视图旋转后进行适当的平移操作。

1) 主视图

将三维形体向 xOz 面(又称 V 面)作垂直投影,投影线与 y 轴平行,得到主视图。因此,主视图反映三维形体的 x(长)和 z(高)方向的实际长度,但不反映 y(宽)方向的变化。其变换等式形式为

$$\begin{cases} x' = x \\ y' = 0 \\ z' = z \end{cases}$$

主视图的投影变换矩阵的形式如下

$$\begin{bmatrix} x' \\ y' \\ z' \\ 1 \end{bmatrix} = \begin{bmatrix} 1 & 0 & 0 & 0 \\ 0 & 0 & 0 & 0 \\ 0 & 0 & 1 & 0 \\ 0 & 0 & 0 & 1 \end{bmatrix} \begin{bmatrix} x \\ y \\ z \\ 1 \end{bmatrix}$$

2) 俯视图

三维形体向 xOy 平面(又称 H 面)作垂直投影,投影线与 z 轴平行,得到俯视图。因此,俯视图反映三维形体的 x(长)和 y(宽)方向的实际长度,但不反映 z(高)方向的变化。为了使俯视图和主视图能够显示在一个 xOz 平面上,需要将俯视图绕 x 轴顺时针旋转 90°。同时,为了使主视图与旋转后的俯视图有一定间隔,还需再进行一次沿 z 轴负方向平移距离为 z_p 的平移变换。操作步骤如下。

(1) 向 xOy 平面作垂直投影,其投影变换矩阵为

$$\boldsymbol{T}_h = \begin{bmatrix} 1 & 0 & 0 & 0 \\ 0 & 1 & 0 & 0 \\ 0 & 0 & 0 & 0 \\ 0 & 0 & 0 & 1 \end{bmatrix}$$

(2) 使 xOy 平面绕 x 轴顺时针旋转 90°,其旋转变换矩阵为

$$\boldsymbol{R}_x = \begin{bmatrix} 1 & 0 & 0 & 0 \\ 0 & \cos(-90°) & -\sin(-90°) & 0 \\ 0 & \sin(-90°) & \cos(-90°) & 0 \\ 0 & 0 & 0 & 1 \end{bmatrix}$$

（3）最后，沿 z 轴负方向平移一段距离 z_p，平移变换矩阵为

$$\begin{bmatrix} 1 & 0 & 0 & 0 \\ 0 & 1 & 0 & 0 \\ 0 & 0 & 1 & -z_p \\ 0 & 0 & 0 & 1 \end{bmatrix}$$

所以，俯视图总的变换矩阵的形式为

$$\begin{bmatrix} x' \\ y' \\ z' \\ 1 \end{bmatrix} = \begin{bmatrix} 1 & 0 & 0 & 0 \\ 0 & 1 & 0 & 0 \\ 0 & 0 & 1 & -z_p \\ 0 & 0 & 0 & 1 \end{bmatrix} \begin{bmatrix} 1 & 0 & 0 & 0 \\ 0 & \cos(-90°) & -\sin(-90°) & 0 \\ 0 & \sin(-90°) & \cos(-90°) & 0 \\ 0 & 0 & 0 & 1 \end{bmatrix} \begin{bmatrix} 1 & 0 & 0 & 0 \\ 0 & 1 & 0 & 0 \\ 0 & 0 & 0 & 0 \\ 0 & 0 & 0 & 1 \end{bmatrix} \begin{bmatrix} x \\ y \\ z \\ 1 \end{bmatrix}$$

$$= \begin{bmatrix} 1 & 0 & 0 & 0 \\ 0 & 0 & 0 & 0 \\ 0 & -1 & 0 & -z_p \\ 0 & 0 & 0 & 1 \end{bmatrix} \begin{bmatrix} x \\ y \\ z \\ 1 \end{bmatrix}$$

从而，俯视图的等式方程可以表示为

$$\begin{cases} x' = x \\ y' = 0 \\ z' = -y - z_p \end{cases}$$

3）侧视图

三维形体向 yOz 平面（又称 W 面）作垂直投影，投影线与 x 轴平行，得到侧视图。因此，侧视图反映三维形体的 y（宽）和 z（高）方向的实际长度，但不反映 x（长）方向的变化。为了使侧视图和主视图能够显示在一个 xOz 平面上，需要将俯视图绕 z 轴逆时针旋转 90°。同时，为了使主视图与旋转后的侧视图有一定间隔，还需再进行一次沿 x 轴负方向平移距离为 x_l 的平移变换。操作步骤如下。

（1）向 yOz 平面作垂直投影，其投影变换矩阵为

$$\boldsymbol{T}_w = \begin{bmatrix} 0 & 0 & 0 & 0 \\ 0 & 1 & 0 & 0 \\ 0 & 0 & 1 & 0 \\ 0 & 0 & 0 & 1 \end{bmatrix}$$

（2）使 yOz 平面绕 z 轴逆时针旋转 90°，其旋转变换矩阵为

$$\boldsymbol{R}_z = \begin{bmatrix} \cos(90°) & -\sin(90°) & 0 & 0 \\ \sin(90°) & \cos(90°) & 0 & 0 \\ 0 & 0 & 1 & 0 \\ 0 & 0 & 0 & 1 \end{bmatrix}$$

（3）最后，沿 x 轴负方向平移一段距离 x_l，平移变换矩阵为

$$\begin{bmatrix} 1 & 0 & 0 & -x_l \\ 0 & 1 & 0 & 0 \\ 0 & 0 & 1 & 0 \\ 0 & 0 & 0 & 1 \end{bmatrix}$$

所以,侧视图总的变换矩阵的形式为

$$\begin{bmatrix} x' \\ y' \\ z' \\ 1 \end{bmatrix} = \begin{bmatrix} 1 & 0 & 0 & -x_l \\ 0 & 1 & 0 & 0 \\ 0 & 0 & 1 & 0 \\ 0 & 0 & 0 & 1 \end{bmatrix} \begin{bmatrix} \cos(90°) & -\sin(90°) & 0 & 0 \\ \sin(90°) & \cos(90°) & 0 & 0 \\ 0 & 0 & 1 & 0 \\ 0 & 0 & 0 & 1 \end{bmatrix} \begin{bmatrix} 0 & 0 & 0 & 0 \\ 0 & 1 & 0 & 0 \\ 0 & 0 & 1 & 0 \\ 0 & 0 & 0 & 1 \end{bmatrix} \begin{bmatrix} x \\ y \\ z \\ 1 \end{bmatrix}$$

$$= \begin{bmatrix} 0 & -1 & 0 & -x_l \\ 0 & 0 & 0 & 0 \\ 0 & 0 & 1 & 0 \\ 0 & 0 & 0 & 1 \end{bmatrix} \begin{bmatrix} x \\ y \\ z \\ 1 \end{bmatrix}$$

从而,俯视图的等式方程可以表示为

$$\begin{cases} x' = -y - x_l \\ y' = 0 \\ z' = z \end{cases}$$

如图 4-15 所示,对三维空间的三棱体作正投影得到三视图,并将 3 个视图都显示到 xOz 平面上。

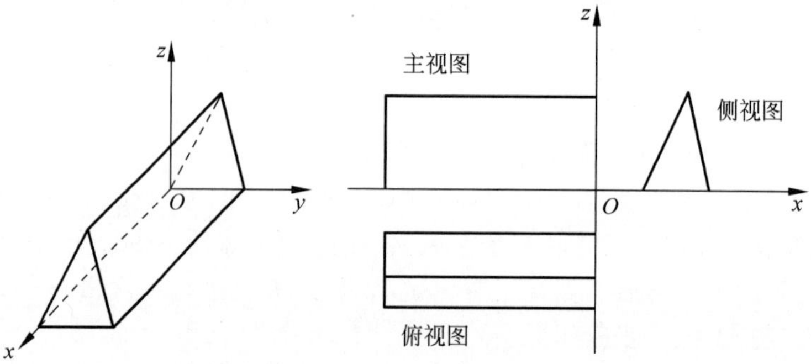

图 4-15　三视图

2. 斜投影

投影方向不垂直于投影平面的平行投影,称为斜平行投影,简称为斜投影。斜投影形成的斜投影图(又称为斜轴测图)是将三维形体向一个单一的投影面作平行投影,但投影方向不垂直于投影面所得到的平面图形。常选用垂直于某个主轴的投影面,使得平行于投影面的形体表面可以进行距离和角度的测量。斜投影图的特点:既可以进行测量又可以同时反映三维形体的多个面,具有立体效果。

在工程与建筑设计应用中,斜投影常使用两个角度来描述,如图 4-16 中的 α 和 β。其中的空间位置 (x,y,z) 投影到位于观察 z 轴 z_{vp} 处的观察平面的 (x_p,y_p,z_{vp})。位置 (x,y,z_{vp}) 是相应的正投影点。从 (x,y,z) 到 (x_p,y_p,z_{vp}) 的斜投影线与投影平面上连接 (x_p,y_p,z_{vp}) 和 (x,y,z_{vp}) 的线之间的夹角为 α。观察平面上这条长度为 L 的线与投影平面水平方向的夹角为 β。角 α 可取 0°到 90°之间的值,而角 β 可取 0°到 360°之间的值。应用 x、

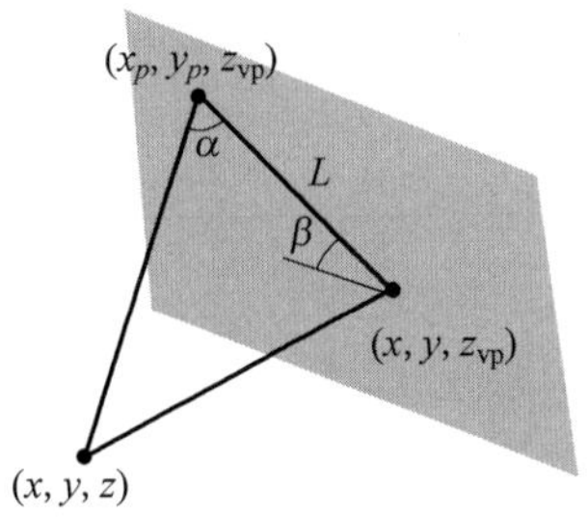

图 4-16 点(x,y,z)斜投影到 z 轴 z_{vp} 处的投影平面而得到的点(x_p,y_p,z_{vp})

y、L 和 β 来表示投影坐标，可计算为

$$\begin{cases} x_p = x + L\cos\beta \\ y_p = y + L\sin\beta \end{cases}$$

长度 L 依赖于角度 α 及点(x,y,z)到观察平面的距离：

$$\tan\alpha = \frac{z_{vp} - z}{L}$$

所以有

$$L = \frac{z_{vp} - z}{\tan\alpha} = L_1(z_{vp} - z)$$

其中：

$$L_1 = \cot\alpha$$

所以，斜平行投影变换的等式形式为

$$\begin{cases} x_p = x + L_1(z_{vp} - z)\cos\beta \\ y_p = y + L_1(z_{vp} - z)\sin\beta \end{cases}$$

斜平行投影变换的矩阵形式为

$$\begin{bmatrix} x_p \\ y_p \\ z_p \\ 1 \end{bmatrix} = \begin{bmatrix} 1 & 0 & -L_1\cos\beta & L_1 z_{vp}\cos\beta \\ 0 & 1 & -L_1\sin\beta & L_1 z_{vp}\sin\beta \\ 0 & 0 & 0 & 0 \\ 0 & 0 & 0 & 1 \end{bmatrix} \begin{bmatrix} x \\ y \\ z \\ 1 \end{bmatrix}$$

角度 β 一般取 30°或 45°。α 的常用值满足 $\tan\alpha = 1$ 和 $\tan\alpha = 2$。根据 α 的不同取值所形成的斜投影图分为斜等测图和斜二测图。

对于斜等测图有 $\tan\alpha = 1$，即 $\alpha = 45°$；

对于斜二测图则有 $\tan\alpha = 2$，即 $\alpha = \arctan(2)$。

在斜等测图中，所有垂直于投影平面的线条投影后长度不变；而在斜二测图中，所有垂直于投影平面的线条投影后得到之前一半的长度。由于斜二测投影在垂直方向的投影长度减半，使得斜二测投影看起来比斜等测投影的真实感更好些。图 4-17 给出了单位立方体的两种斜投影。

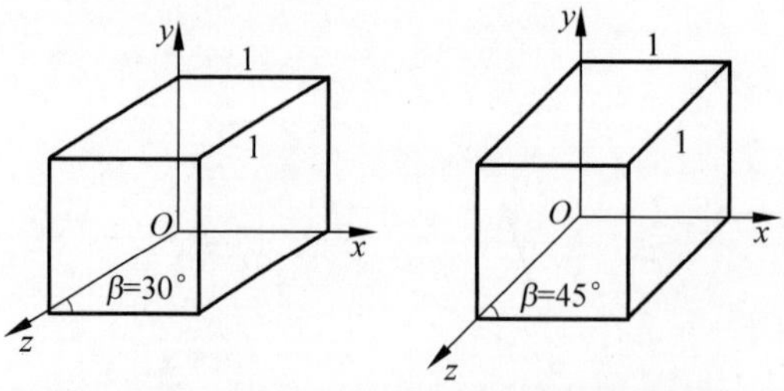

(a) β分别取30°和45°时立方体的两个斜等测结果

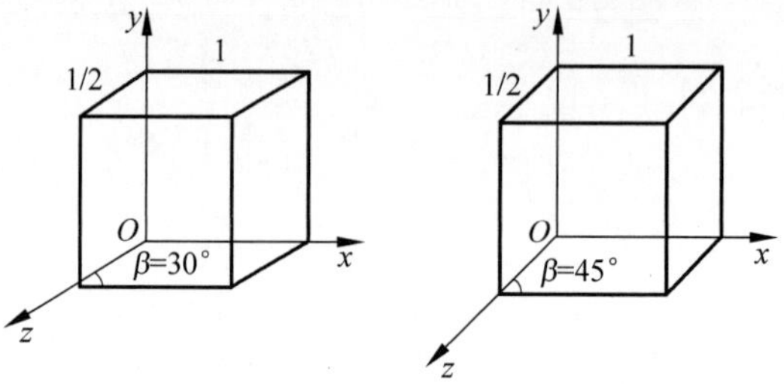

(b) β分别取30°和45°时立方体的两个斜二测结果

图 4-17 β 取 30°和 45°时立方体的斜等测投影图和斜二测投影图

4.2.3 透视投影

透视投影是沿会聚路径投影每一个点。投影线会聚的点称为投影参考点或投影中心，如图 4-18 所示。

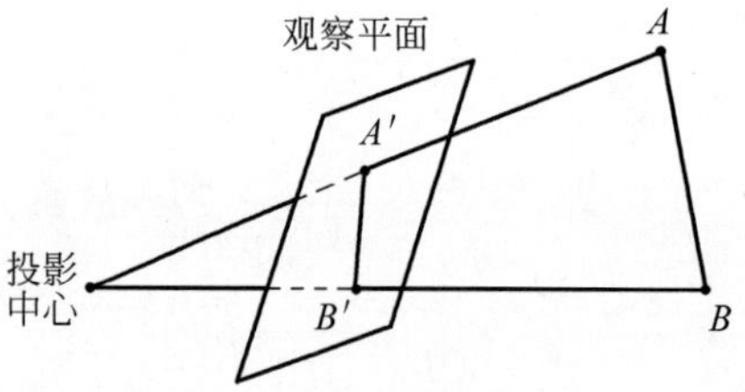

图 4-18 透视投影

空间任意一点的透视投影是投影中心与空间点构成的投影线与投影平面的交点。图 4-19 给出了一个空间点 $p(x,y,z)$ 到投影中心 $(x_{\text{prp}},y_{\text{prp}},z_{\text{prp}})$ 的投影路径。该投影线与观察平面相交于坐标位置 (x_p,y_p,z_{vp})，其中 z_{vp} 是在观察平面上选择的位于 z_{view} 轴的点。

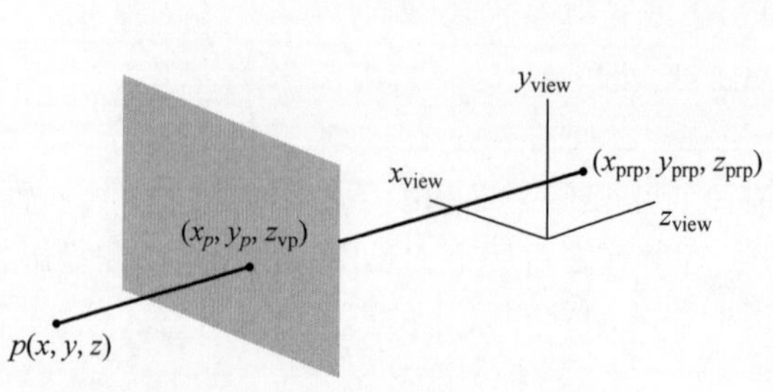

图 4-19 空间点 $p(x,y,z)$ 到一般的投影中心 $(x_{\text{prp}},y_{\text{prp}},z_{\text{prp}})$ 的投影路径

此时，投影线的参数方程为

$$\begin{cases} x' = x - (x - x_{\text{prp}})u \\ y' = y - (y - y_{\text{prp}})u \quad 0 \leqslant u \leqslant 1 \\ z' = z - (z - z_{\text{prp}})u \end{cases}$$

式中，坐标位置(x',y',z')代表沿投影线的任意一点。

当 $u=0$ 时所指的点是投影线的一个端点，即空间点 $p(x,y,z)$；当 $u=1$ 时所指的点是投影线的另一个端点，即投影中心$(x_{\text{prp}},y_{\text{prp}},z_{\text{prp}})$。

在观察平面上有 $z'=z_{\text{vp}}$，此时可求投影线的参数方程中的 z'式子而得到透视投影点位置处的 u 参数：

$$u = \frac{z_{\text{vp}} - z}{z_{\text{prp}} - z}$$

将此 u 值代入 x'和 y'的方程式。可得一般的投影变换公式：

$$x_p = x\left(\frac{z_{\text{prp}} - z_{\text{vp}}}{z_{\text{prp}} - z}\right) + x_{\text{prp}}\left(\frac{z_{\text{vp}} - z}{z_{\text{prp}} - z}\right)$$

$$y_p = y\left(\frac{z_{\text{prp}} - z_{\text{vp}}}{z_{\text{prp}} - z}\right) + y_{\text{prp}}\left(\frac{z_{\text{vp}} - z}{z_{\text{prp}} - z}\right)$$

由于该投影公式是分母含有空间位置 z 坐标的函数，计算比较复杂。我们一般会在透视投影过程中对于参数加上一些限制，往往根据不同的图形软件包，选取不同的投影中心和观察平面，从而简化透视投影的计算。

假定投影中心在 z 轴上($z=-d_p$ 处)，观察平面与 z 轴垂直。d_p 为观察平面与投影中心的距离，$d_p=z_{\text{prp}}-z_{\text{vp}}$，如图 4-20 所示。

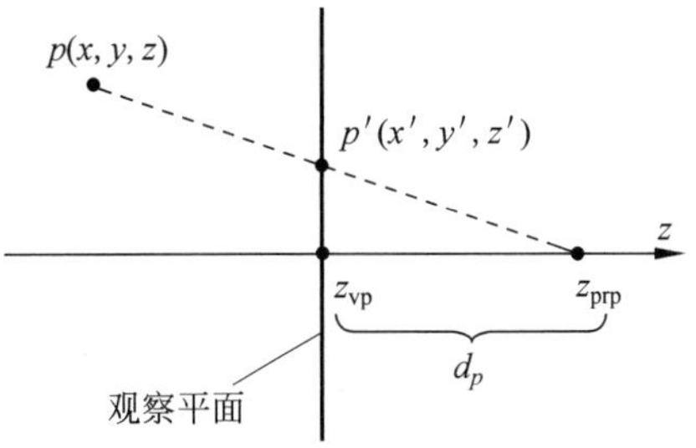

图 4-20 投影中心在 z 轴时空间一点 $p(x,y,z)$的透视投影 $p'(x',y',z')$

由于投影中心在 z 轴上，可得 $x_{\text{prp}}=y_{\text{prp}}=0$，此时，投影变换的等式形式为

$$x_p = x\left(\frac{z_{\text{prp}} - z_{\text{vp}}}{z_{\text{prp}} - z}\right) = x\left(\frac{d_p}{z_{\text{prp}} - z}\right)$$

$$y_p = y\left(\frac{z_{\text{prp}} - z_{\text{vp}}}{z_{\text{prp}} - z}\right) = y\left(\frac{d_p}{z_{\text{prp}} - z}\right)$$

再将投影变换的等式形式转换为矩阵形式，设齐次系数 h 为

$$h = \frac{z_{\text{prp}} - z}{d_p}$$

根据齐次坐标变换：

$$x_p=\frac{x_h}{h},\quad y_p=\frac{y_h}{h}$$

从而投影变换的齐次矩阵表示为

$$\begin{bmatrix}x_h\\y_h\\z_h\\1\end{bmatrix}=\begin{bmatrix}1&0&0&0\\0&1&0&0\\0&0&\dfrac{-z_{\mathrm{vp}}}{d_p}&z_{\mathrm{vp}}\left(\dfrac{z_{\mathrm{prp}}}{d_p}\right)\\0&0&\dfrac{-1}{d_p}&\dfrac{z_{\mathrm{prp}}}{d_p}\end{bmatrix}\begin{bmatrix}x\\y\\z\\1\end{bmatrix}$$

为了能得到透视投影的变换矩阵更简单的表示形式，可以使观察平面位于 uv 平面，即 $z_{\mathrm{vp}}=0$ 或使投影中心为坐标系的原点，即 $z_{\mathrm{prp}}=0$。在此以 $z_{\mathrm{vp}}=0$ 为例，得出此时透视投影的变换矩阵。

此时：

$$x'=x\left(\frac{z_{\mathrm{prp}}}{z_{\mathrm{prp}}-z}\right)$$

$$y'=y\left(\frac{z_{\mathrm{prp}}}{z_{\mathrm{prp}}-z}\right)$$

$$z'=z_{\mathrm{vp}}=0$$

$$\begin{bmatrix}x'\\y'\\z'\\1\end{bmatrix}=\begin{bmatrix}x\cdot z_{\mathrm{prp}}/(z_{\mathrm{prp}}-z)\\y\cdot z_{\mathrm{prp}}/(z_{\mathrm{prp}}-z)\\0\\1\end{bmatrix}=\begin{bmatrix}x\\y\\0\\(z_{\mathrm{prp}}-z)/z_{\mathrm{prp}}\end{bmatrix}\begin{bmatrix}1&0&0&0\\0&1&0&0\\0&0&1&0\\0&0&-1/z_{\mathrm{prp}}&1\end{bmatrix}\begin{bmatrix}x\\y\\z\\1\end{bmatrix}$$

同时，$d_p=z_{\mathrm{prp}}-z_{\mathrm{vp}}=z_{\mathrm{prp}}$，则透视投影的变换矩阵为

$$\begin{bmatrix}x'\\y'\\z'\\1\end{bmatrix}=\begin{bmatrix}1&0&0&0\\0&1&0&0\\0&0&1&0\\0&0&-1/d_p&1\end{bmatrix}\begin{bmatrix}x\\y\\z\\1\end{bmatrix}$$

透视投影的深度感更强，更加具有真实感，但透视投影不能够准确反映物体的大小和形状。另外，透视投影还具有以下 3 个特征。

(1) 透视投影的大小与物体到投影中心的距离有关。

(2) 一组平行线若平行于投影平面，它们的透视投影仍然保持平行。

(3) 只有当物体表面平行于投影平面时，该表面上的角度在透视投影中才能被保持。

透视投影中不平行于投影面的平行线的投影会汇聚到一个点，这个点称为灭点。

坐标轴方向的平行线在投影面上形成的灭点称作主灭点。透视投影可以按照主灭点的个数分以下 3 类。

(1) 一点透视有一个主灭点，即投影面与一个坐标轴正交，与另外两个坐标轴平行。

(2) 二点透视有两个主灭点，即投影面与两个坐标轴相交，与另一个坐标轴平行。

(3) 三点透视有三个主灭点，即投影面与三个坐标轴都相交。

图 4-21 给出了立方体 3 种不同主灭点个数的透视投影。

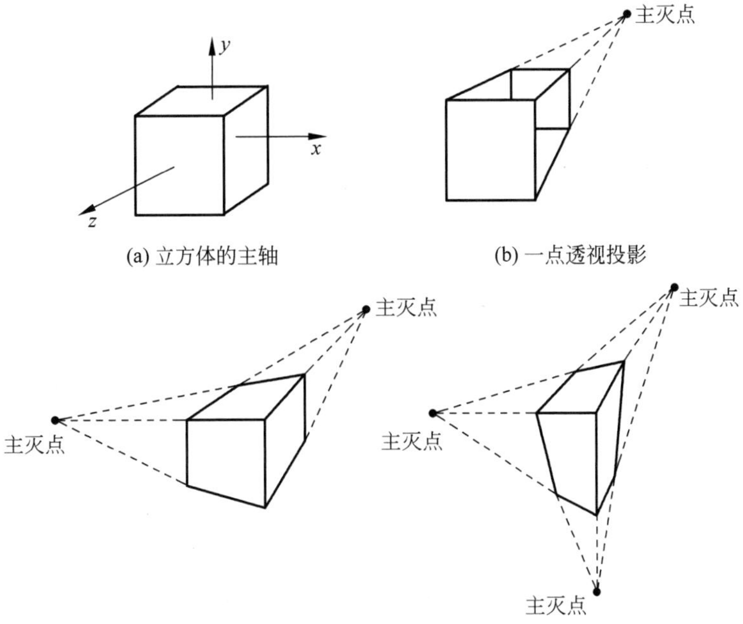

(a) 立方体的主轴　(b) 一点透视投影

(c) 两点透视投影　(d) 三点透视投影

图 4-21　立方体 3 种不同主灭点个数的透视投影

4.3 本章小结

在图形观察的讨论中介绍了裁剪算法与投影变换的基本方法。裁剪保证在屏幕的视图区内显示的是用户感兴趣的图形部分，通过投影变换可以将三维图形在二维的显示屏幕上进行显示。

4.4 习题

1. 描述窗口内的点(x_w，y_w)映射到对应规范化视口的点(x_v，y_v)满足的条件。

2. 已知矩形裁剪窗口的 4 个边界坐标为 $x_{wmin}=3$，$x_{wmax}=8$，$y_{wmin}=4$，$y_{wmax}=9$，裁剪点 $p_1(2,5)$、$p_2(3,9)$、$p_3(5,8)$、$p_4(9,7)$进行截剪。

3. 已知矩形裁剪窗口的 4 个边界坐标为 $x_{wmin}=2$，$x_{wmax}=10$，$y_{wmin}=5$，$y_{wmax}=8$，应用 Cohen-Sutherland 线段裁剪算法裁剪线段 $p_1(1,3)p_2(11,13)$。

4. 如下图，应用 Sutherland-Hodgeman 多边形裁剪算法裁剪多边形{1,2,3,4,5}。

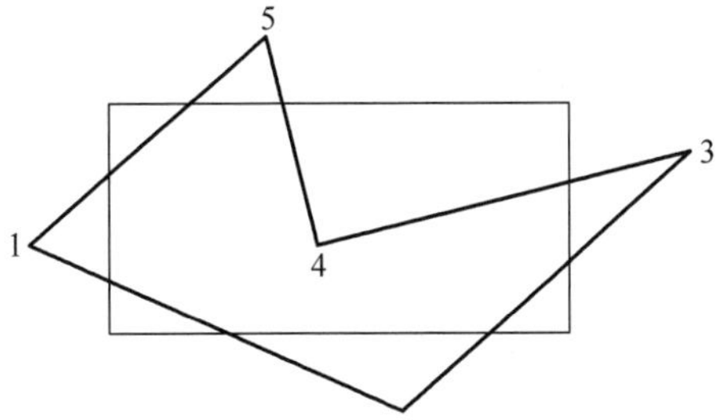

5. 分别写出三视图的矩阵表示。

6. 写出斜投影的矩阵表示。

7. 什么是透视投影?

8. 写出透视投影的矩阵表示。

9. 描述透视投影的特征。

10. 什么是灭点?根据灭点个数,透视投影如何分类?

第二篇　复杂图形构造理论

第 5 章 曲线曲面生成与设计

CHAPTER 5

曲线曲面生成与设计是计算机图形学研究的重要内容之一。而曲线曲面设计源于 20 世纪六七十年代的飞机和汽车工业。

曲线曲面设计方法的要求：①绘制的曲线与曲面具有唯一性；②设计曲线与曲面的过程具有明确的几何意义，且操作方便；③曲线与曲面具有几何不变性；④曲线与曲面具有统一性，能统一表示各种形状及处理各种情况；⑤具有局部修改性，局部修改不影响全局；⑥易于实现光滑连接。

本章要点：

本章重点掌握 Beziér 曲线与曲面、B 样条曲线与曲面的生成。了解非均匀有理 B 样条(NURBS)曲线与曲面的基本理论。

5.1 曲线与曲面理论基础

5.1.1 样条曲线简介

1. 样条定义

样条可以定义为由一组指定点集而生成的平滑曲线的柔韧带。例如，通过一组指定点生成平滑曲线那种柔韧的细竹条或细钢条。在计算机图形学中，样条曲线是指由多项式曲线段连接而成的曲线，在每段的边界处满足特定的连续条件。样条曲线有插值样条和逼近样条两种不同的描述方法，每种方法都是一种带有特定边界条件的特殊多项式。

在样条曲线的生成过程中，首先给出一组坐标点位置，它们决定了曲线的大致形状和走势，称这些坐标点为控制点。当选取的多项式使每个控制点都在曲线上时，则所得曲线称为这组控制点的插值样条曲线，如图 5-1 所示。当多项式的选取使曲线不一定通过每个控制点时，所得曲线称为这组控制点的逼近样条曲线，如图 5-2 所示。

图 5-1 插值样条曲线

图 5-2 逼近样条曲线

(1) 凸包

凸包是包围一组控制点的凸多边形的边界。这个凸多边形使每个控制点要么在凸包的边界上，要么在凸包的内部。如图 5-3 所示，虚线绘出了包围控制点 p_i 的凸包。凸包提供了曲线曲面与围绕控制点区域间的偏差度量,同时还保证了多项式光滑地沿控制点前进。

(2) 控制多边形

在生成逼近样条的过程中,连接控制点序列的折线很关键,它提醒设计人员控制点的次序。这一组连接控制点的折线称作该曲线的控制多边形,如图 5-4 所示。

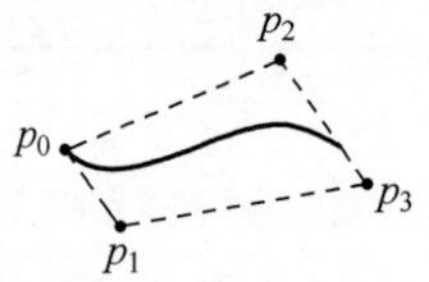

图 5-3 曲线与其凸包

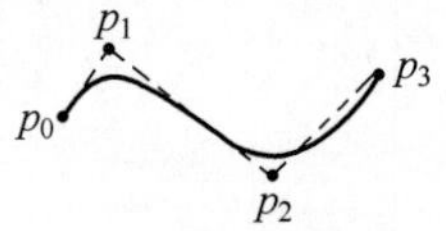

图 5-4 曲线与控制多边形

2. 连续性条件

1) 参数连续性

为了保证分段参数曲线从一段到另一段平滑过渡,可以在连接点处要求各种连续性条件。样条的每一部分以参数坐标函数的形式进行描述:

$$x=x(u) \quad y=y(u) \quad z=z(u) \quad u_1 \leqslant u \leqslant u_2$$

可以通过测试曲线段连接处的参数导数来建立参数连续性。

(1) 0 阶参数连续性,记作 C^0 连续性,如图 5-5(a)所示,是指曲线在该位置是连接的,至少没断开,即第一个曲线段在 u_1 处的 x,y,z 值与第二个曲线段在 u_2 处的 x,y,z 值相等。

(2) 1 阶参数连续性,记作 C^1 连续性,如图 5-5(b)所示,指代表两个相邻曲线段的方程在相交点处有相同的一阶导数(切线)。

(3) 2 阶参数连续性,记作 C^2 连续性,如图 5-5(c)所示,指两个相邻曲线段的方程在相交点处具有相同的一阶和二阶导数。

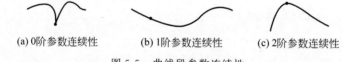

(a) 0阶参数连续性 (b) 1阶参数连续性 (c) 2阶参数连续性

图 5-5 曲线段参数连续性

2) 几何连续性

(1) 0 阶几何连续性,记作 G^0 连续性,与 0 阶参数连续性的定义相同。

(2) 1 阶几何连续性,记作 G^1 连续性,指一阶导数在相邻段的交点处成比例,则相邻曲线段在交点处切向量的大小不一定相等。

(3) 2 阶几何连续性,记作 G^2 连续性,指相邻曲线段在交点处其一阶和二阶导数均成比例。G^2 连续性下,两个曲线段在交点处的曲率相等。

从定义可以看出,几何连续性是参数连续性的一种弱化测试。

3. 样条曲线的等式和矩阵描述

对于一条三维的 n 次参数多项式曲线,可以采用以 t 为参数的方程来描述:

$$\begin{cases} x(t)=x_0+x_1\cdot t+\cdots+x_n\cdot t^n \\ y(t)=y_0+y_1\cdot t+\cdots+y_n\cdot t^n, \quad t\in[0,1] \\ z(t)=z_0+z_1\cdot t+\cdots+z_n\cdot t^n \end{cases}$$

将方程写成矩阵乘积形式可得

$$\boldsymbol{P}(t)=\begin{bmatrix}x(t)\\y(t)\\z(t)\end{bmatrix}=\begin{bmatrix}x_0 & x_1 & \cdots & x_n\\y_0 & y_1 & \cdots & y_n\\z_0 & z_1 & \cdots & z_n\end{bmatrix}\begin{bmatrix}1\\t\\\vdots\\t^n\end{bmatrix}=\boldsymbol{CT},\quad t\in[0,1]$$

其中，$\boldsymbol{T}$ 是参数 t 的幂次列向量矩阵，$\boldsymbol{C}$ 是 $(n+1)\times 3$ 阶的系数矩阵。将已知的边界条件，如端点坐标以及端点处的一阶导数等，代入该矩阵方程，求得系数矩阵：

$$\boldsymbol{C}=\boldsymbol{GM}$$

其中，$\boldsymbol{G}$ 是包含样条形式的几何约束条件（边界条件）在内的 $(n+1)\times 3$ 阶的矩阵，$\boldsymbol{M}$ 是一个 $(n+1)\times(n+1)$ 阶矩阵，也称为基矩阵，它将几何约束值转化成多项式系数，并且提供了样条曲线的特征。基矩阵描述了一个样条表式，它对于从一个样条表示转换到另一个样条表示特别有用。

5.1.2 三次样条

实际曲线设计的过程中通常采用三次样条表示，三次多项式方程是通过特定点且在连接处保持位置和斜率连续性的最低阶次的方程。给定 $n+1$ 个控制点 $p_k=(x_k,y_k,z_k)$，$k=0,1,2,\cdots,n$，可得到通过每个点的分段三次多项式曲线，由下面的方程组来描述：

$$\begin{cases}x(t)=x_0+x_1\cdot t+x_2\cdot t^2+x_3\cdot t^3\\y(t)=y_0+y_1\cdot t+y_2\cdot t^2+y_3\cdot t^3,\quad t\in[0,1]\\z(t)=z_0+z_1\cdot t+z_2\cdot t^2+z_3\cdot t^3\end{cases}$$

其中，t 为参数。当 $t=0$ 时，对应每段曲线段的起点；当 $t=1$ 时，对应每段曲线段的终点。对于 $n+1$ 个控制点，一共要生成 n 条三次样条曲线段，每一段都需要求出多项式表示中的系数，这些系数可以通过在两段相邻曲线段的交点处设置足够的边界条件来获得。

常用的插值方法有：自然三次样条插值和 Hermite 插值。

1. 自然三次样条插值

描述一个自然三次样条有 $n+1$ 个控制点需要拟合，共有 n 个曲线段计 $4n$ 个多项式系数待定，如图 5-6 所示。对于每个内部控制点（p_0 除外，共 $n-1$ 个），各有 4 个边界条件，在该控制点两侧的两个曲线段在该点处有相同的 1 阶导数和 2 阶导数，且两个曲线段都通过该点，所以，共有 4 个边界条件。这样就给出了由 $4n$ 个多项式系数组成的 $4n-4$ 个方程。再加上由第一个控制点 p_0（曲线起点）和最后一个控制点 p_n（曲线终点）所得的，共 $4n-2$ 个方程。对于 $4n$ 个待定系数，还有两个条件才能列出满足需要的 $4n$ 个方程。得到这两个方程有两个可行的方法，一是设 p_0 和 p_n 处的 2 阶导数为 0；二是增加两个虚控制点，它们各位于控制点序列的两端，定义为 p_{-1} 和 p_{n+1}，如图 5-7 所示。两个虚拟控制点的设立使原有的 $n+1$ 个控制点都变成了内控制点，自然可以获得 $4n$ 个边界条件，列出 $4n$ 个求解系数的方程。

图 5-6 $n+1$ 个控制点的分段连续三次样条插值

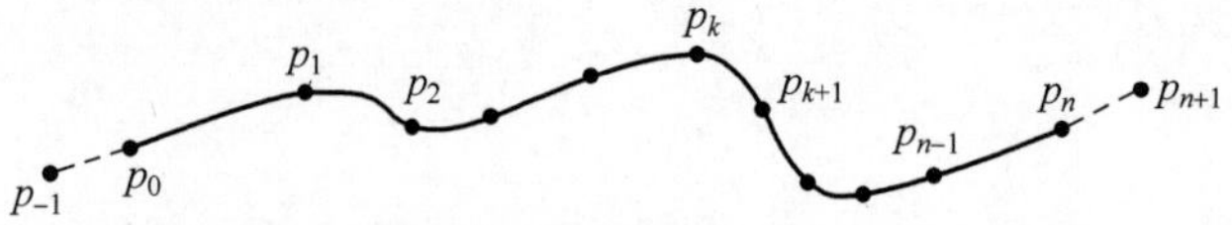

图 5-7 增加两个虚控制点的连续三次样条插值

自然三次样条插值有如下特点。

(1) 采用公式描述时，需要相邻曲线段在公共边界处有 C^2 连续性。

(2) 对于具有 $n+1$ 个控制点的自然三次样条有 $n+1$ 个控制点需要拟合，共有 n 个曲线段计 $4n$ 个多项式系数待定。

(3) 内控制点两侧的曲线段在控制点处具有相同的 1 阶导数和 2 阶导数，且均通过控制点，加上起点和终点共 $4n-2$ 个方程，还需要两个条件。

① 假定 p_0 和 p_n 处 2 阶导数为 0。

② 增加两个虚控制点，可保证 $n+1$ 个点均为内控制点。

自然三次样条插值是一种有效的方法，但其中任何一个控制点的改动都会影响到整个曲线的形状，局部控制特性不好。

2. Hermite 插值样条

由法国数学家查理斯·埃尔米特(Charles Hermite)给出的 Hermite 插值样条是一个给定每个控制点切线的分段三次多项式。它可以实现局部的调整，因为它的各个曲线段都仅取决于端点的约束。假定型值点 $\boldsymbol{P}_k$ 和 $\boldsymbol{P}_{k+1}$ 之间的曲线段为 $\boldsymbol{p}(t), t\in[0,1]$，给定矢量 $\boldsymbol{P}_k$、$\boldsymbol{P}_{k+1}$、$\boldsymbol{R}_k$ 和 $\boldsymbol{R}_{k+1}$，则满足下列条件的三次参数曲线为三次 Hermite 样条曲线：

$$\boldsymbol{p}(0)=\boldsymbol{P}_k, \quad \boldsymbol{p}(1)=\boldsymbol{P}_{k+1}$$
$$\boldsymbol{p}'(0)=\boldsymbol{R}_k, \quad \boldsymbol{p}'(1)=\boldsymbol{R}_{k+1}$$

如图 5-8 所示。

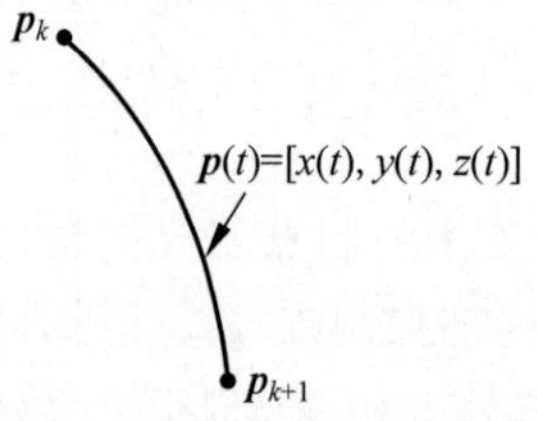

图 5-8 在控制点 $\boldsymbol{P}_k$ 和 $\boldsymbol{P}_{k+1}$ 之间的 Hermite 曲线段的参数点函数 $\boldsymbol{p}(t)$

关于该曲线的矢量方程可写成

$$\boldsymbol{p}(t)=at^3+bt^2+ct+d$$

其矩阵表达式为

$$\boldsymbol{p}(t)=\begin{bmatrix}t^3 & t^2 & t & 1\end{bmatrix}\begin{bmatrix}a_x & a_y & a_z\\ b_x & b_y & b_z\\ c_x & c_y & c_z\\ d_x & d_y & d_z\end{bmatrix}=\begin{bmatrix}t^3 & t^2 & t & 1\end{bmatrix}\begin{bmatrix}a\\ b\\ c\\ d\end{bmatrix}=\boldsymbol{TC}$$

代入边界条件得

$$\begin{bmatrix} p(0) \\ p(1) \\ p'(0) \\ p'(1) \end{bmatrix} = \begin{bmatrix} \boldsymbol{P}_K \\ \boldsymbol{P}_{K+1} \\ \boldsymbol{R}_K \\ \boldsymbol{R}_{K+1} \end{bmatrix} = \begin{bmatrix} 0 & 0 & 0 & 1 \\ 1 & 1 & 1 & 1 \\ 0 & 0 & 1 & 0 \\ 3 & 2 & 1 & 0 \end{bmatrix} C$$

对上式两边再同乘逆矩阵，得到

$$C = \begin{bmatrix} a \\ b \\ c \\ d \end{bmatrix} = \begin{bmatrix} 0 & 0 & 0 & 1 \\ 1 & 1 & 1 & 1 \\ 0 & 0 & 1 & 0 \\ 3 & 2 & 1 & 0 \end{bmatrix}^{-1} \begin{bmatrix} \boldsymbol{P}_k \\ \boldsymbol{P}_{k+1} \\ \boldsymbol{R}_k \\ \boldsymbol{R}_{k+1} \end{bmatrix} = \begin{bmatrix} 2 & -2 & 1 & 1 \\ -3 & 3 & -2 & -1 \\ 0 & 0 & 1 & 0 \\ 1 & 0 & 0 & 0 \end{bmatrix} \begin{bmatrix} \boldsymbol{P}_k \\ \boldsymbol{P}_{k+1} \\ \boldsymbol{R}_k \\ \boldsymbol{R}_{k+1} \end{bmatrix} = \boldsymbol{M}_h \boldsymbol{G}_h$$

其中，$\boldsymbol{M}_h$ 是 Hermite 矩阵，$\boldsymbol{G}_h$ 是 Hermite 几何矢量。

因此，三次 Hermite 样条曲线的方程为

$$\boldsymbol{p}(t) = \boldsymbol{T}\boldsymbol{M}_h\boldsymbol{G}_h, \quad t \in [0,1]$$

$$\boldsymbol{T}\boldsymbol{M}_h = \begin{bmatrix} t^3 & t^2 & t & 1 \end{bmatrix} \begin{bmatrix} 2 & -2 & 1 & 1 \\ -3 & 3 & -2 & -1 \\ 0 & 0 & 1 & 0 \\ 1 & 0 & 0 & 0 \end{bmatrix}$$

令

$$H_0(t) = 2t^3 - 3t^2 + 1$$

$$H_1(t) = -2t^3 + 3t^2$$

$$H_2(t) = t^3 - 2t^2 + t$$

$$H_3(t) = t^3 - t^2$$

$$\boldsymbol{p}(t) = \boldsymbol{P}_k H_0(t) + \boldsymbol{P}_{k+1} H_1(t) + \boldsymbol{R}_k H_2(t) + \boldsymbol{R}_{k+1} H_3(t)$$

多项式 $H_k(u)(k=0,1,2,3)$ 为 Hermite 基函数，如图 5-9 所示。

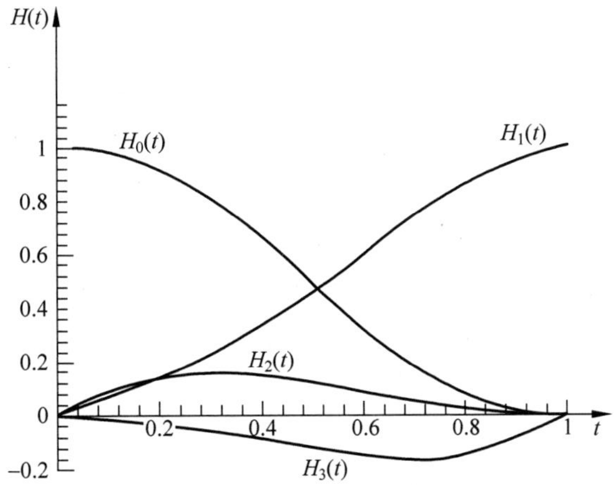

图 5-9 Hermite 基函数

5.2 Beziér 曲线与曲面

Beziér 曲线是法国雷诺汽车公司工程师 P. E Beziér 于 1962 年以“逼近”为基础构造的一种参数曲线。由于 Beziér 曲线拥有许多较好的性质，且更容易实现，在许多图形系统和 CAD 系统得到广泛应用。

5.2.1 Beziér 曲线的定义

1. Beziér 曲线的定义

Beziér 曲线是能够在第一个和最后一个顶点之间进行插值的一个多项式混合函数。通常，对于有 $n+1$ 个控制点的 Beziér 曲线段用参数方程表示如下：

$$\boldsymbol{p}(t)=\sum_{i=0}^{n}\boldsymbol{P}_i \mathrm{BEZ}_{i,n}(t) \quad 0\leqslant t\leqslant 1$$

Beziér 基函数——Bernstein 多项式的定义为

$$\mathrm{BEZ}_{i,n}(t)=C_n^i t^i (1-t)^{n-i} \quad t\in[0,1]$$

其中：

$$C_n^i=\frac{n!}{i!(n-i)!}$$

Beziér 混合函数的递归定义形式为

$$\mathrm{BEZ}_{i,n}(t)=(1-t)\mathrm{BEZ}_{i,n-1}(t)+t\mathrm{BEZ}_{i-1,n-1}(t) \quad n>i\geqslant 1$$

这里：

$$\mathrm{BEZ}_{i,i}(t)=t^i$$

$$\mathrm{BEZ}_{0,i}(t)=(1-t)^i$$

Beziér 曲线坐标的 3 个分量 x,y,z 的参数方程为

$$x(t)=\sum_{i=0}^{n}x_i \mathrm{BEZ}_{i,n}(t)$$

$$y(t)=\sum_{i=0}^{n}y_i \mathrm{BEZ}_{i,n}(t)$$

$$z(t)=\sum_{i=0}^{n}z_i \mathrm{BEZ}_{i,n}(t)$$

Beziér 曲线控制点的个数与曲线形状直接相关。Beziér 曲线多项式的次数要比控制点的个数少 1。3 个控制点生成抛物线(二次曲线)，4 个控制点生成三次曲线，但对某些控制点布局，得到了退化的 Beziér 多项式。

2. 基函数 Bernstein 多项式的性质

(1) 非负性：$\mathrm{BEZ}_{i,n}(t)\geqslant 0$，　$t\in[0,1]$。

(2) 权性：$\sum_{i=0}^{n}\mathrm{BEZ}_{i,n}(t)=1$，　$t\in[0,1]$。

(3) 对称性：$\mathrm{BEZ}_{i,n}(t)=\mathrm{BEZ}_{n-i,n}(1-t)$，　$(i=0,1,2,\cdots,n)$。

(4) 导数：对 $i=0,1,2,\cdots,n$，有 $BEZ'_{i,n}(t)=n[BEZ_{i-1,n-1}(t)-BEZ_{i,n-1}(t)]$。

(5) 积分：$\int_0^1 BEZ_{i,n}(t)=\frac{1}{n+1}$，　$(i=0,1,2,\cdots,n)$。

(6) 最大值：在区间[0,1]内，$BEZ_{i,n}(t)$在 $t=i/n$ 处取得最大值。

(7) 线性无关性：任何一个 n 次多项式都可表示成它们的线性组合，或者说 $\{BEZ_{i,n}(t)\}_{i=0}^{n}$ 是 n 次多项式空间的一组基。

5.2.2　Beziér 曲线的性质

根据基函数 Bernstein 的性质，可推导出 Beziér 曲线具有下列性质。

1) 端点的性质

Beziér 曲线总是通过第一个和最后一个控制点，该曲线在两个端点处的边界条件是

$$\boldsymbol{p}(t)\Big|_{t=0}=\boldsymbol{P}_0$$

$$\boldsymbol{p}(t)\Big|_{t=1}=\boldsymbol{P}_n$$

Beziér 曲线在端点处的一阶导数值可由控制点的坐标求出

$$\boldsymbol{p}'(t)\Big|_{t=0}=n\boldsymbol{P}_1-n\boldsymbol{P}_0$$

$$\boldsymbol{p}'(t)\Big|_{t=1}=n\boldsymbol{P}_n-n\boldsymbol{P}_{n-1}$$

Beziér 曲线在起点处的切线位于前两个控制点的连线上，而终点处的切线位于最后两个控制点的连线上，即曲线起点和终点处的切线方向与起始折线段和终止折线段的切线方向一致。同样，Beziér 曲线在端点处的二阶导数可以计算为

$$\boldsymbol{p}''(t)\Big|_{t=0}=n(n-1)[(\boldsymbol{P}_2-\boldsymbol{P}_1)-(\boldsymbol{P}_1-\boldsymbol{P}_0)]$$

$$\boldsymbol{p}''(t)\Big|_{t=1}=n(n-1)[(\boldsymbol{P}_{n-2}-\boldsymbol{P}_{n-1})-(\boldsymbol{P}_{n-1}-\boldsymbol{P}_n)]$$

例如，三次 Beziér 曲线段在起点和终点的二阶导数是

$$\boldsymbol{p}''(t)\Big|_{t=0}=6(\boldsymbol{P}_0-2\boldsymbol{P}_1+\boldsymbol{P}_2)$$

$$\boldsymbol{p}''(t)\Big|_{t=1}=6(\boldsymbol{P}_1-2\boldsymbol{P}_2+\boldsymbol{P}_3)$$

利用该性质可将几个较低次数的 Beziér 曲线段相连接，构造成一条形状复杂的高次 Beziér 曲线。

2) 几何不变性和仿射不变性

曲线仅依赖于控制点而与坐标系的位置和方向无关，即曲线的形状在坐标系平移和旋转后不变。同时，对任意仿射变换 A，有

$$A(\boldsymbol{p}(t))=A\Big(\sum_{i=0}^{n}\boldsymbol{P}_i BEZ_{i,n}(t)\Big)=\sum_{i=0}^{n}A[\boldsymbol{P}_i]BEZ_{i,n}(t)$$

即在仿射变换下，$\boldsymbol{p}(t)$的形式不变。

3) 对称性

Beziér 曲线对称性不是形状的对称，而是如果保留 Beziér 曲线全部控制点 $\boldsymbol{P}_i$ 的坐标位

置不变，即保持控制多边形的顶点位置不变，仅把它们的顺序颠倒一下，将下标为 i 的控制点 $\boldsymbol{P}_i$ 改为下标为 $n-i$ 的控制点 $\boldsymbol{P}_{n-i}$ 时，即新的控制多边形的顶点为 $\boldsymbol{P}_i^* = \boldsymbol{P}_{n-i}$，则曲线保持不变，只是走向相反而已，其曲线路径描述如下：

$$\begin{aligned}\boldsymbol{p}^*(t) &= \sum_{i=0}^{n} \boldsymbol{P}_i^* \mathrm{BEZ}_{i,n}(t) \\ &= \sum_{i=0}^{n} \boldsymbol{P}_{n-i} \mathrm{BEZ}_{i,n}(t) \\ &= \sum_{i=0}^{n} \boldsymbol{P}_{n-i} \mathrm{BEZ}_{n-i,n}(1-t) \\ &= \sum_{i=0}^{n} \boldsymbol{P}_i \mathrm{BEZ}_{i,n}(1-t)\end{aligned}$$

Beziér 曲线的对称性表明其控制多边形的起点和终点具有相同的特性。

4）凸包性

由于 Beziér 曲线的基函数 Bernstein 多项式总是正值，而且总和为 1，即

$$\sum_{i=0}^{n} \mathrm{BEZ}_{i,n}(t) = 1, \quad t \in [0,1]$$

所以，Beziér 曲线各点均落在控制多边形各顶点构成的凸包中，这里的凸包指的是包含所有顶点的最小凸多边形。Beziér 曲线的凸包性保证了曲线随控制点平稳前进而不会振荡。

5）变差缩减性

如果 Beziér 曲线的特征多边形 $\boldsymbol{P}_1\boldsymbol{P}_2\cdots\boldsymbol{P}_n$ 是一个平面图形，则平面内任意直线与曲线的交点个数不会多于该直线与其特征多边形的交点个数。此性质反映了 Beziér 曲线比特征多边形的波动还小，即 Beziér 曲线比特征多边形的折线更光顺。

5.2.3 按不同次数给出 Beziér 曲线的描述

1. 一次 Beziér 曲线

当 $n=1$ 时，有两个控制点 $\boldsymbol{P}_0$ 和 $\boldsymbol{P}$，Beziér 曲线是一个一次多项式：

$$\boldsymbol{p}(t) = \sum_{i=0}^{1} \boldsymbol{P}_i \mathrm{BEZ}_{i,1}(t) = (1-t)\boldsymbol{P}_0 + t\boldsymbol{P}_1, \quad 0 \leqslant t \leqslant 1$$

可应用矩阵表示为

$$\boldsymbol{p}(t) = [t \quad 1] \begin{bmatrix} -1 & 1 \\ 1 & 0 \end{bmatrix} \begin{bmatrix} \boldsymbol{P}_0 \\ \boldsymbol{P}_1 \end{bmatrix}, \quad 0 \leqslant t \leqslant 1$$

显然，一次 Beziér 曲线是连接起点 $\boldsymbol{P}_0$ 和终点 $\boldsymbol{P}_1$ 的直线段。

2. 二次 Beziér 曲线

当 $n=2$ 时，有三个控制点 $\boldsymbol{P}_0$、$\boldsymbol{P}_1$ 和 $\boldsymbol{P}_2$，Beziér 曲线是一个二次多项式：

$$\boldsymbol{p}(t) = \sum_{i=0}^{2} \boldsymbol{P}_i \mathrm{BEZ}_{i,2}(t) = (1-t)^2\boldsymbol{P}_0 + 2t(1-t)\boldsymbol{P}_1 + t^2\boldsymbol{P}_2, \quad 0 \leqslant t \leqslant 1$$

可应用矩阵表示为

$$\boldsymbol{p}(t)=\begin{bmatrix}t^2 & t & 1\end{bmatrix}\begin{bmatrix}1 & -2 & 1\\ -2 & 2 & 0\\ 1 & 0 & 0\end{bmatrix}\begin{bmatrix}\boldsymbol{P}_0\\ \boldsymbol{P}_1\\ \boldsymbol{P}_2\end{bmatrix},\quad 0\leqslant t\leqslant 1$$

显然，二次 Beziér 曲线对应一条起点为 $\boldsymbol{P}_0$，终点为 $\boldsymbol{P}_2$ 的抛物线，有

$$\boldsymbol{p}(0)=\boldsymbol{P}_0,\quad \boldsymbol{p}(1)=\boldsymbol{P}_2,\quad \boldsymbol{p}'(0)=2(\boldsymbol{P}_1-\boldsymbol{P}_0),\quad \boldsymbol{p}'(1)=2(\boldsymbol{P}_2-\boldsymbol{P}_1)$$

当 $t=\frac{1}{2}$ 时，有

$$\boldsymbol{p}\left(\frac{1}{2}\right)=\frac{1}{2}\cdot\left[\boldsymbol{P}_1+\frac{1}{2}\cdot(\boldsymbol{P}_0+\boldsymbol{P}_2)\right]$$

由此可得，二次 Beziér 曲线在 $t=\frac{1}{2}$ 处的点 $\boldsymbol{P}\left(\frac{1}{2}\right)$ 经过三角形 $\boldsymbol{P}_0\boldsymbol{P}_1\boldsymbol{P}_2$ 中边 $\boldsymbol{P}_0\boldsymbol{P}_2$ 上的中线 $\boldsymbol{P}_1$ 的中点 $\boldsymbol{P}'$，如图 5-10 所示。

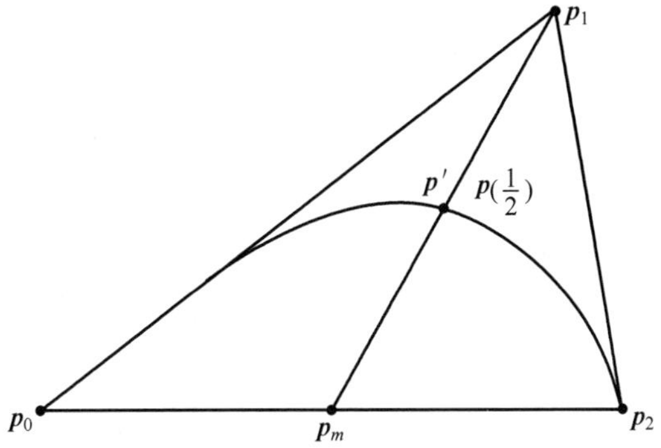

图 5-10　二次 Beziér 曲线

3. 三次 Beziér 曲线

当 $n=3$ 时，有四个控制点 $\boldsymbol{P}_0$、$\boldsymbol{P}_1$、$\boldsymbol{P}_2$ 和 $\boldsymbol{P}_3$，Beziér 曲线是一个三次多项式：

$$\boldsymbol{p}(t)=\sum_{i=0}^{3}\boldsymbol{P}_i\mathrm{BEZ}_{i,3}(t)=(1-t)^3\boldsymbol{P}_0+3t(1-t^2)\boldsymbol{P}_1+3t^2(1-t)\boldsymbol{P}_2+t^3\boldsymbol{P}_3\quad 0\leqslant t\leqslant 1$$

可应用矩阵表示为

$$\boldsymbol{p}(t)=\begin{bmatrix}t^3 & t^2 & t & 1\end{bmatrix}\begin{bmatrix}-1 & 3 & -3 & 1\\ 3 & -6 & 3 & 0\\ -3 & 3 & 0 & 0\\ 1 & 0 & 0 & 0\end{bmatrix}\begin{bmatrix}\boldsymbol{P}_0\\ \boldsymbol{P}_1\\ \boldsymbol{P}_2\\ \boldsymbol{P}_3\end{bmatrix}$$

其三次 Beziér 基函数为

$$\mathrm{BEZ}_{0,3}(t)=(1-t)^3$$

$$\mathrm{BEZ}_{1,3}(t)=3(1-t)^2$$

$$\mathrm{BEZ}_{2,3}(t)=3t^2(1-t)$$

$$\mathrm{BEZ}_{3,3}(t)=t^3$$

图 5-11 给出了这 4 个三次 Beziér 基函数的形状。

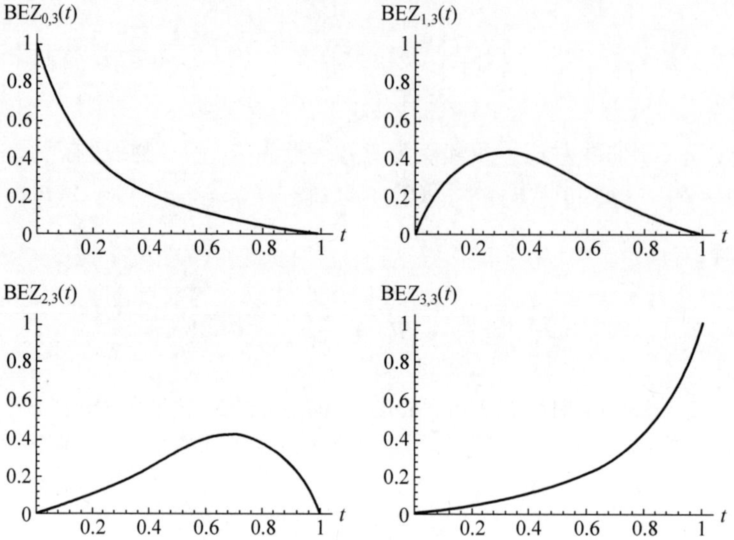

图 5-11 三次 Beziér 曲线的 4 个基函数

5.2.4 Beziér 曲线的 De Casteljau 递推算法

计算 Beziér 曲线上的点，可用 Beziér 曲线方程，但使用 De Casteljau 提出的递推算法则要简单的多。如图 5-12 所示，设 $\boldsymbol{P}_0$、$\boldsymbol{P}_0^2$、$\boldsymbol{P}_2$ 是一条抛物线上顺序 3 个不同的点。过 $\boldsymbol{P}_0$ 和 $\boldsymbol{P}_2$ 点的两切线交于 $\boldsymbol{P}_1$ 点，在 $\boldsymbol{P}_0^2$ 点的切线交 $\boldsymbol{P}_0\boldsymbol{P}_1$ 和 $\boldsymbol{P}_2\boldsymbol{P}_1$ 于 $\boldsymbol{P}_0^1$ 和 $\boldsymbol{P}_1^1$，则如下比例成立：

$$\frac{\boldsymbol{P}_0\boldsymbol{P}_0^1}{\boldsymbol{P}_0^1\boldsymbol{P}_1}=\frac{\boldsymbol{P}_1\boldsymbol{P}_1^1}{\boldsymbol{P}_1^1\boldsymbol{P}_2}=\frac{\boldsymbol{P}_0^1\boldsymbol{P}_0^2}{\boldsymbol{P}_0^2\boldsymbol{P}_1^1}$$

这是抛物线的三切线定理。

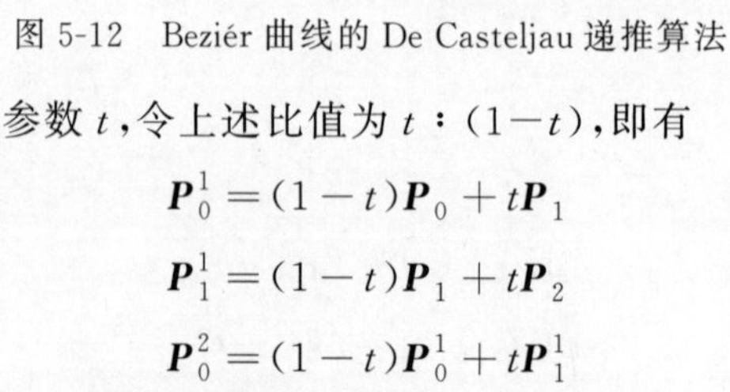

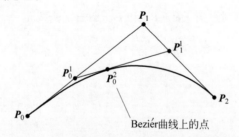

图 5-12 Beziér 曲线的 De Casteljau 递推算法

当 $\boldsymbol{P}_0$，$\boldsymbol{P}_2$ 固定，引入参数 t，令上述比值为 $t:(1-t)$，即有

$$\boldsymbol{P}_0^1=(1-t)\boldsymbol{P}_0+t\boldsymbol{P}_1$$

$$\boldsymbol{P}_1^1=(1-t)\boldsymbol{P}_1+t\boldsymbol{P}_2$$

$$\boldsymbol{P}_0^2=(1-t)\boldsymbol{P}_0^1+t\boldsymbol{P}_1^1$$

t 从 0 变到 1，第一、二式就分别表示控制二边形的第一、二条边，它们是两条一次 Beziér 曲线。将一、二式代入第三式得

$$\boldsymbol{P}_0^2=(1-t)^2\boldsymbol{P}_0+2t(1-t)\boldsymbol{P}_1+t^2\boldsymbol{P}_2$$

当 t 从 0 变到 1 时，它表示了由 3 个顶点 $\boldsymbol{P}_0$、$\boldsymbol{P}_1$、$\boldsymbol{P}_2$ 定义的一条二次 Beziér 曲线，并且

表明二次 Beziér 曲线 $\boldsymbol{P}_0^2$ 可被定义为分别由前两个顶点($\boldsymbol{P}_0,\boldsymbol{P}_1$)和后两个顶点($\boldsymbol{P}_1,\boldsymbol{P}_2$)确定的一次 Beziér 曲线的线性组合。以此类推,由 4 个控制点定义的三次 Beziér 曲线 $\boldsymbol{P}_0^3$ 可被定义为分别由($\boldsymbol{P}_0,\boldsymbol{P}_1,\boldsymbol{P}_2$)和($\boldsymbol{P}_1,\boldsymbol{P}_2,\boldsymbol{P}_3$)确定的两条二次 Beziér 曲线的线性组合;而($n+1$)个控制点 $\boldsymbol{P}_i(i=0,1,2,\cdots,n)$定义的 n 次 Beziér 曲线 $\boldsymbol{P}_0^n$ 可被定义为分别由前、后 n 个控制点定义的两条($n-1$)次 Beziér 曲线的 $\boldsymbol{P}_0^{n-1}$ 和 $\boldsymbol{P}_1^{n-1}$ 线性组合:

$$\boldsymbol{P}_0^n=(1-t)\boldsymbol{P}_0^{n-1}+t\boldsymbol{P}_1^{n-1},\quad 0\leqslant t\leqslant 1$$

由此得到 Beziér 曲线的递推计算公式为

$$\boldsymbol{P}_i^r=\begin{cases}\boldsymbol{P}_i, & r=0\\ (1-t)\cdot\boldsymbol{P}_i^{r-1}+t\cdot\boldsymbol{P}_{i+1}^{r-1}, & r=1,2,\cdots,n;\ i=0,1,2,\cdots,n-r\end{cases}$$

这就是 De Casteljau 递推算法,图 5-13 是 $n=3$ 求解 $\boldsymbol{P}_i^r$ 的递推过程。

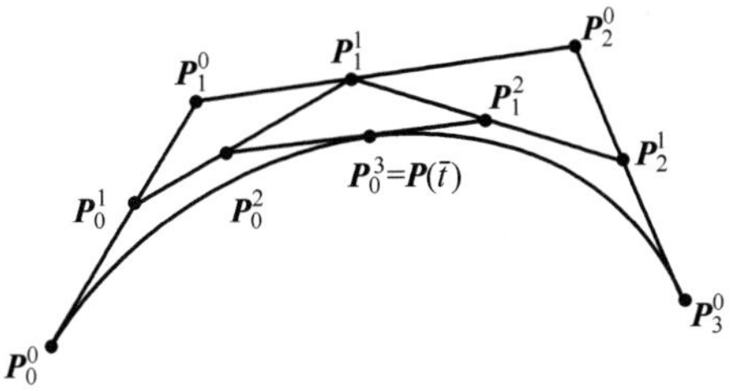

图 5-13 $n=3$ 时应用 De Casteljau 递推算法求解 $\boldsymbol{P}_i^r$ 的递推过程

5.2.5 Beziér 曲线的拼接

给定两条 Beziér 曲线 $\boldsymbol{P}(t)$和 $\boldsymbol{Q}(t)$,相应控制点为 $\boldsymbol{P}_i(i=0,1,2,\cdots,n)$和 $\boldsymbol{Q}_j(j=0,1,2,\cdots,m)$,且令 $\boldsymbol{a}_i=\boldsymbol{P}_i-\boldsymbol{P}_{i-1}$,$\boldsymbol{b}_j=\boldsymbol{Q}_j-\boldsymbol{Q}_{j-1}$,如图 5-14 所示。

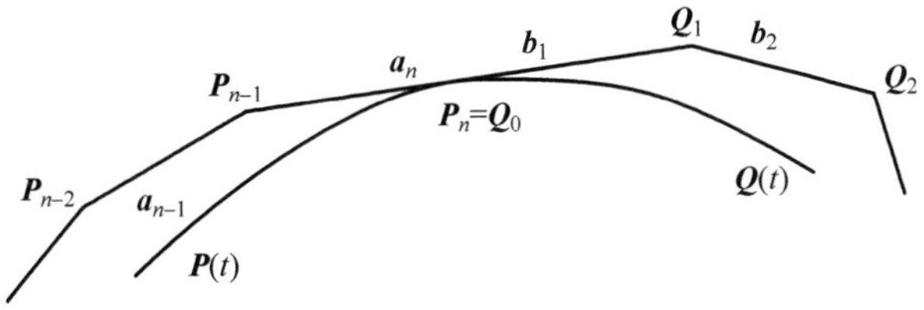

图 5-14 Beziér 曲线的拼接

现在把两条曲线连接起来,连接条件如下。

(1) 要使它们达到 G^0 连续的充要条件:$\boldsymbol{P}_n=\boldsymbol{Q}_0$。

(2) 要使它们达到 G^1 连续的充要条件:$\boldsymbol{P}_{n-1}$,$\boldsymbol{P}_n=\boldsymbol{Q}_0$,$\boldsymbol{Q}_1$ 三点共线,即

$$\boldsymbol{b}_1=\alpha\boldsymbol{a}_n\quad(\alpha>0)$$

(3) 要使它们达到 G^2 连续的充要条件:在 G^1 连续的条件下,并满足方程 $\boldsymbol{Q}''(0)=\alpha^2\boldsymbol{P}''(1)+\beta\boldsymbol{P}'(1)$。

将 $\boldsymbol{Q}''(0)$、$\boldsymbol{P}''(1)$和 $\boldsymbol{P}'(1)$,$\boldsymbol{Q}_0=\boldsymbol{P}_n$、$\boldsymbol{Q}_1-\boldsymbol{Q}_2=\alpha(\boldsymbol{P}_n-\boldsymbol{P}_{n-1})$代入并整理,可以得到

$$\boldsymbol{Q}_2=\left(\alpha^2+2\alpha+\frac{\beta}{n-1}+1\right)\boldsymbol{P}_n-\left(2\alpha^2+2\alpha+\frac{\beta}{n-1}\right)\boldsymbol{P}_{n-1}+\alpha^2\boldsymbol{P}_{n-2}$$

选择 α 和 β 的值,可以利用该式确定曲线段 $\boldsymbol{Q}(t)$的特征多边形的顶点 $\boldsymbol{Q}_2$,而顶点 $\boldsymbol{Q}_0$、

$\boldsymbol{Q}_1$ 已被 G^1 连续条件确定。要达到 G^2 连续的话，只剩下顶点 $\boldsymbol{Q}_2$ 可以自由选取。

如果从上式的两边都减去 $\boldsymbol{P}_n$，则等式右边可以表示为$(\boldsymbol{P}_n-\boldsymbol{P}_{n-1})$和$(\boldsymbol{P}_{n-1}-\boldsymbol{P}_{n-2})$的线性组合：

$$\boldsymbol{Q}_2-\boldsymbol{P}_n=\left(\alpha^2+2\alpha+\frac{\beta}{n-1}\right)(\boldsymbol{P}_n-\boldsymbol{P}_{n-1})-\alpha^2(\boldsymbol{P}_{n-1}-\boldsymbol{P}_{n-2})$$

这表明 $\boldsymbol{P}_{n-2}$、$\boldsymbol{P}_{n-1}$、$\boldsymbol{P}_n=\boldsymbol{Q}_0$、$\boldsymbol{Q}_1$ 和 $\boldsymbol{Q}_2$ 五点共面。事实上，在接合点两条曲线段的曲率相等，主法线方向一致，可以断定：$\boldsymbol{P}_{n-2}\boldsymbol{Q}_2$ 位于直线 $\boldsymbol{P}_{n-1}\boldsymbol{Q}_1$ 的同一侧。

5.2.6 反求 Beziér 曲线控制点的方法

若给定 $n+1$ 个型值点 $\boldsymbol{Q}_i(i=0,1,2,\cdots,n)$，为了构造一条通过这些型值点的 n 次 Beziér 曲线，需要反求出通过 $\boldsymbol{Q}_i$ 的 Beziér 曲线的 $n+1$ 个控制点 $\boldsymbol{P}_i(i=0,1,2,\cdots,n)$。

由 Beziér 曲线定义可知，由 $n+1$ 个控制点 $\boldsymbol{P}_i(i=0,1,2,\cdots,n)$可生成 n 次 Beziér 曲线，即

$$\begin{aligned}\boldsymbol{p}(t)&=\sum_{i=0}^{n}\boldsymbol{P}_i\mathrm{BEZ}_{i,n}(t),\quad 0\leqslant t\leqslant 1\\&=\sum_{i=0}^{n}C_n^i t^i(1-t)^{n-i}\boldsymbol{P}_i\\&=C_n^0(1-t)^n\boldsymbol{P}_0+C_n^1 t(1-t)^{n-1}\boldsymbol{P}_1+\cdots+C_n^{n-1}t^{n-1}(1-t)\boldsymbol{P}_{n-1}+C_n^n t^n\boldsymbol{P}_n\end{aligned}$$

通常，可取参数 $t=i/n$ 与型值点 $\boldsymbol{Q}_i$ 对应，用于反求 $\boldsymbol{P}_i(i=0,1,2,\cdots,n)$。

由于 $\boldsymbol{Q}_i=\boldsymbol{P}_i(i/n)$，可得到关于 $\boldsymbol{P}_i(i=0,1,2,\cdots,n)$的 $n+1$ 个方程构成的线性方程组：

$$\begin{cases}\boldsymbol{Q}_0=\boldsymbol{P}_0\\ \vdots\\ \boldsymbol{Q}_i=C_n^0(1-i/n)^n\boldsymbol{P}_0+C_n^1(i/n)(1-i/n)^{n-1}\boldsymbol{P}_1+\cdots C_n^{n-1}(i/n)^{n-1}(1-i/n)\boldsymbol{P}_{n-1}+C_n^n(i/n)^n\boldsymbol{P}_n\\ \vdots\\ \boldsymbol{Q}_n=\boldsymbol{P}_n\end{cases}$$

其中，$i=0,1,2,\cdots,n-1$，由上述方程组可得 $\boldsymbol{Q}_i$ 的 Beziér 曲线的 $n+1$ 个控制点 $\boldsymbol{P}_i(i=0,1,2,\cdots,n)$。分别列出上述方程组关于 $x(t),y(t),z(t)$的 $n+1$ 个方程式，则可解出 $n+1$ 个控制点 $\boldsymbol{P}_i$ 的坐标值(x_i,y_i,z_i)。

5.2.7 Beziér 曲面

在掌握 Beziér 曲线的基础上，可以较容易给出 Beziér 曲面的定义和性质。Beziér 曲线的一些算法也可以扩展到 Beziér 曲面的生成。

1. Beziér 曲面的定义

$$\boldsymbol{p}(u,v)=\sum_{i=0}^{m}\sum_{j=0}^{n}\boldsymbol{P}_{i,j}\mathrm{BEZ}_{i,m}(u)\mathrm{BEZ}_{j,n}(v)\quad(u,v)\in[0,1]\times[0,1]$$

其中，$\boldsymbol{P}_{i,j}$ 为给定$(m+1)\times(n+1)$个控制点的位置，所有的控制点形成一个空间的网格，称为控制网格或 Beziér 网格。

$BEZ_{i,m}(u)$与$BEZ_{j,n}(v)$是 Bernstein 基函数,定义为

$$BEZ_{i,m}(u)=C_m^i \cdot u^i \cdot (1-u)^{m-i}$$

$$BEZ_{j,n}(v)=C_n^j \cdot v^j \cdot (1-v)^{n-j}$$

Beziér 曲面的矩阵形式为

$$\boldsymbol{P}(u,v)=[BEZ_{0,n}(u),BEZ_{1,n}(u),\cdots,BEZ_{m,n}(u)]\begin{bmatrix}\boldsymbol{P}_{0,0} & \boldsymbol{P}_{0,1} & \cdots & \boldsymbol{P}_{0,m}\\ \boldsymbol{P}_{1,0} & \boldsymbol{P}_{1,1} & \cdots & \boldsymbol{P}_{1,m}\\ \vdots & \vdots & & \vdots\\ \boldsymbol{P}_{n,0} & \boldsymbol{P}_{n,1} & \cdots & \boldsymbol{P}_{n,m}\end{bmatrix}\begin{bmatrix}BEZ_{0,m}(v)\\ BEZ_{1,m}(v)\\ \vdots\\ BEZ_{n,m}(v)\end{bmatrix}$$

在实际设计中,m 与 n 小于或等于 4,否则网格对于曲面的控制力将会减弱。

2. Beziér 曲面的性质

除变差缩减性外,Beziér 曲线的其他所有性质都可以推广到 Beziér 曲面。

(1) Beziér 网格的 4 个角点正好是 Beziér 曲面的 4 个角点,即

$$\boldsymbol{p}(0,0)=\boldsymbol{p}_{0,0},\quad \boldsymbol{p}(0,1)=\boldsymbol{p}_{0,n},\quad \boldsymbol{p}(1,0)=\boldsymbol{p}_{m,0},\quad \boldsymbol{p}(1,1)=\boldsymbol{p}_{m,n}$$

(2) 几何不变性和仿射不变性。

(3) 对称性。

(4) 凸包性。

3. 常见的 Beziér 曲面

1) 双线性 Beziér 曲面

当 $m=n=1$ 时,形成双线性 Beziér 曲面。

双线性 Beziér 曲面的表达式为

$$\boldsymbol{p}(u,v)=\sum_{i=0}^{1}\sum_{j=0}^{1}\boldsymbol{P}_{i,j}BEZ_{i,1}(u)BEZ_{j,1}(v)\quad (u,v)\in[0,1]\times[0,1]$$

所以有

$$\boldsymbol{p}(u,v)=(1-u)(1-v)\boldsymbol{P}_{0,0}+(1-u)v\boldsymbol{P}_{0,1}+u(1-v)\boldsymbol{P}_{1,0}+uv\boldsymbol{P}_{1,1}$$

双线性 Beziér 曲面的矩阵形式为

$$\begin{aligned}\boldsymbol{p}(u,v)&=\boldsymbol{p}_1(u)\cdot(1-v)+\boldsymbol{p}_2(u)\cdot v=[\boldsymbol{p}_1(u)\quad \boldsymbol{p}_2(u)]\begin{bmatrix}1-v\\ v\end{bmatrix}\\ &=[1-u\quad u]\begin{bmatrix}\boldsymbol{P}_{0,0} & \boldsymbol{P}_{0,1}\\ \boldsymbol{P}_{1,0} & \boldsymbol{P}_{1,1}\end{bmatrix}\begin{bmatrix}1-v\\ v\end{bmatrix}\\ &=[u\quad 1]\begin{bmatrix}-1 & 1\\ 1 & 0\end{bmatrix}\begin{bmatrix}\boldsymbol{P}_{0,0} & \boldsymbol{P}_{0,1}\\ \boldsymbol{P}_{1,0} & \boldsymbol{P}_{1,1}\end{bmatrix}\begin{bmatrix}-1 & 1\\ 1 & 0\end{bmatrix}\begin{bmatrix}v\\ 1\end{bmatrix}\end{aligned}$$

2) 双二次 Beziér 曲面

当 $m=n=2$ 时,形成双二次 Beziér 曲面。

双二次 Beziér 曲面的表达式为

$$\boldsymbol{p}(u,v)=\sum_{i=0}^{2}\sum_{j=0}^{2}\boldsymbol{P}_{i,j}BEZ_{i,2}(u)BEZ_{j,2}(v)\quad (u,v)\in[0,1]\times[0,1]$$

双二次 Beziér 曲面的矩阵形式为

$$p(u,v)=\sum_{i=0}^{2}\sum_{j=0}^{2}\boldsymbol{P}_{i,j}\mathrm{BEZ}_{i,2}(u)\mathrm{BEZ}_{j,2}(v)$$

$$=\begin{bmatrix}u^2 & u & 1\end{bmatrix}\begin{bmatrix}1 & -2 & 1\\ -2 & 2 & 0\\ 1 & 0 & 0\end{bmatrix}\begin{bmatrix}\boldsymbol{P}_{0,0} & \boldsymbol{P}_{0,1} & \boldsymbol{P}_{0,2}\\ \boldsymbol{P}_{1,0} & \boldsymbol{P}_{1,1} & \boldsymbol{P}_{1,2}\\ \boldsymbol{P}_{2,0} & \boldsymbol{P}_{2,1} & \boldsymbol{P}_{2,2}\end{bmatrix}\begin{bmatrix}1 & -2 & 1\\ -2 & 2 & 0\\ 1 & 0 & 0\end{bmatrix}\begin{bmatrix}v^2\\ v\\ 1\end{bmatrix}$$

双二次 Beziér 曲面如图 5-15 所示。控制网格由 9 个控制点组成，其中 $\boldsymbol{P}_{0,0}$、$\boldsymbol{P}_{0,2}$、$\boldsymbol{P}_{2,0}$、$\boldsymbol{P}_{2,2}$ 在曲面片的角点处。

3）双三次 Beziér 曲面

Beziér 曲面中最重要的应用是双三次 Beziér 曲面，即 $m=n=3$。

双三次 Beziér 曲面的表达式为

$$p(u,v)=\sum_{i=0}^{3}\sum_{j=0}^{3}\boldsymbol{P}_{i,j}\mathrm{BEZ}_{i,3}(u)\mathrm{BEZ}_{j,3}(v)\quad (u,v)\in[0,1]\times[0,1]$$

双三次 Beziér 曲面如图 5-16 所示，控制网格由 16 个控制点组成，其中 $\boldsymbol{P}_{0,0}$、$\boldsymbol{P}_{0,3}$、$\boldsymbol{P}_{3,0}$、$\boldsymbol{P}_{3,3}$ 在曲面片的角点处，四周的 12 个控制点定义了 4 条 Beziér 曲线，即曲面片的边界曲线，中央 4 个控制点 $\boldsymbol{P}_{1,1}$、$\boldsymbol{P}_{1,2}$、$\boldsymbol{P}_{2,1}$、$\boldsymbol{P}_{2,2}$ 与边界曲线无关，但也影响曲面的形状。

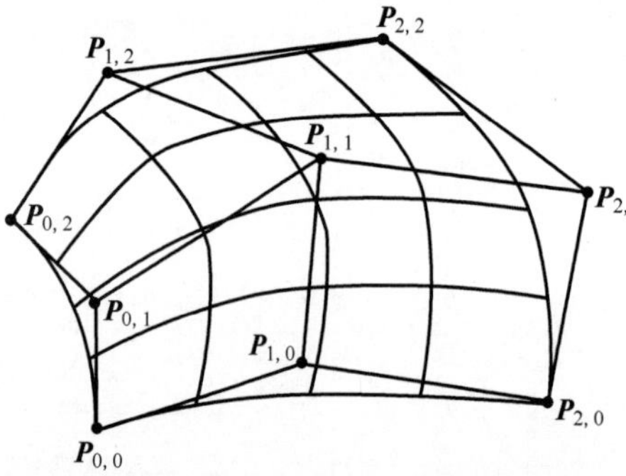

图 5-15 双二次 Beziér 曲面

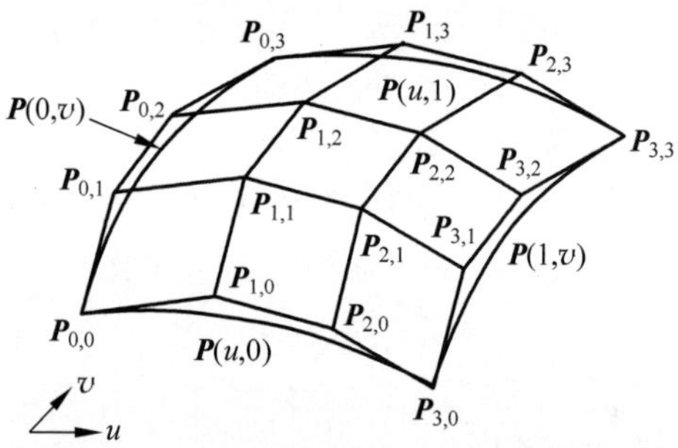

图 5-16 双三次 Beziér 曲面

5.3 B 样条曲线与曲面

Gordon，Riesenfeld 等对 Beziér 曲线理论进行了改进，他们用 B 样条基函数代替了 Bernstein 基函数，从而形成 B 样条曲线。B 样条方法保留了 Beziér 方法的优点，克服了其由于整体表示带来的不具备局部性质的缺点。B 样条曲线具有设计自由型曲线曲面的强大功能，被广泛应用于 CAD 系统和许多图形软件包中。

5.3.1 B 样条曲线的定义与性质

1. B 样条曲线的定义

B 样条曲线的定义为

$$p(t)=\sum_{i=0}^{n}\boldsymbol{P}_i\mathrm{BEZ}_{i,k}(t)\quad t_{\min}\leqslant t\leqslant t_{\max},2\leqslant k\leqslant n+1$$

其中，$\boldsymbol{P}_i(i=0,1,\cdots,n)$为 $n+1$ 个控制顶点，又称为 de Boor 点。由控制顶点顺序连成的折

线称为 B 样条控制多边形，简称控制多边形。k 是 B 样条曲线的阶数，$(k-1)$ 称为次数，曲线连接点处有 $(k-1)$ 次连续。参数 t 的选取取决于 B 样条节点矢量的选取。$\mathrm{BEZ}_{i,k}(t)$ 是 BEZ 样条基函数，由 Cox-de Boor 的递归公式定义为

$$\mathrm{BEZ}_{i,1}(t)=\begin{cases}1, & t_i \leqslant t < t_{i+1}\\ 0, & \text{其他}\end{cases}$$

$$\mathrm{BEZ}_{i,k}(t)=\frac{t-t_i}{t_{i+k-1}-t_i}\mathrm{BEZ}_{i,k-1}(t)+\frac{t_{i+k}-t}{t_{i+k}-t_{i+1}}\mathrm{BEZ}_{i+1,k-1}(t)$$

由于 $\mathrm{BEZ}_{i,k}(t)$ 的各项分母可能为 0，所以这里规定 $0/0=0$。t_k 是节点值，$\boldsymbol{T}=(t_0, t_1,\cdots,t_{n+k})$ 构成了 $k-1$ 次 B 样条函数的节点矢量，其中的节点是非减序列，所生成的 B 样条曲线定义在从节点值为 t_k-1 到节点值为 t_n+1 的区间上。B 样条通常可以按照节点矢量分为三种类型：均匀 B 样条曲线、开放均匀 B 样条曲线和非均匀 B 样条曲线。

2. B 样条曲线基函数 $\mathrm{BEZ}_{i,k}(t)$ 的性质

(1) 局部性：$\mathrm{BEZ}_{i,k}(t)$ 只在区间 (t_i, t_{i+k}) 取正值，在其他地方为零。

(2) 权性：$\sum \mathrm{BEZ}_{i,k}(t)\equiv 1(i=0,1,2,\cdots,n)$。

(3) 连续性：$\mathrm{BEZ}_{i,k}(t)$ 在 r 重节点处至少为 $k-1-r$ 次连续 (C^{k-1-r})。

(4) 线性无关性：$\mathrm{BEZ}_{i,k}(t)(i=0,1,2,\cdots,n)$ 线性无关。

(5) 分段多项式：$\mathrm{BEZ}_{i,k}(t)$ 在每个长度非零的区间 $[t_j, t_{j+1})$ 上都是次数不高于 $k-1$ 的多项式，它在整个参数轴上是分段多项式。

(6) 可微性：$\mathrm{BEZ}'_{i,k}(t)=(k-1)\left[\frac{\mathrm{BEZ}_{i,k-1}(t)}{t_{i+k-1}-t_i}-\frac{B_{i+1,k-1}(t)}{t_{i+k}-t_{i+1}}\right]$。

3. B 样条曲线的性质

(1) 在 t 取值范围内，多项式曲线的次数为 $k-1$，并且具有 C^{k-2}。

(2) 对于 $n+1$ 个控制点，曲线由 $n+1$ 个基函数进行描述。

(3) 每个基函数 $\mathrm{BEZ}_{i,k}(t)$ 定义在 t 取值范围的 k 子区间上，以节点矢量值 t_i 为起点。

(4) 参数 t 的取值范围由 $n+k+1$ 个节点向量中指定的值分成 $n+k$ 个子区间。

(5) 节点值记为 $\{t_0,t_1,\cdots,t_{n+k}\}$，所生成的 B 样条曲线定义在从节点值 t_{k-1} 到节点值 t_{n+1} 的区间上。

(6) 任意一个控制点最多可以影响 k 个曲线段的形状。

(7) B 样条曲线位于最多由 $k+1$ 个控制点所形成的凸壳内，因此 B 样条与控制点的位置密切关联。对从节点值 t_{k-1} 到节点值 t_{n+1} 的 t，所有的基函数之和为 1。

$$\sum_{i=0}^{n}\mathrm{BEZ}_{i,k}(t)\equiv 1 \quad t\in[t_{k-1}, t_{n+1}]$$

(8) 导数：$\boldsymbol{p}'(t)=(k-1)\sum_{i=1}^{n}\frac{\boldsymbol{P}_i-\boldsymbol{P}_{i-1}}{t_{i+k-1}-t_i}\mathrm{BEZ}_{i,k-1}(t) \quad t\in[t_{k-1}, t_{n+1}]$。

5.3.2 均匀 B 样条曲线

当节点值间的距离为常数时，所生成的曲线称为均匀 B 样条曲线。例如，可以建立均匀节点矢量为

$$T=(-2,-1.5,-1,-0.5,0,0.5,1,1.5,2)$$

通常，节点值的标准取值范围介于 0 和 1，例如：

$$T=(0.0,0.2,0.4,0.6,0.8,1.0)$$

在很多应用中建立起以 0 为初始值、1 为间距的均匀点值是比较方便的，其节点矢量为

$$T=(0,1,2,3,4,5,6,7)$$

均匀 B 样条的基函数呈周期性，即给定 n 和 k 值，所有的基函数具有相同的形状。每个后继基函数仅是前面基函数平移的结果：

$$\mathrm{BEZ}_{i,k}(t)=\mathrm{BEZ}_{i+1,k}(t+\Delta t)=\mathrm{BEZ}_{i+2,k}(t+2\Delta t)$$

也就有

$$\mathrm{BEZ}_{i,k}(t)=\mathrm{BEZ}_{0,k}(t-i\Delta t)$$

其中，Δt 是相邻节点的区间。

1. 均匀二次(三阶)B 样条曲线

为了更好地理解整数节点的均匀二次 B 样条的基函数，取 $n=3,k=3$，则 $n+k+1=7$，不妨设节点矢量为

$$T=(0,1,2,3,4,5,6)$$

参数 t 的范围从 0 到 6，有 $n+k=6$ 个子区间。

根据 Cox-de Boor 递归公式有

$$\mathrm{BEZ}_{0,1}(t)=\begin{cases}1, & 0\leqslant t<1\\ 0, & 其他\end{cases}$$

$$\begin{aligned}\mathrm{BEZ}_{0,2}(t)&=t\mathrm{BEZ}_{0,1}(t)+(2-t)\mathrm{BEZ}_{1,1}(t)\\ &=t\mathrm{BEZ}_{0,1}(t)+(2-t)\mathrm{BEZ}_{0,1}(t-1)\\ &=\begin{cases}t, & 0\leqslant t<1\\ 2-t, & 1\leqslant t<2\end{cases}\end{aligned}$$

可以获得第一个基函数为

$$\begin{aligned}\mathrm{BEZ}_{0,3}(t)&=\frac{t}{2}\mathrm{BEZ}_{0,1}(t)+\frac{3-t}{2}\mathrm{BEZ}_{0,2}(t-1)\\ &=\begin{cases}\dfrac{1}{2}t^2, & 0\leqslant t<1\\ \dfrac{1}{2}t(2-t)+\dfrac{1}{2}(t-1)(3-t), & 1\leqslant t<2\\ \dfrac{1}{2}(3-t)^2, & 2\leqslant t<3\end{cases}\end{aligned}$$

在 $\mathrm{BEZ}_{0,3}(t)$中使用$(t-1)$代替 t，并将起始位置从 0 移到 1，可得到第二个基函数为

$$\mathrm{BEZ}_{1,3}(t)=\begin{cases}\dfrac{1}{2}(t-1)^2, & 1\leqslant t<2\\ \dfrac{1}{2}(t-1)(3-t)+\dfrac{1}{2}(t-2)(4-t), & 2\leqslant t<3\\ \dfrac{1}{2}(4-t)^2, & 3\leqslant t<4\end{cases}$$

以此类推，得到第三和第四个基函数为

$$\mathrm{BEZ}_{2,3}(t)=\begin{cases}\dfrac{1}{2}(t-2)^2, & 2\leqslant t<3\\ \dfrac{1}{2}(t-2)(4-t)+\dfrac{1}{2}(t-3)(5-t), & 3\leqslant t<4\\ \dfrac{1}{2}(5-t)^2, & 4\leqslant t<5\end{cases}$$

$$\mathrm{BEZ}_{3,3}(t)=\begin{cases}\dfrac{1}{2}(t-3)^2, & 3\leqslant t<4\\ \dfrac{1}{2}(t-3)(5-t)+\dfrac{1}{2}(t-4)(6-t), & 4\leqslant t<5\\ \dfrac{1}{2}(6-t)^2, & 5\leqslant t<6\end{cases}$$

图 5-17 给出了这 4 个周期二次均匀 B 样条的基函数。所有基函数都在 $t_{k-1}=2$ 到 $t_{n+1}=4$ 的区间上出现。2 到 4 的区域是多项式曲线的范围，在该区间中所有基函数的总和为 1。

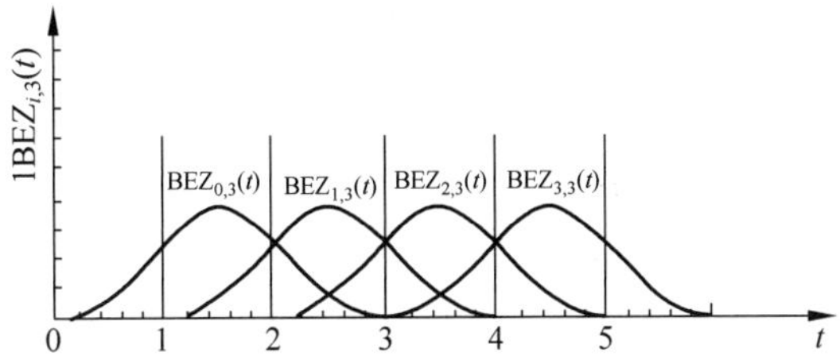

图 5-17　4 段二次(三阶)均匀 B 样条的基函数

由于取值从 2 到 4，通过求解基函数在这些点的值，可确定曲线的起点和终点值：

$$\boldsymbol{p}_{\mathrm{start}}=\frac{1}{2}(\boldsymbol{P}_0+\boldsymbol{P}_1),\quad \boldsymbol{p}_{\mathrm{end}}=\frac{1}{2}(\boldsymbol{P}_2+\boldsymbol{P}_3)$$

从而得出：曲线的起点在前两个控制点的中间位置，终点在最后两个控制点的中间位置。

如果对基函数求导，并以端点值替换参数 t，可得均匀二次 B 样条曲线的起点和终点处的导数：

$$\boldsymbol{p}'_{\mathrm{start}}=\boldsymbol{P}_1-\boldsymbol{P}_0,\quad \boldsymbol{p}'_{\mathrm{end}}=\boldsymbol{P}_3-\boldsymbol{P}_2$$

也就是：曲线在起点的斜率平行于前两个控制点的连线，在终点的斜率平行于后两个控制点的连线。图 5-18 给出了 xOy 平面上 4 个控制点确定的二次周期性 B 样条曲线。

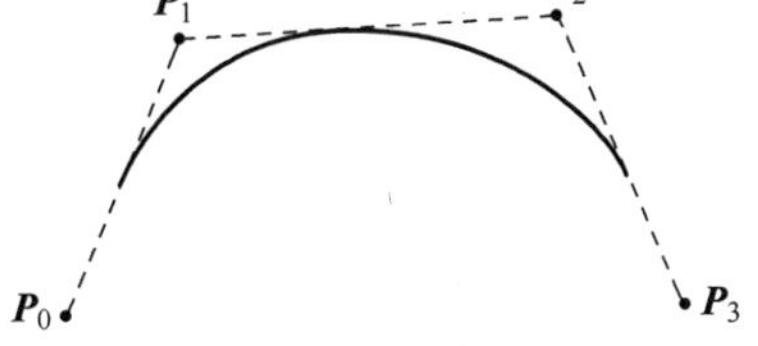

图 5-18　4 个控制点的二次周期性 B 样条曲线

2. 均匀三次(四阶)周期性 B 样条

为了理解三次(四阶)周期性 B 样条曲线，不妨取 $k=4,n=3$，节点矢量为 $\boldsymbol{T}=(0,1,2,3,4,5,6,7)$。利用 Cox-de Boor 递归公式可求 $t\in[0,1]$时的周期基函数：

$$\left.\begin{aligned}
\mathrm{BEZ}_{0,4}(t) &= \frac{1}{6}(-t^3+3t^2-3t+1) \\
\mathrm{BEZ}_{1,4}(t) &= \frac{1}{6}(3t^3-6t^2+4) \\
\mathrm{BEZ}_{2,4}(t) &= \frac{1}{6}(-3t^3+3t^2+3t+1) \\
\mathrm{BEZ}_{3,4}(t) &= \frac{1}{6}t^3
\end{aligned}\right\}, \quad t\in[0,1]$$

对于给定 4 个控制点 $\boldsymbol{P}_0,\boldsymbol{P}_1,\boldsymbol{P}_2,\boldsymbol{P}_3$，三次周期性 B 样条曲线的表达式为

$$\begin{aligned}
\boldsymbol{p}(t) &= \sum_{i=0}^{3}\boldsymbol{P}_i\,\mathrm{BEZ}_{i,4} \\
&= \begin{bmatrix}\mathrm{BEZ}_{0,4}(t) & \mathrm{BEZ}_{1,4}(t) & \mathrm{BEZ}_{2,4}(t) & \mathrm{BEZ}_{3,4}(t)\end{bmatrix}\begin{bmatrix}\boldsymbol{P}_0\\ \boldsymbol{P}_1\\ \boldsymbol{P}_2\\ \boldsymbol{P}_3\end{bmatrix} \\
&= \begin{bmatrix}t^3 & t^2 & t & 1\end{bmatrix}\cdot\frac{1}{6}\cdot\begin{bmatrix}-1 & 3 & -3 & 1\\ 3 & -6 & 3 & 0\\ -3 & 0 & 3 & 0\\ 1 & 4 & 1 & 0\end{bmatrix}\begin{bmatrix}\boldsymbol{P}_0\\ \boldsymbol{P}_1\\ \boldsymbol{P}_2\\ \boldsymbol{P}_3\end{bmatrix} \\
&= \boldsymbol{T}\boldsymbol{M}_{\mathrm{BEZ}}\boldsymbol{G}_{\mathrm{BEZ}}, \quad t\in[0,1]
\end{aligned}$$

将 t 的端点值代入上式，可得到三次周期性 B 样条的边界条件为

$$\boldsymbol{p}(0) = \frac{1}{6}(\boldsymbol{P}_0+4\boldsymbol{P}_1+\boldsymbol{P}_2) = \frac{1}{3}\left(\frac{\boldsymbol{P}_0+\boldsymbol{P}_2}{2}\right)+\frac{2}{3}\boldsymbol{P}_1$$

$$\boldsymbol{p}(1) = \frac{1}{6}(\boldsymbol{P}_1+4\boldsymbol{P}_2+\boldsymbol{P}_3) = \frac{1}{3}\left(\frac{\boldsymbol{P}_1+\boldsymbol{P}_3}{2}\right)+\frac{2}{3}\boldsymbol{P}_2$$

$$\boldsymbol{p}'(0) = \frac{1}{2}(\boldsymbol{P}_2-\boldsymbol{P}_0)$$

$$\boldsymbol{p}'(1) = \frac{1}{2}(\boldsymbol{P}_3-\boldsymbol{P}_1)$$

从而得到结论：曲线的起点 $\boldsymbol{p}(0)$在$\triangle\boldsymbol{P}_0\boldsymbol{P}_1\boldsymbol{P}_2$ 底边中线 $\boldsymbol{P}_1\boldsymbol{M}$ 的 1/3 处，曲线的终点 $\boldsymbol{p}(1)$在$\triangle\boldsymbol{P}_1\boldsymbol{P}_2\boldsymbol{P}_3$ 底边中线 $\boldsymbol{P}_1\boldsymbol{M}'$的 1/3 处。曲线的起点 $\boldsymbol{p}(0)$的切线平行于 $\boldsymbol{P}_0\boldsymbol{P}_2$，其模长为该边长的 1/2，曲线的终点 $\boldsymbol{p}(1)$的切线平行于 $\boldsymbol{P}_3\boldsymbol{P}_1$，其模长为该边长的 1/2，如图 5-19 所示。

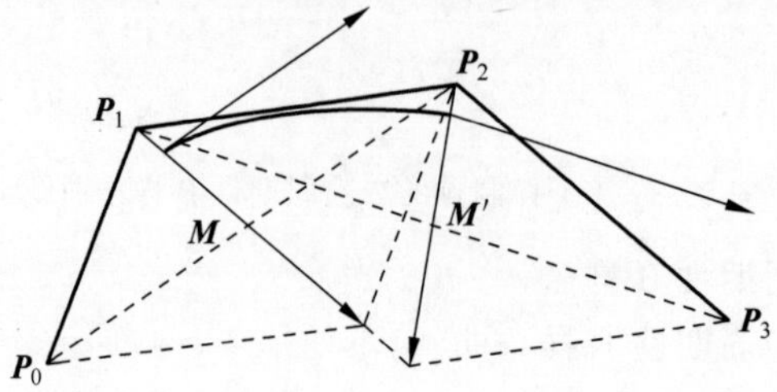

图 5-19　4 个控制点的三次均匀 B 样条曲线

5.3.3 B样条曲面

1. B样条曲面

B样条曲面的向量函数可应用B样条曲线的基函数的笛卡儿乘积得到

$$\boldsymbol{p}(u,v)=\sum_{i=0}^{m}\sum_{j=0}^{n}\boldsymbol{P}_{i,j}\mathrm{BEZ}_{i,k}(u)\mathrm{BEZ}_{j,l}(v)$$

其中，$\boldsymbol{P}_{i,j}$ 是给定的$(m+1)\times(n+1)$个控制点的位置，所有的控制点构成了一个空间网格，称为控制网格。

同样，B样条曲面具有与B样条曲线相同的局部支柱性、凸包性、连续性、几何变换不变性等性质。

B样条曲面也可以表示为矩阵的形式：

$$\boldsymbol{p}(u,v)=\boldsymbol{U}_k\mathrm{BEZ}_k\boldsymbol{P}_{k,l}\mathrm{BEZ}_l^{\mathrm{T}}\boldsymbol{V}_l^{\mathrm{T}}$$

式中：

$$\boldsymbol{U}_k=(u^k,u^{k-1},\cdots,u,1)$$

$$\boldsymbol{V}_l=(v^l,v^{l-1},\cdots,v,1)$$

$$\boldsymbol{P}_{k,l}=\begin{bmatrix}\boldsymbol{P}_{0,0} & \boldsymbol{P}_{0,1} & \cdots & \boldsymbol{P}_{0,l}\\ \boldsymbol{P}_{1,0} & \boldsymbol{P}_{1,1} & \cdots & \boldsymbol{P}_{1,l}\\ \vdots & \vdots & & \vdots\\ \boldsymbol{P}_{k,0} & \boldsymbol{P}_{k,1} & \cdots & \boldsymbol{P}_{k,l}\end{bmatrix}$$

与B样条曲线分类一样，B样条曲面也可以分为均匀B样条曲面和非均匀B样条曲面，如图5-20和图5-21所示。

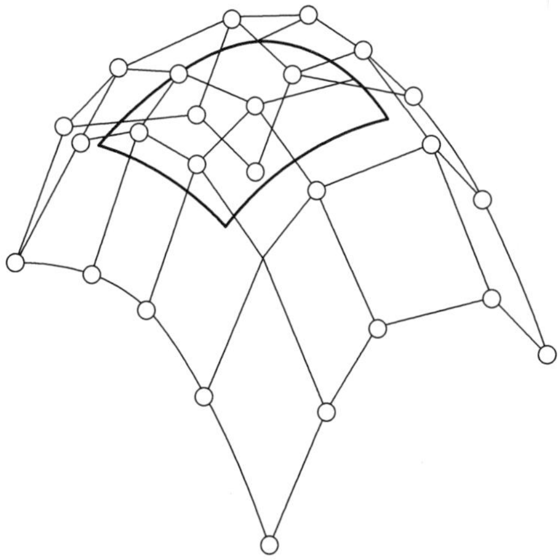

图5-20 均匀B样条曲面

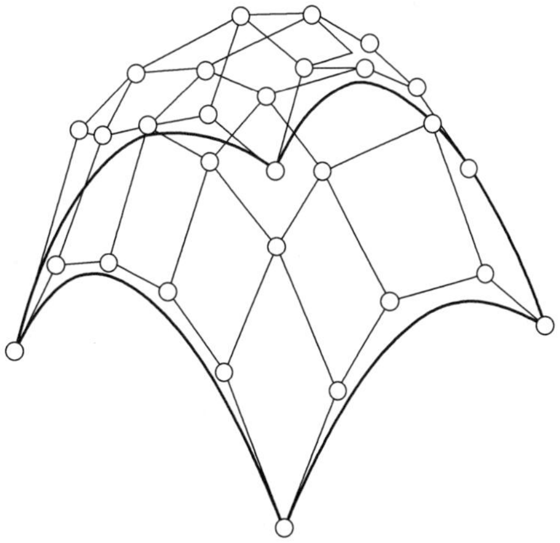

图5-21 非均匀B样条曲面

2. 双三次B样条曲面

最常用的是均匀三次B样条曲面。已知曲面的控制顶点 $\boldsymbol{P}_{i,j}(i=0,1,2,3;\ j=0,1,2,3)$，参数 $u,v\in[0,1]$，$k=l=3$，分别沿 u,v 轴构造三次B样条曲线，即可得均匀三次B样条曲面：

$$\boldsymbol{p}(u,v)=\boldsymbol{U}\boldsymbol{M}_{\mathrm{BEZ}}\boldsymbol{P}\boldsymbol{M}_{\mathrm{BEZ}}^{\mathrm{T}}\boldsymbol{V}^{\mathrm{T}}$$

其中：

$$\boldsymbol{U}=[u^3 \quad u^2 \quad u \quad 1]$$

$$\boldsymbol{V}=[v^3 \quad v^2 \quad v \quad 1]$$

$$\boldsymbol{M}_{\mathrm{BEZ}}=\frac{1}{6}\begin{bmatrix}-1 & 3 & -3 & 1\\ 3 & -6 & 3 & 0\\ -3 & 0 & 3 & 0\\ 1 & 4 & 1 & 0\end{bmatrix}$$

$$\boldsymbol{P}=\begin{bmatrix}P_{0,0} & P_{0,1} & P_{0,2} & P_{0,3}\\ P_{1,0} & P_{1,1} & P_{1,2} & P_{1,3}\\ P_{2,0} & P_{2,1} & P_{2,2} & P_{2,3}\\ p_{3,0} & P_{3,1} & P_{3,2} & P_{3,3}\end{bmatrix}$$

5.4 本章小结

本章首先介绍了曲线与曲面的基础理论，并对两类有广泛应用的 Beziér 曲线与曲面、B 样条曲线与曲面进行了讨论。在对曲线与曲面的基础理论的讨论中，给出了显式、隐式和参数表示、样条曲线与三次样条的定义，在对 Beziér 曲线与曲面的讨论中，给出了 Beziér 曲线的定义与性质、按不同次数给出 Beziér 曲线的描述、De Casteljau 递推算法、Beziér 曲线的拼接及反求 Beziér 曲线控制点的方法，最后给出了 Beziér 曲面的描述。在对 B 样条曲线与曲面的讨论中，给出了 B 样条曲线的定义与性质、均匀 B 样条曲线，最后给出了 B 样条曲面的描述。

5.5 习题

1. 什么是样条曲线？
2. 什么是凸包？
3. 什么是控制点？
4. 如何区分插值样条和逼近样条？
5. 比较曲线的参数连续性和几何连续性的联系与区别。
6. 简述 Beziér 曲线的定义与性质。
7. 试对 Beziér 曲线编写程序，根据指定控制点可以画出相应 Beziér 曲线。
8. 试对 B 样条曲线编写程序，根据指定控制点可以画出相应 B 样条曲线。

第 6 章 真实感图形生成技术

CHAPTER 6

真实感图形生成技术是计算机图形学中的一个重要组成部分。对于场景中的物体，要得到它的真实感图形，对它进行透视投影后，需要消除隐藏面，并计算可见面的光照明暗效果及颜色。

本章要点：

本章重点掌握图形的消隐算法、基本光照模型和颜色模型。了解真实感图形技术的应用。

6.1 图形的消隐算法

在生成真实感图形时，需考虑如何判别出从某一特定观察位置所能看到的场景中的内容。所应用的算法通常称为消隐算法，也可称为可见面判别算法。消隐算法按其实现方式可分为物空间算法和像空间算法两大类。物空间算法直接在景物空间（观察坐标系）中确定视点不可见的表面区域，并将它们表达成同原表面一致的数据结构。像空间算法以屏幕像素为采样单位，确定投影于每一像素的可见景物的表面区域，并将其颜色作为该像素的显示颜色。物空间算法将场景中的各物体和物体各组成部件相互进行比较，以判别出哪些面可见；而像空间算法则在投影平面上逐点判断各像素所对应的可见面。物空间算法包含后向面判别算法、Roberts 隐面消除算法、BSP 算法等；像空间算法有扫描线算法、深度缓存器算法等；介于二者之间的有画家算法、光线投射算法等。

6.1.1 后向面判别算法

后向面判别算法是测试内外的物空间算法。在该算法中提出了三种判别后向面的方式。设判别的多边形面的表达式为

$$Ax + By + Cz + D = 0$$

这里，A、B、C、D 是多边形面的平面参数。

(1) 如果点(x_0, y_0, z_0)满足

$$Ax_0 + By_0 + Cz_0 + D < 0$$

则该点在多边形面的后面。如果该点位于视点到该多边形面的直线上，则我们正看的该多边形必为后向面。

(2) 多边形面的法向量为 $\boldsymbol{N}(A,B,C)$，设 $\boldsymbol{V}_{\text{view}}$ 为由视点出发的观察向量，若 $\boldsymbol{V}_{\text{view}} \cdot \boldsymbol{N} > 0$，该多边形为后向面，如图 6-1 所示。

(3) 若将物体描述转换至投影坐标系中，且观察方向平行于观察坐标系中的 Z_V 轴，则只需考查多边形面的法向量 $\boldsymbol{N}$ 的 Z 分量 $\boldsymbol{C}$ 的符号。沿 Z_V 轴反向的右手观察系统中，若 $\boldsymbol{C}<0$，则该多边形为后向面。同时，无法观察到法向量的 Z 分量 $\boldsymbol{C}=0$ 的所有多边形面。这样，如果多边形面的法向量的 Z 分量值满足

$$\boldsymbol{C} \leqslant 0$$

即可判定为后向面，如图 6-2 所示。

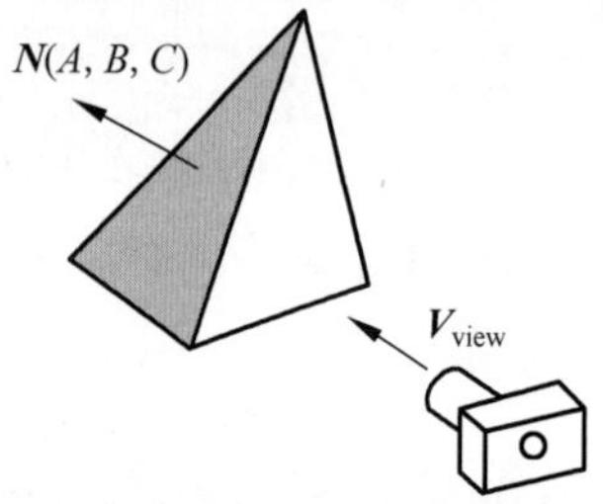

图 6-1 后向面的法向量 $\boldsymbol{N}$ 与观察向量 $\boldsymbol{V}_{\text{view}}$

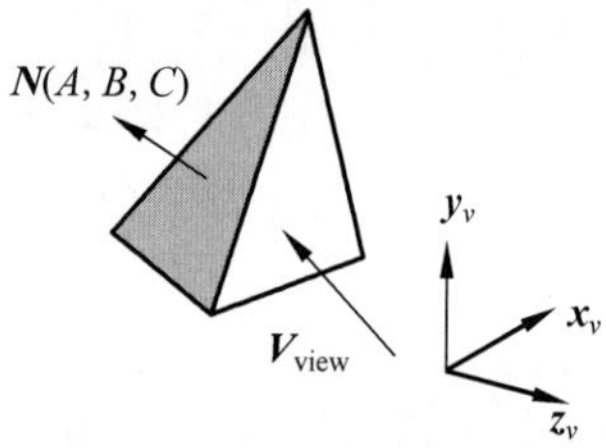

图 6-2 沿 Z_V 负轴方向的观察情况

6.1.2 Roberts 隐面消除算法

Roberts 隐面消除算法是 1963 年 Roberts 在美国麻省理工学院提出的较早的消隐算法。最早的 Roberts 隐面消除算法存在计算量随着场景中物体数量的平方递增而不足，但后来通过引入 z 向优先级预排序处理技术和最大最小包围盒方法，使得该算法的计算量几乎随显示物体的个数呈线性增长。

下面是使用 Roberts 隐面消除算法消除被物体自身遮挡的边和面的过程。

1. 体矩阵

Roberts 隐面消除算法要求被处理的物体是凸的。若物体是凹的，则必须事先将其分解成若干凸多面体的组合。在三维空间中，假设 A、B、C、D 是平面方程的系数，则平面方程可表示为

$$Ax + By + Cz + D = 0$$

应用矩阵表示为

$$[x \quad y \quad z \quad 1]\begin{bmatrix} A \\ B \\ C \\ D \end{bmatrix} = 0$$

或写成

$$[x \quad y \quad z \quad 1]\,\boldsymbol{P}^{\mathrm{T}} = 0$$

其中，$\boldsymbol{P} = [A \quad B \quad C \quad D]$。

于是，一个凸多边形体可用一个由平面方程系数组成的体矩阵 $\boldsymbol{V}$ 来表示：

$$\mathbf{V}=\begin{bmatrix} A_1 & A_2 & A_3 & \cdots & A_n \\ B_1 & B_2 & B_3 & \cdots & B_n \\ C_1 & C_2 & C_3 & \cdots & C_n \\ D_1 & D_2 & D_3 & \cdots & D_n \end{bmatrix}$$

体矩阵 **V** 中的每一列对应物体的一个平面方程的系数。

2. 求平面方程的系数

将平面方程 $Ax_0+By_0+Cz_0+D=0$ 的系数 D 归一化为 1，得到平面方程的规范化式：

$$A'x+B'y+C'z=-1$$

再由平面上不共线的三点的坐标 (x_1,y_1,z_1)、(x_2,y_2,z_2)、(x_3,y_3,z_3)，即可求出方程系数 A',B',C'，其解的矩阵表示为

$$\begin{bmatrix} A' \\ B' \\ C' \end{bmatrix}=\begin{bmatrix} x_1 & y_1 & z_1 \\ x_2 & y_2 & z_2 \\ x_3 & y_3 & z_3 \end{bmatrix}^{-1}\begin{bmatrix} -1 \\ -1 \\ -1 \end{bmatrix}$$

最后求出 D 即可。

3. 对体矩阵 V 进行校正

在 Roberts 隐面消除算法中，一个点用齐次坐标系中的一个位置矢量表示为

$$\boldsymbol{S}=[x \quad y \quad z \quad 1]$$

若点 $\boldsymbol{S}$ 在平面上，则 $\boldsymbol{S}\cdot\boldsymbol{P}=0$，其中

$$\boldsymbol{P}=[A \quad B \quad C \quad D]$$

若点 $\boldsymbol{S}$ 不在平面上，则点积的正负号就标识该点在平面的哪一侧。Roberts 隐面消除算法中约定：若点在物体内部一侧，则 $\boldsymbol{S}\cdot\boldsymbol{P}>0$；否则 $\boldsymbol{S}\cdot\boldsymbol{P}<0$。

根据计算得到的一组平面方程的系数写出表示体矩阵后，并不一定能保证凸多面体内部的点对所有组成凸多面体的平面都满足上述 $\boldsymbol{S}\cdot\boldsymbol{P}>0$ 的约定。因此，为保证使用体矩阵判别自隐藏面的正确性，应先对体矩阵进行相应的处理，使得组成体矩阵的每个平面方程的系数都具有恰当的符号。需要在物体内部找一个试验点 $\boldsymbol{S}$ 对体矩阵进行验证，若组成凸多面体的某平面方程的系数 $\boldsymbol{P}$ 和 $\boldsymbol{S}$ 的点积符号为负，则该平面方程的系数均乘以 -1，经这种处理后即可得到正确的体矩阵。

6.1.3 画家算法

该算法由 M. E. Newell 等受到画家由远至近地绘画的启发，提出的一种基于优先级队列的消隐算法。画家算法同时运用景物空间与图像空间操作，实现以下基本功能：将面片按深度递减的方向排序；由深度最大的面片开始，逐个对面片进行扫描转换。排序操作同时在像空间和物空间完成，而多边形面的扫描转换仅在图像空间完成。

按深度在帧缓冲器上绘制多边形面可分几步进行。假定沿 Z 轴负方向观察，面片按它们 z 坐标的最低值排序，深度最大的面 S 需与其他面片比较以确定是否在深度方向存在重叠，若无重叠，则对 S 进行扫描转换。图 6-3 表示在 xOy 平面上投影相互重叠的两个面片，但它们在深度方向上无重叠。可按同样步骤逐个处理列表中的后继面片，若无重叠存在，则

按深度次序处理面片，直至所有面片均完成扫描转换。若在表中某处发现深度重叠，则需作一些比较以决定是否有必要对部分面片重新排序。

对与 S 有重叠的所有面片作以下测试，只要其中任一项成立，则无须重新排序。测试按难度递增次序排列：

① 两面片在 xOy 平面上投影的包围盒无重叠；

② 相对于观察位置，面 S 完全位于重叠面片之后；

③ 相对于观察位置，重叠面片完全位于面 S 之前；

④ 两面片在观察平面上的投影无重叠。

按以上次序逐项进行测试，如某项测试结果为真，则处理下一重叠面片；若所有重叠面片均至少满足一项测试，则它们均不在面 S 之后，因而无须重新排序，可直接对 S 进行扫描转换。

测试①可分两步进行：先检查 x 方向是否重叠，然后 y 方向。只要某方向表明无重叠，则两面片互不遮挡。图 6-4 中的两个表面在 z 方向重叠，即深度有重叠，但在 x 方向上不重叠。

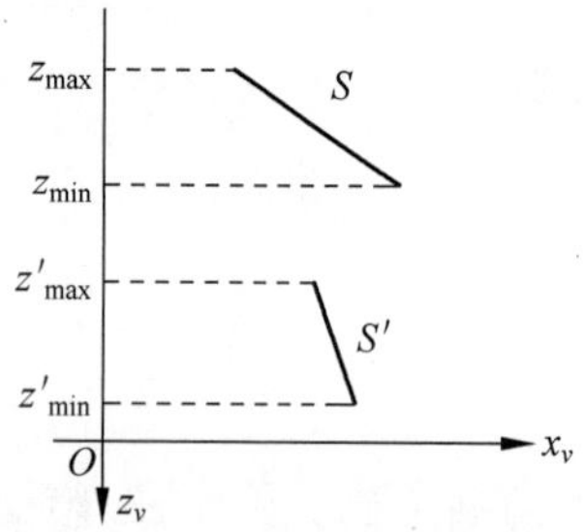

图 6-3　两表面无深度重叠

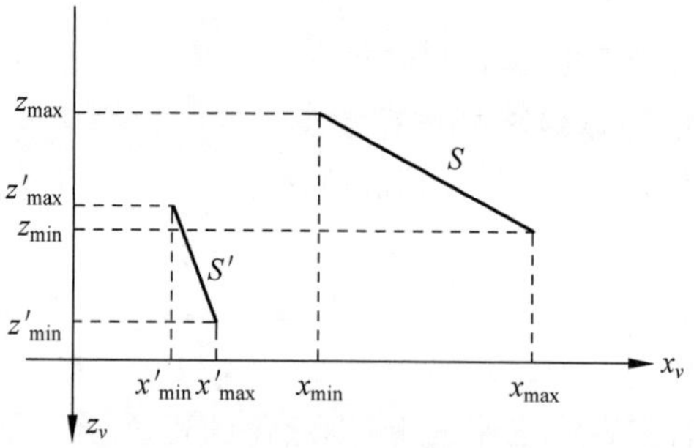

图 6-4　两表面在 z 方向重叠，但在 x 方向上不重叠

测试②和③可借助内外测试法来实施：将面 S 各顶点坐标代入重叠面片的平面方程，以检查结果值的符号。若建立的平面方程使面片的外表面正对着视点，则只要面 S 的所有顶点在面 S' 的后面，必有面 S 位于面 S' 之后(图 6-5)；若面 S 的所有顶点均在面 S' 的前面，则面 S' 完全位于面 S 之前。

注意：不能通过重叠表面 S 位于 S' 之前，而推出 S' 完全位于面 S 之后。图 6-6 表示一个重叠表面 S 位于 S' 之前，但 S' 并非完全位于面 S 之后。

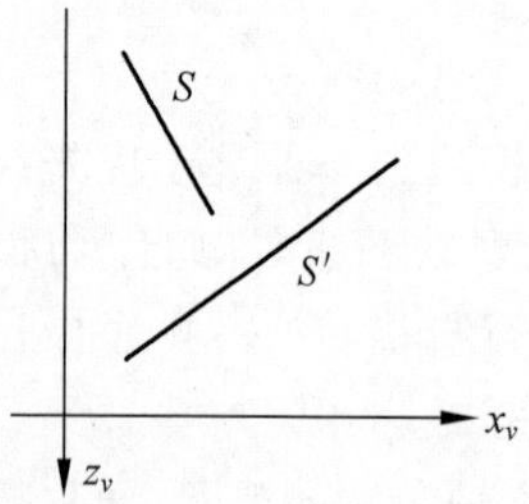

图 6-5　面 S 位于面 S' 之后

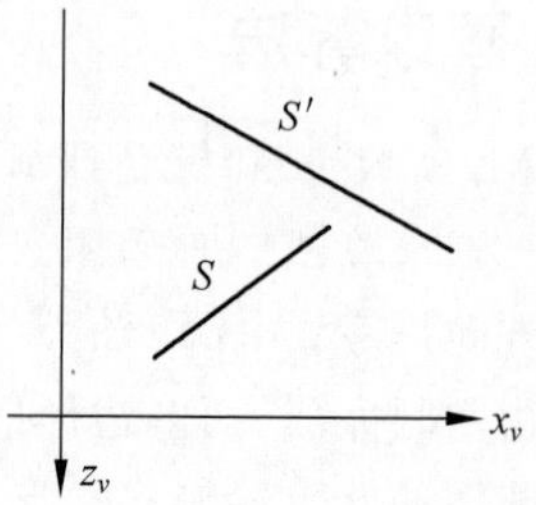

图 6-6　面 S 位于面 S' 之前，但 S' 并非完全位于面 S 之后

若测试①至③均为假，则需执行测试④，可在 xOy 平面上利用直线方程来计算两面片边界的交点。若对某一重叠面片所有 4 项测试均不成立，则需在有序表中调换 S 与 S' 的次

序，并对被调换过次序的面片重复以上 4 项测试。

若两张或多张面片循环遮挡，则该算法可能导致无限循环。为避免死循环，可标识那些被重新排序时调至更远位置的面片，使其不再被移动，若需将一面片进行第二次调换，则将它分割为两部分以消除循环遮挡，原来的面片被一分为二，继续执行上述处理。

画家算法的优点是简单、易于实现，并且可以作为实现更为复杂算法的基础。它的缺点是只能处理互不相交的面，而且深度优先级表中的顺序可能出错，如两个面相交或三个面相互重叠的情况，用任何方法都不能排出正确的顺序。这时，只能把有关的面进行分割后再排序，增加了算法的复杂度。因此，该算法使用具有一定的局限性。

6.1.4 扫描线算法

本节的图像空间的隐面消除算法是多边形区域填充中扫描线算法的延伸，此处处理的是多张面片，而非填充单个多边形面。

逐条处理各扫描线时，首先要判别与其相交的所有面片的可见性，然后计算各重叠面片的深度值以找到离观察平面最近的面片。一旦某像素点所对应的可见面确定，该点的属性值也可得到，将其置入刷新缓冲器中。

假设为各面片建立一张边表和一张多边形表。边表中包含场景中各线段的端点坐标、线段斜率的倒数和指向多边形表中对应多边形的指针；多边形表中则包含各多边形面的平面方程系数，面片属性信息与指向边表的指针。为了加速查找与扫描线相交的面片，可以从边表中提取信息，建立一张活化边表，该表中仅包含与当前扫描线相交的边，并将它们按 x 升序排列。

另外，可为各多边形面定义可设定为 on 或 off 的标志位，以表明扫描线上某像素点位于多边形内还是外。扫描线由左向右进行处理，在凸多边形的面投影的左边界处，标志位为 on(开始)，而右边界处的标志位置为 off(结束)。对于凹多边形，扫描线交点从左往右存储，每一对交点中间设定面标志位为 on。

图 6-7 举例说明了扫描线算法如何确定扫描线上各像素点所对应的可见面。

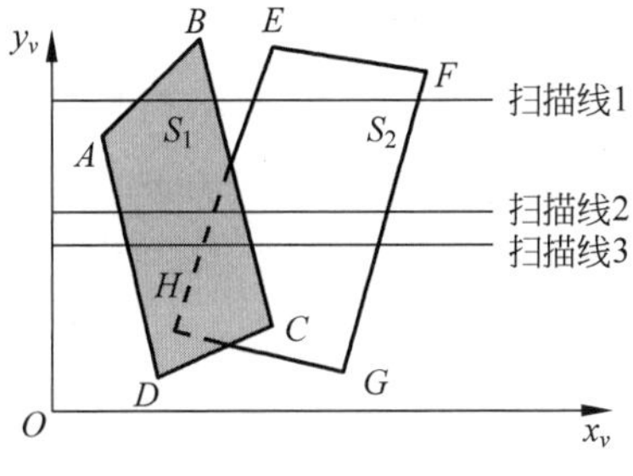

图 6-7 扫描线与面 S_1、S_2 在观察平面上的投影相交，虚线表示隐藏面的边界

扫描线 1 所对应的活化表中包含了边表中边 AB、BC、EH 和 FG 的信息，考查边 AB 与 BC 之间沿线的像素点，只有面 S_1 的标志位为 on。因此，可将面 S_1 的属性信息直接由多边形表移入刷新缓冲器中而无须计算深度值。同样，在边 EH 与 FG 之间，仅 S_2 面的标志位为 on。而扫描线 1 的其余部分与所有面片均不相交，这些像素点的属性值应为背景属性。

对于图 6-7 中的扫描线 2 和 3。活化边表包含边 AD、EH、BC 及 FG。在扫描线 2 上

的边 AD 与 EH 之间的部分，只有面 S_1 的标志位为 on，而在边 EH 与 BC 之间的部分，所有面的标志位均为 on，其间必须用平面参数来为两面片计算深度值。举个例子，若面 S_1 的深度小于面 S_2，则将 S_1 上 AD 至 BC 之间的像素的属性值置入刷新缓冲器中，然后将面 S_1 的标志位置为 off，再将面 S_2 上 BC 至 FG 之间的像素的属性值置入刷新缓冲器中。

逐条扫描线处理时，应利用线段的连贯性。如图 6-7 中，扫描线 3 与扫描线 2 有相同的活化边表，在二次扫描中，两张面片的相对位置关系未发生变化，且线段与面片求交时的交点次序完全相同，故对扫描线 3，无须在边 EH 与 BC 之间再进行深度计算，并可直接将面 S_1 的属性值置入刷新缓冲器中。

扫描线算法可以处理任意数目的相互覆盖的多边形面，设置面标志可表明某点与平面的内外侧的位置关系，当面片间有重叠部分时需计算它们的深度值。对于不存在如图 6-8 所示的面片间相互贯穿或循环遮挡的情况，可利用连贯性方法，逐点找出扫描线所对应的可见面片。

若场景中出现循环遮挡，则需将面片进行划分以消除循环，图 6-8 中的分割线表示面片可在此处分割以消除循环遮挡。

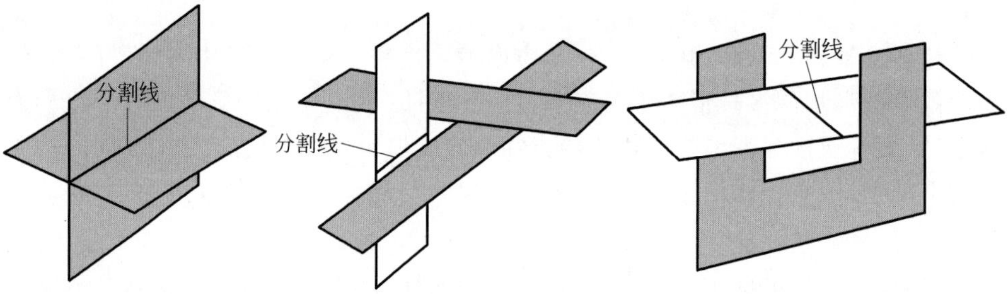

图 6-8　表面相交并循环遮挡的情况

6.1.5　深度缓存器算法

深度缓存器算法是较常用的判定物体表面可见性的图像空间算法，其基本思想是将投影平面上的每像素所对应的面片深度进行比较，然后取最近面片的属性值作为该像素的属性值。由于通常沿着观察系统的 Z 轴来计算各物体距观察平面的深度，故也称为 Z-buffer 算法。

场景中的各个物体表面单独进行处理，且在各面片上逐点进行。该方法通常应用于只包含多边形面的场景，因为这些场景能够很快地计算出深度值且算法易于实现。当然，该算法也可应用于非平面的物体表面。

随着物体描述转化为投影坐标，多边形面上的每个点 (x, y, z) 均对应于观察平面上的正交投影点 (x, y)，因而，对于观察平面上的每个像素点 (x, y)，物体深度比较可通过它们的 Z 值的比较来实现。

图 6-9 给出了由某观察平面（设为 $x_v y_v$ 平面）上点 (x, y) 出发沿正交投影方向远近不同的三张面片，其中面 S_1 上的对应点最近，因而该面在 (x, y) 处的属性值被保存了下来。

算法需两块缓冲区域。深度缓冲器：保存面片上各像素点 (x, y) 所对应的深度值。刷新缓冲器：保存各点的属性值。算法执行时，深度缓冲器中所有单元均初始化为 0（最小深度），刷新缓冲器中各单元则初始化为背景属性。然后，逐个处理多边形表中的各面片，每次

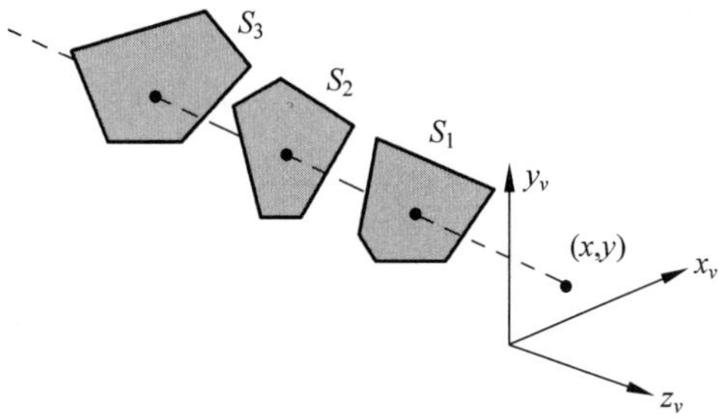

图 6-9 从观察平面 $x_v y_v$ 上点(x,y)出发,可见面面 S_1 相对于观察平面的深度最小

扫描一行,计算各像素点所对应的深度值,并将结果与深度缓冲器中该像素单元所存储的数值进行比较,若计算结果较大,则将其存入深度缓冲器的当前位置,并将该点处的面片属性存入刷新缓冲器的对应单元。

某多边形面上点(x,y)的对应深度值可由平面方程计算为

$$z=\frac{-Ax-By-D}{C}$$

对于任一扫描线(图 6-10),线上相邻点间的 x 水平位移为± 1,相邻扫描线间的 y 垂直位移也为± 1。若已知某像素点(x,y)的对应深度值为 z,则其相邻点$(x+1,y)$的深度值 z'为

$$z'=\frac{-A(x+1)-By-D}{C}$$

或

$$z'=z-\frac{A}{C}$$

对确定的面片,$-\frac{A}{C}$为常数,故沿扫描线的后继点的深度值可由前面点的深度值仅执行一次加法而获得。

沿着每条扫描线,首先计算出与其相交的多边形的最左边的交点所对应的深度值,该线上的所有后继点可由上式计算出来,如图 6-11 所示。

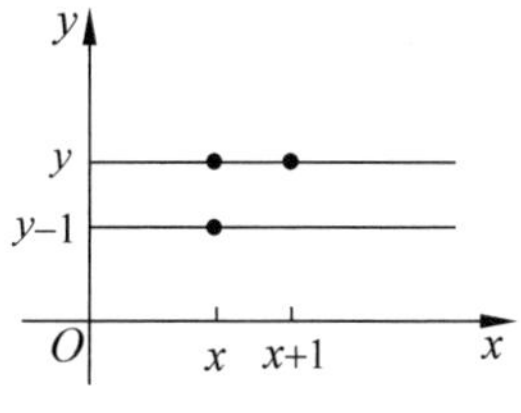

图 6-10 扫描线某像素点(x,y)与相邻两像素点

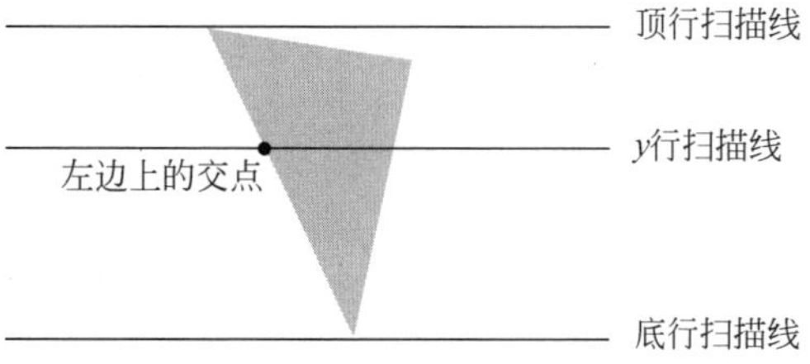

图 6-11 扫描线与多边形相交情况

首先计算出各多边形面的 y 坐标范围,然后由上至下地沿各扫描线处理这些面片,如图 6-12 所示。由某上方顶点出发,可沿多边形的左边递归计算各点的 x 坐标:

$$x'=x-\frac{1}{m}$$

其中,m 为该边的斜率。沿该边还可递归计算出深度值:

$$z'=z+\frac{A/m+B}{C}$$

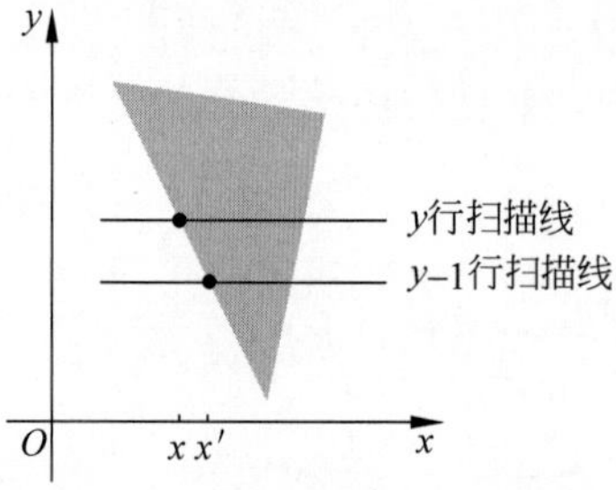

图 6-12　相邻扫描线与多边形左边界的交点

若沿一垂直边进行处理，则斜率为无限大，递归计算可简化为

$$z' = z + \frac{B}{C}$$

对于多边形面，深度缓存器算法易于实现且无须将场景中的面片进行排序，但它除了刷新缓冲器外还需一个缓冲器。

深度缓存器算法可描述如下。

(1) 将深度缓冲器与刷新缓冲器中的所有单元(x,y)初始化，使得 depthBuff$(x,y)=1.0$，refresh$(x,y)=I_{\text{backgndColor}}$。

(2) 将各多边形面上的各点的深度值与深度缓冲器中对应单元的存储数值进行比较，以确定其可见性。

- 计算多边形面上各点(x,y)处的深度值z。
- 若$z<$depthBuff(x,y)，则 depthBuff$(x,y)=z$，且 refresh$(x,y)=I_{\text{surfColor}}(x,y)$。

其中，$I_{\text{backgndColor}}$ 为背景属性值，$I_{\text{surfColor}}(x,y)$为面片在像素点$(x,y)$上的投影属性值。

当处理完所有多边形面后，深度缓冲器中保存的是可见面的深度值，而刷新缓冲器为这些面片的对应属性值。

深度缓存器算法最大的优点是算法原理简单，算法的复杂度为$O(N)$，N 为物体表面采样点的数目。另一优点是便于硬件实现。现在许多中高档的图形工作站上都配置有硬件实现的 Z-buffer 算法，以便于图形的快速生成和实时显示。

深度缓存器算法的缺点是占用太多的存储单元，对于一个 1024×1024 分辨率的系统，则需一个容量超过 120 万个单元的深度缓冲器，且每个单元需包含表示深度值所足够的位数。一个减少存储量需求的方案是每次只对场景的一部分进行处理，这样就只需一个较小的深度缓冲器。在处理完一部分后，该缓冲器再用于下一部分的处理。深度缓存器算法的其他缺点是在实现反走样、透明和半透明等效果方面还存在不足。同时，在处理透明或半透明效果时，深度缓存器算法在每个像素点处只能找到一个可见面，即它无法处理多个多边形的累计颜色值。

6.1.6　BSP 树算法

BSP(Binary Space-Partitioning)树算法是一种类似画家算法的判别物体可见性的高效算法。该算法将面片由后往前地在屏幕上绘出，特别适用于场景中物体位置固定不变、仅视点移动的情况。其主要工作是在每次空间分割时判别该面片相对视点与分割平面的位置关系，即位于其内侧还是外侧。图 6-13 表示该算法的基本思想。

首先，平面 P_1 将空间分割为两部分：一组物体位于 P_1 的后面(相对于视点)，而另一组则在 P_1 之前。若有某物体与 P_1 相交，它立即被一分为二并分别标识为 A 和 B。此时，图 6-13(a)中 A 与 C 位于 P_1 之前，而 B 和 D 在 P_1 之后。平面 P_2 对空间进行了二次分割，可生成如图 6-13(b)所示的二叉树表示。在这棵树上，物体用叶结点表示，分割平面前方的物体组作为左分支，而后方的物件组为右分支。对于由多边形面片组成的物体，可选择与多边形面重合的分割平面，利用平面方程来区分各多边形顶点的“内”“外”。随着将每个多边形面作为分割平面，可生成一棵树，与分割平面相交的每个多边形将被分割为两部分。一旦 BSP 树组织完毕，即可选择树上的面由后往前显示，即前面的物体覆盖后面的物体。目前已有许多系统借助硬件来快速实现 BSP 的树组织和处理。

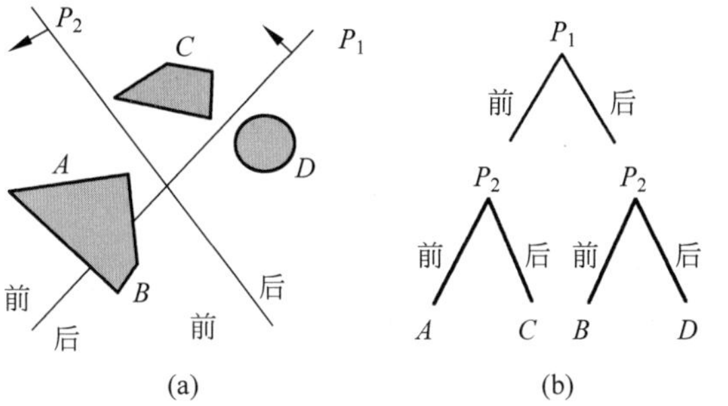

图 6-13 一个空间区域被平面 P_1 和 P_2 分割，形成的 BSP 树表示

6.1.7 光线投射算法

由视点穿过观察平面上一像素点而射入场景的一条射线，如图 6-14 所示，可确定场景中与该射线相交的物体。在计算出光线与物体表面的交点之后，离该像素点最近的交点的所在面片即为可见面。

光线投射以几何光学为基础，它沿光线路径追踪可见面。场景中有无限条光线，可仅考虑从像素出发的逆向跟踪射入场景的光线路径。光线投射算法对于包含曲面，特别是球面的场景有很高的效率。

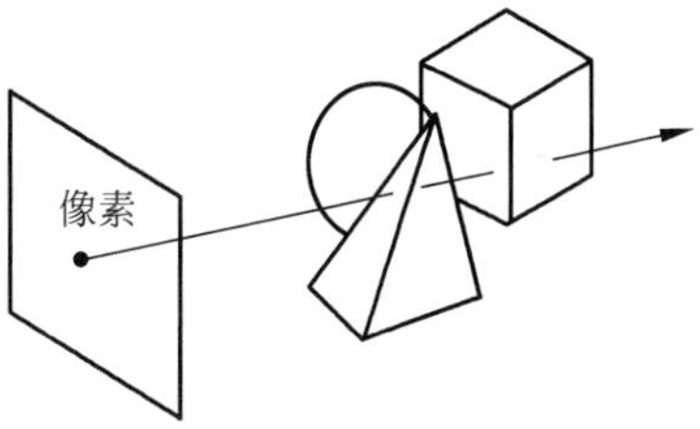

图 6-14 一条由像素点射入场景点的视线

光线投射算法可看作深度缓存器算法的变形，后者每次处理一个面片并对面上的每个投影点计算深度值，计算出来的值与以前保存的深度值进行比较，从而确定每个像素所对应的可见面片。光线投射算法中，每次处理一个像素，就沿光线的投射路径计算出该像素所对应的所有面片的深度值。

光线投射是光线跟踪算法的特例。光线跟踪技术通过追踪多条光线在场景中的路径以得到多个物体表面所产生的反射和折射影响，而在光线投射中，被跟踪的光线仅从每个像素到离它最近的景物为止。

6.2 光照技术

当光照射到物体表面时，反射、透射的光进入人的视觉系统，使我们能看见物体。为模拟这一现象，所建立的数学模型称为明暗效应模型或者光照明模型，它们主要用于对象的所有表面某光照位置的颜色计算。

三维物体经过消隐后，再进行明暗效应的处理，可以进一步提高图形的真实感。光线的计算主要取决于物体表面材质的选择、背景光线的条件及光源的情况。物体表面的许多属性如光滑程度、透明度等，它们决定了入射光线被吸收和反射的程度。

人所能观察到的物体表面的反射光是由场景中的光源和其他物体表面的反射所共同产生的。光源称为发光体，反射面片称为反射光源。光源表示所有发出辐射能量的物体。通常，发光物体可能既是光源又是反射体。按照光的方向不同，可以将光源分为点光源、分布式光源和漫射光源。

（1）点光源：光线由光源向四周发散。这种光源模型是对场景中比物体小得多及离场景足够远的光源。点光源发射的光线从一点向各方向发射，如图 6-15 所示。发光的灯泡就是点光源。

（2）分布式光源：分布式光源所发射的光线，是从一个方向面向一个方向发射的平行光线（图 6-16）。它计算光源外表面各点所共同产生的光照。太阳是分布式光源。

（3）漫射光源：漫射光源所发射的光线，是从一个面上的每个点向各方向发射的光线（图 6-17）。天空、墙面、地面都可以看作漫射光源。

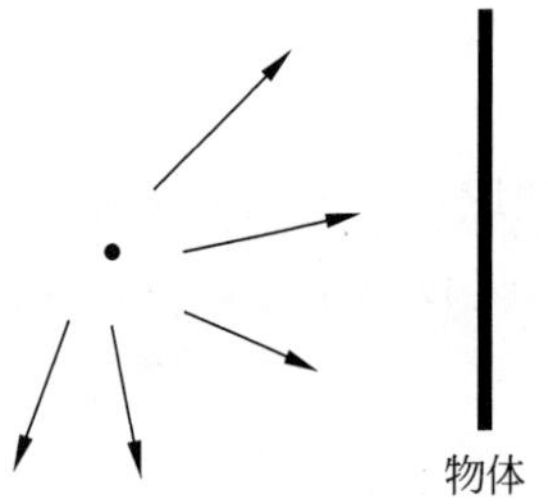

图 6-15　点光源

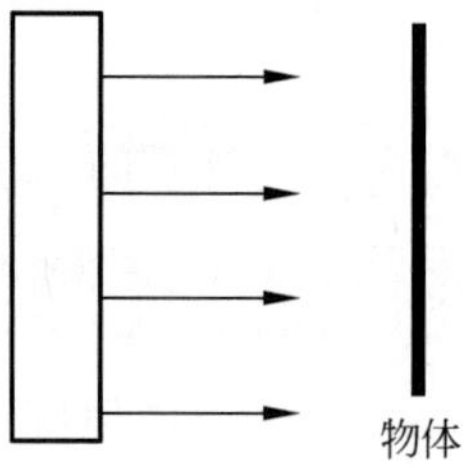

图 6-16　分布式光源

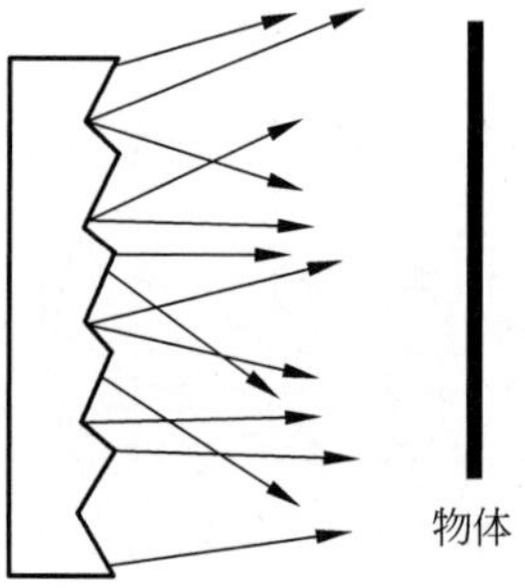

图 6-17　漫射光源

点光源和分布式光源合称为直射光源。

光线投射至物体表面时，部分被吸收，部分被反射，物体表面的材质类型决定了反射光线的强弱。暗表面吸收较多的入射光，光滑表面反射较多的入射光。

6.2.1 光照模型

基本光照模型模拟物体表面对直接光照的反射作用，包括漫反射和镜面反射。物体之间的光反射作用没有被充分考虑，仅仅用一个与周围物体、视点、光源位置都无关的环境光常量来近似表示。

入射光＝环境光＋漫反射光＋镜面反射光

1. 环境光

在点光源情况下，没有受到点光源直接照射的物体会呈黑色，但是在实际场景中，物体还会接收到从周围景物散射出来的光，如房间的墙壁等。一般可以认为环境光反射是全局漫反射光照效果的一种近似。假定场景中每张面上的漫反射是恒定不变的，与观察方向无关。在这里把它作为常数的漫反射项，即

$$I_e = K_a I_a$$

式中，I_e——环境光的漫反射光强；

I_a——入射的环境光光强；

K_a——环境光的漫反射常数。

环境光是对光照现象最简单的抽象，它仅能描述光线在空间中无方向并均匀散布时的

状态。一个可见物体在只有环境光的照射时，其各点的明暗程度均一样，并且没有受到光源直接照射的地方也有明亮度，区分不出哪处明亮、哪处暗淡。

2. 漫反射光

粗糙、无光泽的物体表面呈现为漫反射。漫反射光可以认为是光穿过物体表面并被吸收，然后又重新发射出来的光。环境光只能为每个面产生一个平淡的明暗效果，因而在绘制场景时很少仅考虑环境光的作用，一般场景中至少要包含一个光源，通常是视点处的点光源。在建立表面的漫反射模型时，假设入射光在各个方向以相同强度发散而与观察位置无关，这样的物体表面称为理想漫反射体。漫反射光均匀地散布在各个方向，因此从任何角度去观察这种表面都有相同的亮度。从表面上任意点所发散的光线均可由朗伯特余弦定律计算：在与物体表面法向量夹角为 φ_N 的方向上，每个面积为 dA 的平面单位所发散出的光线与 $\cos\varphi_N$ 成正比，该方向的光强度可用单位时间辐射能量除以表面积在辐射方向的投影来计算，即

$$强度=\frac{单位时间辐射能}{投影面积}$$

光强度仅取决于垂直于 ϕ_N 方向的单位投影面积上的光能 $dA\cos\varphi_N$。也就是说，朗伯反射的光强度在所有观察方向上都相同。

当强度为 I_1 的光源照明一个表面时，从该光源来的入射光总量取决于表面与光源的相对方向。一个与入射光方向垂直的面片同一个与入射光方向成斜角的面片相比，其光亮程度要大得多，例如用一张白纸放在阳光的窗口，当该纸片慢慢转离窗口方向时，表面的亮度逐渐变小。如图 6-18 所示，一个垂直于入射光线的面片比一个同样大小面积，而与入射光线成一斜角的面片所得到的光照多。

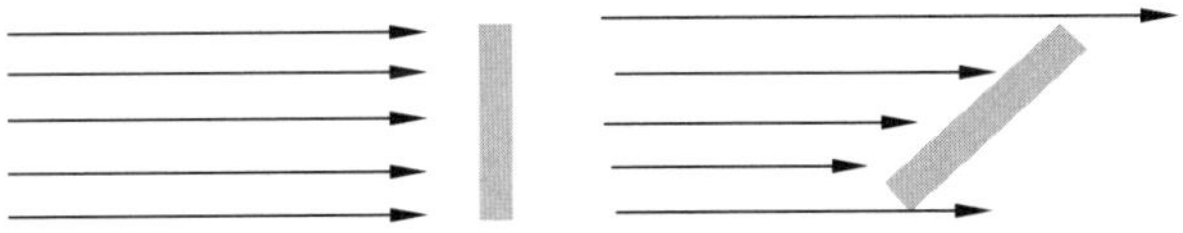

(a)　　　　(b)

图 6-18　来自远距离平行入射光落在两个面积相同但与光线方向不同的表面

如果入射光与平面法向量间的夹角(入射角)为 θ(见图 6-19)，则垂直于光线方向的面片的投影面积与 $\cos\theta$ 成正比，即光照程度的大小(或穿过投影平面片的入射光束的数目)取决于 $\cos\theta$。若在某特定点入射光垂直于表面，则该点被完全照射；当光照角度远离表面法向量时，该点的光亮度将降低。如果 I_1 是点光源的强度，则表面上某点处的漫反射方程可写为 $I_{1,\text{diff}}=k_d I_1\cos\theta$。仅当入射角在 0°～90°时($\cos\theta$ 在 0～1 之间)，点光源才照亮面片；若 $\cos\theta$ 为负值，则光源位于面片之“后”。

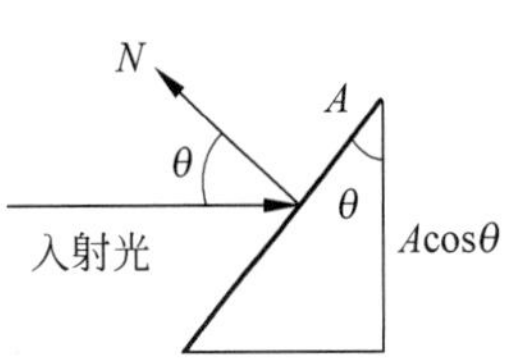

图 6-19　按入射光路径的正交投影情况

若 $\boldsymbol{N}$ 为物体表面的单位法向量，且 $\boldsymbol{L}$ 为从表面上一点指向点光源的单位矢量(见图 6-20)，则 $\cos\theta=\boldsymbol{N}\cdot\boldsymbol{L}$，且对单个点光源的光照中的漫反射方程为

$$I_{1,\text{diff}}=\begin{cases}k_d I_l(\boldsymbol{N}\cdot\boldsymbol{L}), & \boldsymbol{N}\cdot\boldsymbol{L}>0\\ 0.0, & \boldsymbol{N}\cdot\boldsymbol{L}\leqslant 0\end{cases}$$

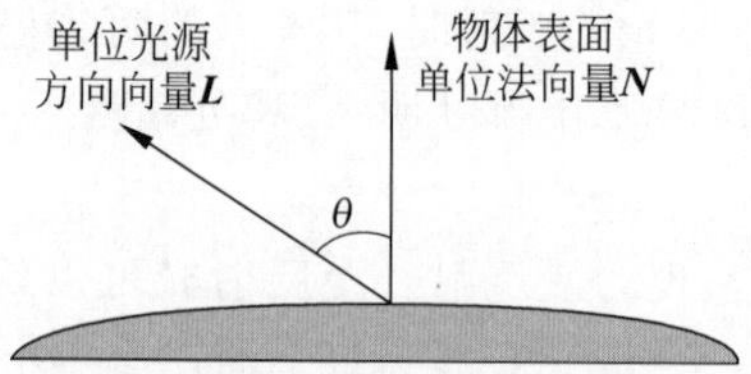

图 6-20 指向光源方向的向量 $\boldsymbol{L}$ 与表面法向量 $\boldsymbol{N}$ 都取单位向量

图 6-21 表示将参数 k_d 在 0～1 之间取不同的数值。$k_d=0$ 时，没有反射光的对象表面表现为黑色，k_d 的值增大时漫反射强度随之增大，生成逐渐变浅的明暗效果。在球面所对应的每一个投影像素处根据漫反射公式计算出光强度值及其显示效果。图 6-21 中绘制的场景表示仅单个点光源所产生的光照效果，这相当于在完全黑暗的房间里照射于物体上的一小束光所产生的效果。然而，通常情况下还希望得到一些背景光照的效果。

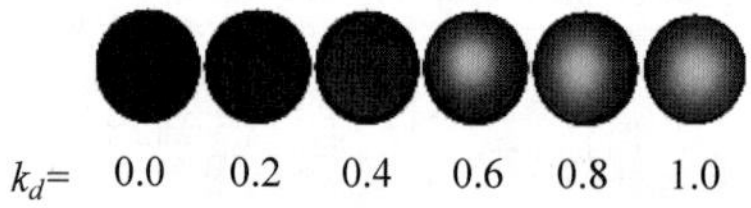

图 6-21 漫反射系数介于 0 和 1 之间时在单个点光源照明下产生的漫反射

组合环境光与点光源所产生的光强度计算，可以得到一个完整的漫反射表达式。另外，可引入环境光的反射系数 k_a 用来修正每个表面的环境光强度 I_a，从而调节场景的光照效果。漫反射方程表述如下：

$$I_{1,\mathrm{diff}}=\begin{cases}k_aI_a+k_dI_l(\boldsymbol{N}\cdot\boldsymbol{L}), & \boldsymbol{N}\cdot\boldsymbol{L}>0\\ k_aI_a, & \boldsymbol{N}\cdot\boldsymbol{L}\leqslant 0\end{cases}$$

其中，k_a 和 k_d 都取决于物体表面材质的属性，其值介于 0～1 之间。图 6-22 表示这种光强度计算而得到的球面图像。

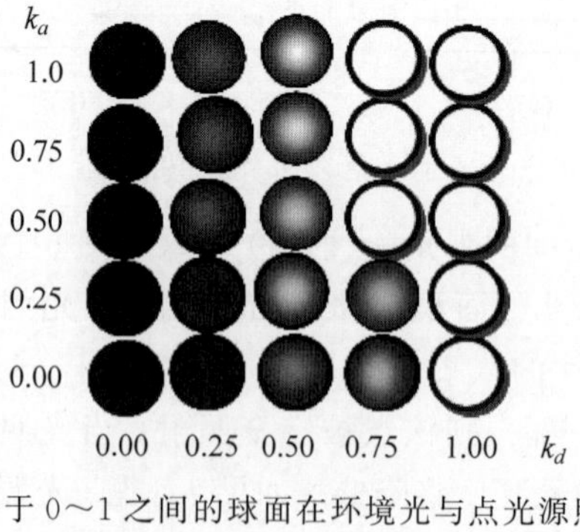

图 6-22 k_a 与 k_d 介于 0～1 之间的球面在环境光与点光源照射下产生的漫反射

3. 镜面反射光

光滑的物体表面呈现镜面反射。镜面反射光的光强取决于入射光的角度、入射光的波长以及反射表面的材料性质等。对于理想的反射表面，反射角等于入射角。只有位于此角度上的观察者才能看到反射光。对于非理想的反射表面，到达观察者的光取决于镜面反射光的空间分布。光滑表面上的反射光的空间分布会聚性较好，而粗糙表面的反射光将散射开去。

在简单光照模型中，镜面反射光常采用 Phong 提出的实验模型，即 Phong 镜面反射模型。镜面反射光强度与 $\cos\varphi$ 成正比，φ 介于 0°～90°之间；镜面反射参数 n_s 的值由被观察的物体表面的材质所决定，光滑表面的 n_s 值较大，粗糙表面的 n_s 值较小，如图 6-23 所示。对于理想反射器，n_s 是无限的，而粗糙物体表面的 n_s 的值接近 1。

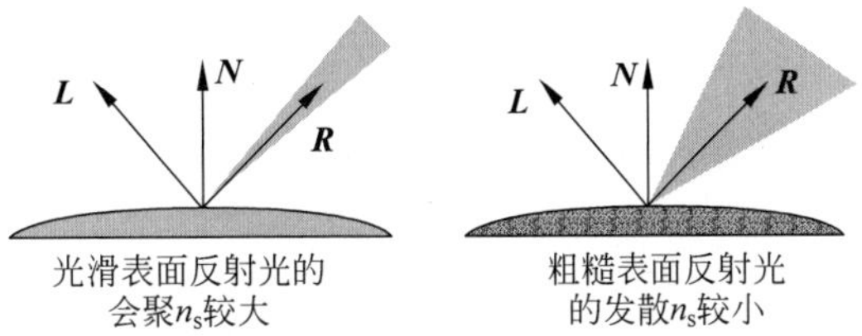

图 6-23 用参数 n_s 来表示镜面反射(阴影区域)

镜面反射光强度主要由物体表面的材质、光线入射角及一些其他因素，如极性、入射光线颜色等所决定。镜面反射系数 $W(\theta)$ 用来近似表示表面的黑白镜面反射光强度的变化。入射角增大，$W(\theta)$ 增大；当 $\theta=90°$ 时，$W(\theta)=1$，且所有入射光均被反射。

Fresnel 反射定律描述了镜面反射光强度与入射角之间的关系。可以将 Phong 镜面反射模型用 $W(\theta)$ 表示为

$$I_{1,\text{spec}}=W(\theta)I_l\cos^{n_s}\varphi$$

其中，I_l 为光源强度，φ 为观察方向与镜面反射方向 $\boldsymbol{R}$ 的夹角。

对透明材质，仅当 θ 接近 90°时才表现出明显的镜面反射；而对许多不透明的材质，几乎对所有入射角的镜面反射均为常量。此时，可用一个恒定的镜面反射系数 k_s 来取代 $W(\theta)$。k_s 可简单设置为 0～1 之间的值。

由于 $\boldsymbol{V}$ 与 $\boldsymbol{R}$ 是观察方向和镜面反射方向的单位矢量，可用点积 $\boldsymbol{V}\cdot\boldsymbol{R}$ 来计算 $\cos\varphi$ 的值。假定镜面反射系数是常数，则物体表面上某点处的镜面反射计算为

$$I_{1,\text{diff}}=\begin{cases}k_s I_l(\boldsymbol{V}\cdot\boldsymbol{R})^{n_s}, & \boldsymbol{V}\cdot\boldsymbol{R}>0\\ 0.0, & \boldsymbol{V}\cdot\boldsymbol{R}\leqslant 0\end{cases}$$

其中，矢量 $\boldsymbol{R}$ 可通过 $\boldsymbol{L}$ 与 $\boldsymbol{N}$ 计算出来，如图 6-24 所示。通过点积 $\boldsymbol{N}\cdot\boldsymbol{L}$ 得到矢量 $\boldsymbol{L}$ 在法向量方向的投影，从图解中有

$$\boldsymbol{R}+\boldsymbol{L}=(2\boldsymbol{N}\cdot\boldsymbol{L})\boldsymbol{N}$$

镜面反射矢量可计算为

$$\boldsymbol{R}=(2\boldsymbol{N}\cdot\boldsymbol{L})\boldsymbol{N}-\boldsymbol{L}$$

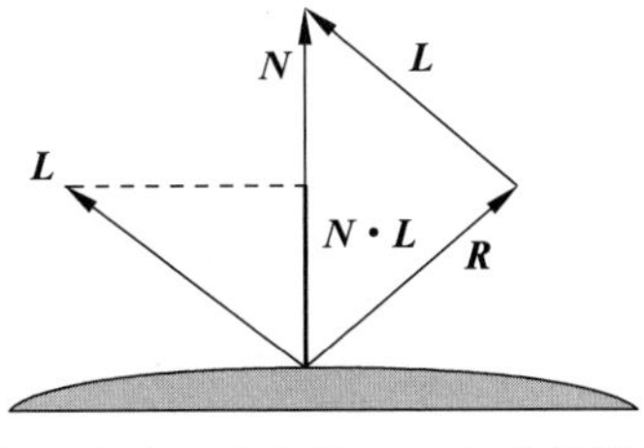

图 6-24 $\boldsymbol{L}$ 和 $\boldsymbol{R}$ 向表面法向量 $\boldsymbol{N}$ 方向的投影都等于 $\boldsymbol{N}\cdot\boldsymbol{L}$

可用矢量 $\boldsymbol{L}$ 与 $\boldsymbol{V}$ 间的半角矢量 $\boldsymbol{H}$ 来计算镜面反射的范围而简化 Phong 模型，只需以 $\boldsymbol{N}\cdot\boldsymbol{H}$ 替代 Phong 模型中的点积 $\boldsymbol{V}\cdot\boldsymbol{R}$，并用经验 $\cos\alpha$ 计算来替代经验 $\cos\varphi$ 计算，如图 6-25

所示。半角矢量可由下式计算得到

$$\boldsymbol{H}=\frac{\boldsymbol{L}+\boldsymbol{V}}{|\boldsymbol{L}+\boldsymbol{V}|}$$

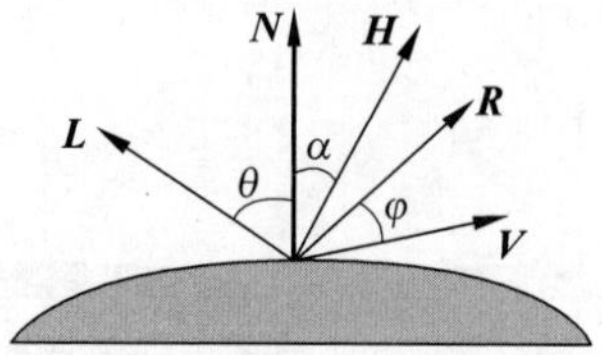

图 6-25 半角矢量 $\boldsymbol{H}$ 与矢量 $\boldsymbol{L}$、$\boldsymbol{V}$ 的角平分线方向一致

若观察者与光源离物体表面足够远，且 $\boldsymbol{V}$ 与 $\boldsymbol{L}$ 均为常量，则面上所有点处的 $\boldsymbol{H}$ 也为常量。对于非平面，$\boldsymbol{N}\cdot\boldsymbol{H}$ 比 $\boldsymbol{V}\cdot\boldsymbol{R}$ 计算量小，因为计算面上每个点的 $\boldsymbol{R}$ 前都需先计算矢量 $\boldsymbol{N}$。对给定的光源和视点，矢量 $\boldsymbol{H}$ 是在观察方向上产生的最大镜面反射的面片的朝向，因此 $\boldsymbol{H}$ 有时指向面片高光最大的方向。另外，若矢量 $\boldsymbol{V}$ 与 $\boldsymbol{L}$ 和 $\boldsymbol{R}$(及 $\boldsymbol{N}$)共面，则 α 的值为 $\varphi/2$；当 $\boldsymbol{V}$、$\boldsymbol{L}$ 与 $\boldsymbol{N}$ 不共面时，$\alpha>\varphi/2$。

对单个点光源，光照表面上某点处的漫反射和镜面反射可表示为

$$I=I_{\text{diff}}+I_{\text{spec}}=k_a I_a+k_d I_l(\boldsymbol{N}\cdot\boldsymbol{L})+K_s I_l(\boldsymbol{N}\cdot\boldsymbol{H})^{n_s}$$

若在场景中放置多个点光源，则可在任意表面上叠加各个光源所产生的光照效果：

$$I=I_{\text{ambdiff}}+\sum_{l=1}^{n}[I_{1,\text{diff}}+I_{1,\text{spec}}]$$

$$=k_a I_a+\sum_{l=1}^{n} I_l[k_d(\boldsymbol{N}\cdot\boldsymbol{L}_i)+k_s(\boldsymbol{N}\cdot\boldsymbol{H}_i)^{n_s}]$$

为保证每个像素的光强度不超过某个上限，可采取一些规范化操作。一种简单的方法是对光强度的计算公式中各项设置上限。若某项计算值超过该上限，则将其取值为上限。另一种弥补光强度上溢的办法是通过将各项除以最大项的绝对值来实现规范化。一种较复杂的方法：首先计算出场景中各像素的强度，然后将计算出来的值按比例变换至正常的光强度范围内。

4. 整体光照模型

为了增加图形的真实感，必须综合考虑环境的漫射、镜面反射和规则透射对景物表面产生的整体照明效果。表现场景整体照明效果的一个重要方法是透明现象的模拟。由于自然界中许多物体是透明的，透明体后面景物发出的光可穿过透明体到达观察者。透过透明性能很好的透明体，如玻璃窗，观察到的景物不会产生变形。但透过另一些透明物体，如透明球等进行观察时，位于其后的景物发生严重的变形。这种变形是由于光线穿过透明介质时发生折射而引起的，因而是一种几何变形。有些透明物体的透明性更差，观察者通过它们看到的只是背后景物朦胧的轮廓。这种模糊变形是由于透明体表面粗糙或透明物体材料掺有杂质，以至于从某方向来的透射光宏观上不遵从折射定律而向各个方向散射。此外，透明材料的滤光特性也影响透明性能。除透明效果外，整体光照模型还要模拟光在景物之间的多重反射。一般来说，物体表面入射光除来自光源外，还来自四面八方不同景物表面的反射。局部光照模型简单地将周围环境对景物表面光亮度的贡献概括成均匀入射的环境分量，并用常数表示，忽略了来自环境的镜面反射光和漫射光，使图形的真实感受到影响。

本部分介绍一种较精确的整体光照模型——Whitted 光照模型，这一模型能很好地模拟光在光滑物体表面之间的镜面反射和通过理想透明体产生的规则透射，从而表现物体的镜面映射和透明性，并产生非常真实的自然景象。Whitted 在 Phong 模型中增加了环境镜面反射光亮度 I_s 和环境规则透射光亮度 I_t，以模拟周围环境的光投射在景物表面上产生的理想镜面反射和规则透射现象。Whitted 模型基于下列假设：景物表面向空间某方向 $\boldsymbol{V}$ 辐射的光亮度 I 由三部分组成。一是由光源直接照射引起的反射光亮度 I_c；另一是沿 $\boldsymbol{V}$ 的镜面反射方向 $\boldsymbol{r}$ 的环境光 I_s 投射在光滑表面上产生的镜面反射光；最后是沿 $\boldsymbol{V}$ 的规则透射方向 $\boldsymbol{t}$ 的环境光 I_t 通过透射在透明体表面上产生的规则透射光。其中，I_s 和 I_t 分别表示了环境在该物体表面上的镜面映像和透射映像。

Whitted 模型的假设是合理的，因为对于光滑表面和透明体表面，虽然从除 $\boldsymbol{r}$ 和 $\boldsymbol{t}$ 以外的空间各方向来的环境光对景物表面的总光亮度 I 都有贡献，但相对来说都可以忽略不计。

Whitted 模型可用以下公式求出：

$$I = I_c + k_s I_s + k_t I_t$$

其中，k_s 和 k_t 为反射系数和透射系数，它们均在 0～1 之间取值。

在 Whitted 模型中，I_c 的计算可采用 Phong 模型，因此，求解模型的关键是 I_s 和 I_t 的计算。由于 I_s 和 I_t 是来自 $\boldsymbol{V}$ 的镜面反射方向 r 和规则透射方向 t 的环境光亮度，因而首先必须确定 $\boldsymbol{r}$ 和 $\boldsymbol{t}$，为此可应用几何光学中的反射定律和折射定律。如图 6-26 所示，设 η_1 是 $\boldsymbol{V}$ 方向的空间媒质的折射率，η_2 是物体的折射率，那么矢量 $\boldsymbol{r}$ 和 $\boldsymbol{t}$ 可由下列公式得到：

$$\boldsymbol{V}' = \frac{|\boldsymbol{N}|^2 \boldsymbol{V}}{|\boldsymbol{N} \cdot \boldsymbol{V}|}$$

$$\boldsymbol{r} = 2\boldsymbol{N} - \boldsymbol{V}$$

$$\boldsymbol{t} = k_f(\boldsymbol{N} - \boldsymbol{V}') - \boldsymbol{N}$$

$$k_f = \frac{|\boldsymbol{N}|}{[(\eta_2/\eta_1)^2 \, |\boldsymbol{V}'|^2 - |\boldsymbol{N} - \boldsymbol{V}'|^2]^{1/2}}$$

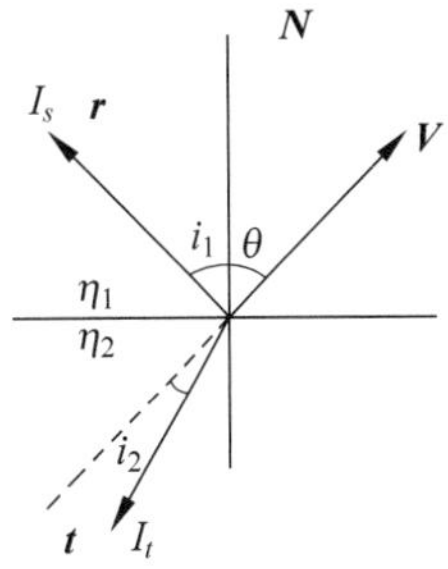

图 6-26 Whitted 模型中反射光线与折射光线方向的确定

确定方向 $\boldsymbol{r}$ 和方向 $\boldsymbol{t}$ 后，下一步即可计算沿该两个方向投射景物表面上的光亮度。值得注意的是，它们都是其他物体表面朝 $\boldsymbol{P}$ 点方向辐射的光亮度，也是通过 Whitted 模型公式的计算而得到的，因此 Whitted 模型是递归的计算模型。

5. 强度衰减及 RGB 颜色考虑

1）考虑强度衰减

辐射光线在空间中传播时，它的强度将按因子 $1/d^2$ 进行衰减（d 为光线经过的路程长度），因此若要得到真实感的光照效果，在光照明模型中必须考虑光强度衰减。然而，若采用 $1/d^2$ 进行光强度衰减，简单的点光源照明并不总能产生真实感图形。d 很小时，$1/d^2$ 会产生过大的强度变化；d 很大时，变化又太小（因为实际场景中通常很少用点光源来照明），该模型用于准确描述真实的光照效果显得过于简单。

图形软件包通常使用 d 的线性或二次函数的倒数实现光强度衰减来弥补以上的问题，公式为

$$f(d)=\frac{1}{a_0+a_1 d}$$

$$f(d)=\frac{1}{a_0+a_1 d+a_2 d^2}$$

用户可以调整系数 a_0,a_1,a_2 的值来得到场景中不同的光照效果，常数项 a_0 的值可用于防止当 d 很小时 $f(d)$ 值太大。另外，还可以调节衰减函数中的系数值和场景中的物体表面参数，以防止反射强度的值超过允许值上限。当用简单点光源来照明场景时，这是限定光强度值较为有效的办法。对于多光源照明，前面的方法则更有效。

考虑光强衰减的基本光照模型表示为

$$I=k_a I_a+\sum_{l=1}^{m} f(d_i) I_{li}[k_d(\boldsymbol{N}\cdot\boldsymbol{L}_i)+k_s(\boldsymbol{N}\cdot\boldsymbol{H}_i)^{n_s}]$$

其中，d_i 为光线从第 i 个点光源出发所经过的路程。

2）考虑 RGB 颜色

大多数显示真实场景的图形均为彩色图形，为包含颜色，需将强度方程写为光源和物体表面颜色属性的函数。一种设置表面颜色的方法是将反射系数标识为三元矢量。例如，设置反射系数矢量为 $\boldsymbol{k}_a=(k_{dR}、k_{dG}、k_{dB})$。例如，红色分量光强度计算公式可简化为表达式：

$$\boldsymbol{I}_R=\boldsymbol{k}_{aR} I_{aR}+\sum_{l=1}^{m} f(d_i) I_{lRi}[\boldsymbol{k}_{dR}(\boldsymbol{N}\cdot\boldsymbol{L}_i)+\boldsymbol{k}_{sR}(\boldsymbol{N}\cdot\boldsymbol{H}_i)^{n_s}]$$

对于曲面物体，镜面反射的颜色是关于表面材质属性的函数，可将镜面反射系数与颜色相关联(如上式)来近似模拟这些表面上的镜面反射效果。

设置表面颜色的另一种方法是为每个表面定义漫反射和镜面反射的颜色向量，而将反射参数定为单值常数。例如，对 RGB 色彩，两个表面颜色的向量的分量可表示为(S_{dR}、S_{dG}、S_{dB})及(S_{sR}、S_{sG}、S_{sB})，反射光线的蓝色分量按下式计算：

$$I_R=\boldsymbol{k}_{aR} S_{dR} I_{aR}+\sum_{l=1}^{m} f(d_i) I_{lRi}[\boldsymbol{k}_{dR} S_{dR}(\boldsymbol{N}\cdot\boldsymbol{L}_i)+\boldsymbol{k}_{sR} S_{sR}(\boldsymbol{N}\cdot\boldsymbol{H}_i)^{n_s}]$$

该方法提供了较大的灵活性，因为表面颜色的参数可以独立于反射率来进行设置。

可利用光谱波长 λ 将彩色模式统一表示为

$$I_\lambda=\boldsymbol{k}_{aR} S_{d\lambda} I_{a\lambda}+\sum_{l=1}^{m} f(d_i) I_{l\lambda i}[\boldsymbol{k}_{d\lambda} S_{d\lambda}(\boldsymbol{N}\cdot\boldsymbol{L}_i)+\boldsymbol{k}_{s\lambda} S_{s\lambda}(\boldsymbol{N}\cdot\boldsymbol{H}_i)^{n_s}]$$

6.2.2 表面绘制

基本光照模型主要用于物体表面某点处的光强度的计算，面绘制算法是通过光照模型中的光强度计算来确定场景中物体表面的所有投影像素点的光强度，也称为面的明暗处理。为避免混淆，把在单个曲面上的点根据光照模型来计算光强度的过程称为光照模型，而将对场景中所有曲面投影位置的像素点根据光照模型来计算光强度值的过程称为面绘制。面绘制通常有两种做法，一是将光照模型应用于每张可见面的每个点，另一种方法则是经过少量的光照模型计算而在面片上对亮度进行插值。扫描线、像空间算法一般使用插值模式，光线跟踪算法则在每一像素点处用照明模型计算光强度值。

在计算机图形学中，曲面通常离散成多边形来显示。这一节我们将就前面得到的光照模型应用于多边形的绘制，以产生颜色自然过渡的真实感图形。

多边形的绘制方法分为两类：均匀着色和光滑着色。绘制多边形的最简单方法是均匀着色，它仅用一种颜色绘制整个多边形。任取多边形上一点，利用光照模型计算出它的颜色，该颜色即是多边形的颜色。均匀着色方法适于满足下列条件的场景：光源在无穷远处，从而多边形上所有的点的 $\boldsymbol{L}\cdot\boldsymbol{N}$ 相等；视点在无穷远处，从而多边形上所有的点的 $\boldsymbol{H}\cdot\boldsymbol{N}$ 相等；多边形是物体表面的精确（而不是近似）表示。显然，当一个多边形上所有点的 $\boldsymbol{L}\cdot\boldsymbol{N}$ 和 $\boldsymbol{H}\cdot\boldsymbol{N}$ 都相等时，它们的颜色也相等，采用光照模型计算的结果即为均匀着色。事实上，只要多边形足够小，即使上面的条件不全部成立，采用均匀着色方法绘制的效果也是相当不错的。

采用均匀着色方法，每个多边形只需计算一次光照模型，速度快，但产生的图形效果不好。一个明显问题是：由于相邻两个多边形的法向量不同，因而计算出的颜色也不同，由此造成整个物体表面的颜色过渡不光滑（在多边形共享边界处颜色不连续变化），有块效应。解决的办法就是采用光滑着色方法。

光滑着色主要采用插值方法，故也称插值着色（Interpolated Shading）。它分为两种，一种是对多边形顶点的颜色进行插值以产生中间各点的颜色，即 Gouraud 着色方法，另一种是对多边形顶点的法矢量进行插值以产生中间各点的法矢量，即 Phong 着色方法。

1. Gouraud 明暗处理方法

Gouraud 着色方法又称为颜色插值着色方法，通过对多边形顶点颜色进行线性插值来获得其内部各点的颜色。由于顶点被相邻多边形所共享，所以相邻多边形在边界附近的颜色的颜色过渡就比较光滑了。Gouraud 着色方法并不是孤立地处理单个多边形，而是将构成一个物体表面的所有多边形（多边形网格）作为一个整体来处理。

对多边形网格中的每一个多边形，Gouraud 着色处理分为 4 个步骤：

① 计算多边形的单位法矢量；

② 计算多边形顶点的单位法矢量；

③ 利用光照模型计算顶点的颜色；

④ 在扫描线消隐算法中，对多边形顶点的颜色进行双线性插值，获得多边形内部（扫描线上位于多边形内）各点的颜色。

如果在将一张曲面片离散成多边形网格时，同时计算出了曲面在各顶点处的法向量并将其保留在顶点的数据结构中，则不需要前面的两步工作。更常见的情况是，待显示的多边形网格没有包含顶点的法矢量信息，此时，可近似取顶点 v 处的法矢量为共享该顶点的多边形的单位法矢量的平均值，即

$$\boldsymbol{N}_v=\frac{\sum_{i=1}^{n}\boldsymbol{N}_i}{\left|\sum_{i=1}^{n}\boldsymbol{N}_i\right|}$$

双线性插值方法如图 6-27 所示，对于每一条扫描线，它与多边形交点处的强度可以根据边的两端点通过强度插值而得到。

在图 6-27 中，顶点 1、2 的边与扫描线相交于点 4，通过扫描线的垂直坐标在顶点 1 和 2 处进行插值可以快速地得到点 4 处的光强度：

$$I_4=\frac{y_4-y_2}{y_1-y_2}I_1+\frac{y_1-y_4}{y_1-y_2}I_2$$

在这个表达式中，符号 I 表示一个 RGB 颜色分量的强度。同样，扫描线的右交点 5 的光强度可以通过顶点 2 和顶点 3 的强度插值得到。从而点 p 的一个 RGB 分量强度可通过顶点 4 和顶点 5 的强度插值得到：

$$I_p=\frac{y_5-y_p}{y_5-y_4}I_4+\frac{y_5-y_p}{y_5-y_4}I_5$$

在 Gouraud 绘制中，可以使用增量法有效地加速上述计算过程。从与多边形顶点相交的扫描线开始，可递增地获得与连接该顶点的一条边相交的其他扫描线的强度。假设该多边形面片是一个凸多边形，每一条与多边形相交的扫描线有两个边交点，一旦获得了一条扫描线与两条边交点的强度，则可以使用增量法获得沿该扫描线的像素强度。例如，图 6-28 中的行 y 和 $y-1$，它们与多边形左边相交。如果扫描线 y 是强度值为 I_1 的顶点 y_1 下面相邻的扫描线，即 $y=y_1-1$，则可以由公式计算扫描线的强度 I_n：

$$I_2=I_1+\frac{I_n-I_1}{y_1-y_n}$$

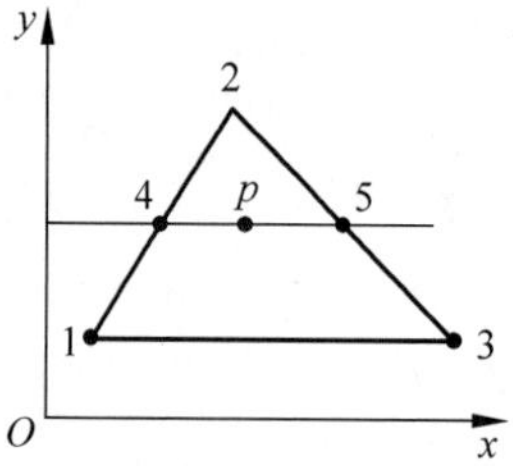

图 6-27 使用线性插值的 Gouraud 表面绘制

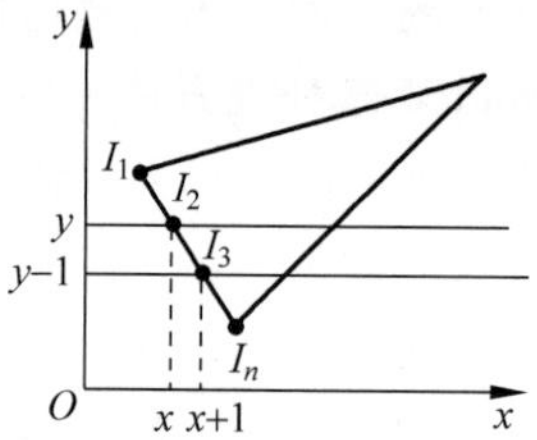

图 6-28 增量法插值计算

继续沿该多边形的边向下，该边的下一条扫描线 $y-1$ 的光强度为

$$I_3=I_2+\frac{I_n-I_1}{y_1-y_n}$$

这样，沿该边向下的每一后继强度可以简单地将常数项 $(I_n-I_1)/(y_1-y_n)$ 加到前一强度值上而得到。类似地，可以获得沿每一扫描线的后继水平像素的强度。

2. Phong 着色方法

与 Gouraud 着色方法不同，Phong 着色通过对多边形顶点的法矢量进行插值，获得其内部各点的法矢量，故又称为法向插值着色方法。用该方法绘制多边形的步骤如下：①计算多边形的单位法矢量；②计算多边形顶点的单位法矢量；③在扫描线的消隐算法中，对多边形顶点的法矢量进行双线性插值，计算出多边形内部(扫描线上位于多边形内)各点的法矢量；④利用光照模型计算每一点的颜色。

Phong 着色方法中，多边形上每一点需要计算一次光照模型，因而计算量远大于 Gouraud 着色方法。但用 Phong 着色方法绘制的图形更加真实，特别体现在如下两个场合(考虑要绘制一个三角形)。

(1) 如果镜面反射指数 n 较大，三角形顶点的 α($\boldsymbol{R}$ 与 $\boldsymbol{V}$ 的夹角)很小，而另两个顶点的 α 很大，以光照模型计算的结果是左下角顶点的亮度非常大(高光点)，另两个顶点的亮度小。若采用 Gouraud 方法绘制，由于它是对顶点的亮度进行插值，导致高光区域不正常地扩散成很大一块区域。而根据 n 的意义，当 n 较大时，高光区域实际应该集中。采用 Phong 着色方法绘制的结果更符合实际情况。

(2) 当实际的高光区域位于三角形的中间时，采用 Phong 着色方法能产生正确的结果，而采用 Gouraud 方法，由于按照光照模型计算出来的 3 个顶点处的亮度都较小，线性插值的结果是三角形的中间不会产生高光区域。

在 Phong 着色方法中的向量插值过程与 Gouraud 着色方法中的强度插值一样，图 6-29 中的法向量在顶点 1 和 2 之间进行垂直方向插值：

$$\boldsymbol{N}=\frac{y-y_2}{y_1-y_2}\boldsymbol{N}_1+\frac{y_1-y}{y_1-y_2}\boldsymbol{N}_2$$

同样，可以使用增量法计算后继扫描线和沿每条扫描线上后继像素位置的法向量。

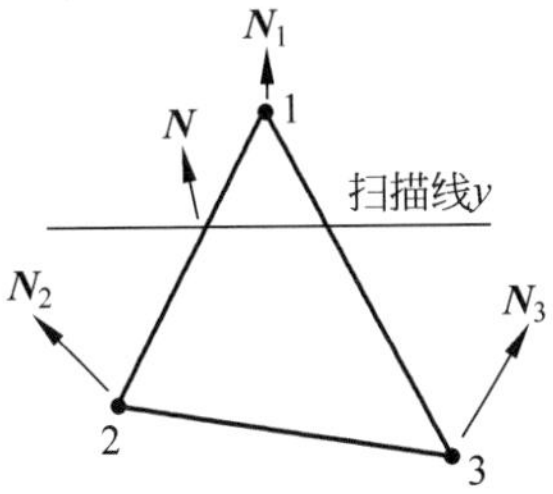

图 6-29 沿一多边形边对表面法向量进行插值计算的过程

3. 插值着色方法的缺点

(1) 不光滑的物体轮廓。将曲面离散成多边形并用插值方法绘制，产生的图形颜色过度光滑，但其轮廓仍然是明显的多边形。改善这种情况的方法是将曲面划分成更细的多边形，但这样做需要更多的开销。

(2) 方向的依赖性。插值着色产生的结果依赖于多边形的方向。同样的一点，当多边形的方向不同时，其颜色不同。假设 p 点的颜色由某 3 个点的双线性插值得到，当多边形旋转一个角度后，p 点的颜色将不再由该 3 个点决定。这个问题有两种解决办法：一是先将多边形分割成三角形，然后绘制；二是设计更复杂的插值着色方法，使结果与多边形方向无关。

(3) 透视变形。插值是在设备坐标系中进行，发生在透视投影变换之后，这使由插值产生的物体表面的颜色分布不正常。p 点并不一定对应透视变换前线段的中点。类似地，将物体表面分成更细的多边形可以减少这种透视变形的现象。

(4) 顶点法向量不具代表性。将相邻多边形的法矢量的平均值作为顶点处的法矢量，导致所有顶点的法矢量是平行的。以插值方法进行绘制时，如果光源相距较远，则表面颜色变化非常小，与实际情况不符。细分多边形可以减少这种情况。

(5) 公共顶点处颜色不连续。这种情况出现在某一点是右边两个多边形的公共顶点，同时它又落在左边的多边形的一条边界上，但它不是左边多边形的顶点。这样，在处理左边多边形时，其颜色由两个顶点的颜色插值产生；而在绘制右边两个多边形时，其颜色是根据该点的法矢量按光照模型直接计算出来的。这两种颜色通常是不相等的，造成该点颜色不连续。这要求在绘制图形之前进行预处理，排除这种连接方式。

6.2.3 光线跟踪算法

如果光照模型仅考虑光源的直接照射，而将光在物体间的转播效果笼统地模拟为环境光，这个模型称为局部光照模型。为增加图形的逼真度，必须考虑物体之间的相互影响以产生整体照明效果。物体之间的相互影响通过在其间漫反射、镜面反射和透射产生，这种光照模型称为整体光照模型。本节将介绍光线跟踪算法，它能较好地模拟物体间的镜面反射和透射现象。光线跟踪算法将物体表面向视点方向辐射的亮度看作由 3 部分组成：光源直接照射引起的反射光的亮度，它的值采用局部光照模型计算出；来自 $\boldsymbol{V}$ 的镜面反射方向 $\boldsymbol{R}$ 的其他物体反射或折射来的光的亮度；来自 $\boldsymbol{V}$ 的透射方向 $\boldsymbol{T}$ 的其他物体反射或折射来的光的亮度，如图 6-30 所示。光线跟踪算法是一种真实的显示物体的方法，该方法由 Appel 在 1968 年提出。光线跟踪算法沿着到达视点的光线的反方向跟踪，经过屏幕上每一像素，找出与视线所交的物体表面点，并继续跟踪，找出影响该点光强的所有光源，从而算出该点上精确的光照强度。

光线跟踪算法是光线投影思想的延伸，它不仅为每个像素寻找可见面，该算法还跟踪光线在场景中的反射和折射，并计算它们对总的光强度的作用。如图 6-31 所示，由投影参考点出发跟踪一束光线，光线穿过一像素单元进入包含多个对象的场景，然后经过对象之间的多次反射和透射。这为追求全局反射和折射效果提供了一种简单有效的绘制手段。基本光线跟踪算法为可见面判别、明暗效果、透明及多光源照明等提供了可能，并在此基础上为了生成真实感图形作了大量的开发工作。光线跟踪技术虽然能够生成高度真实感的图形，特别是对于表面光滑的物体，但它所需的计算量却大得惊人。

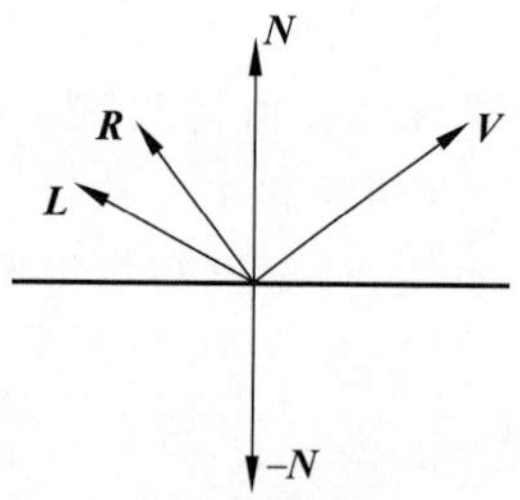

图 6-30 整体光照模型中的矢量

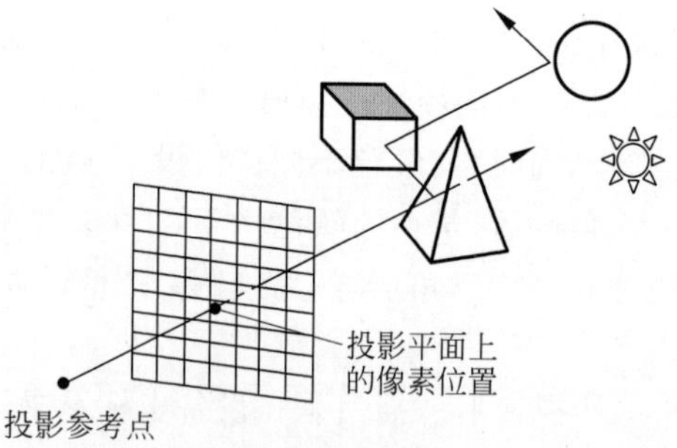

图 6-31 由投影参考点出发跟踪一束经过多次反射和投射的光线

1. 基本光照跟踪算法

首先，建立一个以屏幕为 xOy 平面、对场景进行描述的坐标参考框架系统，如图 6-32 所示；然后，由投影中心出发，确定穿过每个屏幕像素中心的光线路径，沿这束光线累计光照度，并将最终值赋给相应像素。该绘制算法建立于几何光学基础之上，场景中的面片所发出的光向四周散射，因而，将有无数条光线穿过场景，但只有少量将穿过投影平面的像素单元，因此可考虑对每个像素，反向跟踪一条由它发射向场景的光线，并同时累计得到该像素的光强度值。根据光线跟踪算法，每像素只考察一束光线，这类似于通过单孔照相机观察场景。

生成每个像素的光线后，需测试场景中的所有物体表面以确定其是否与该光线相交。如果该光线确实与一个表面相交，则计算出交点离像素的距离，具有最小距离的交点即可代

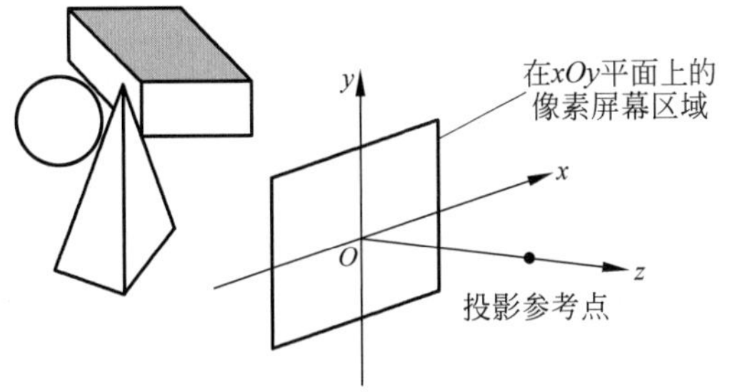

图 6-32 光线跟踪的坐标参考框架

表该像素所对应的可见面。然后,继续考察该可见面上的反射光线(反射角等于入射角),若该表面是透明的,还需考察透过该面的折射光线。反射光线和折射光线统称为从属光线(Secondary Rays)。

接着对每条从属光线都需重复与多个物体求交点过程。如果有表面和其相交则确定最近的相交平面,然后递归地在沿从属光线方向最近的物体表面上生成下一折射光线和反射光线。当由每个像素发出的光线在场景中被反射和折射时,逐个将相交物体的表面加入一个如图 6-33 所示的二叉光线跟踪树中。树的左分支表示反射光线,右分支表示透射光线。光线跟踪的最大深度可由用户选定,或由存储容量决定。当满足 3 个条件中任意一个时停止跟踪:该树中的一束光线到达预定的最大深度、该光线不和任一表面相交或该光线与一个光源相交而不是与一个反射面相交。

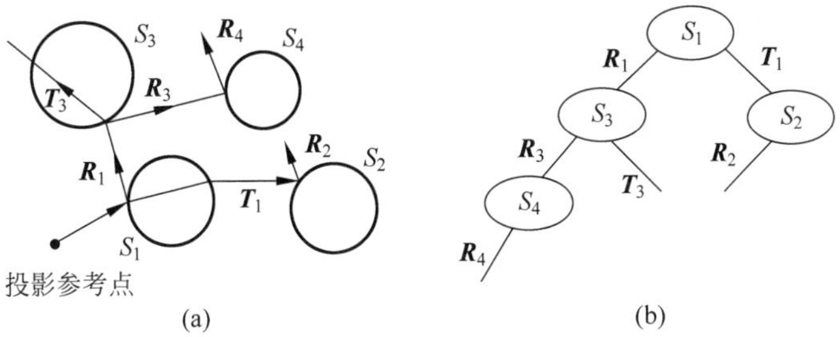

图 6-33 由屏幕像素出发穿过场景的反射光线和折射光线及二叉光线跟踪树

可以从光线跟踪树的底部(终止结点)开始,累计光强度的贡献以确定某像素处的光强度,树中的每个结点的面片光强度由其他面片(树中的上邻结点)继承而来,但光强大小随距离而衰减,累计时需将该强度考虑加入面片的总强度中。像素光强度是光线树根结点处衰减光强的总和。若像素光线与所有物体均不相交,光线跟踪树即为空且光强度值为背景色;若像素光线与某非反射的光源相交,则该像素可赋予光源的强度。通常,光源被放置于初始光线路径之外。图 6-34 给出了一个与光线相交的物体表面和用于反射光强度计算的单位矢量。单位矢量 $\boldsymbol{u}$ 指向光线的方向,$\boldsymbol{N}$ 为物体表面的单位法向量,$\boldsymbol{R}$ 为单位反射矢量,$\boldsymbol{L}$ 为指向光源的单位矢量,$\boldsymbol{H}$ 为 $\boldsymbol{V}$(与 $\boldsymbol{u}$ 反向)和 $\boldsymbol{L}$ 之间的单位半角向量。沿 $\boldsymbol{L}$ 的光线称为阴影光线,若它在表面和点光源之间与任何物体相交,则该表面位于点光源的阴影中。物体表面的环境光强度为 $K_a I_a$,漫反射光与 $K_d(\boldsymbol{N}\cdot\boldsymbol{L})$成正比,镜面反射与 $K_s(\boldsymbol{H}\cdot\boldsymbol{N})^{n_s}$ 成正比。正如前所述,从属光线 $\boldsymbol{R}$ 的镜面反射取决于物体表面的法向量和入射光线的方向:

$$\boldsymbol{R}=\boldsymbol{u}-(2\boldsymbol{u}\cdot\boldsymbol{N})\cdot\boldsymbol{N}$$

对于一个透明面片，还需考察穿过物体的透射光线对总光强的贡献，可沿图 6-35 中的透射方向 $\boldsymbol{T}$ 跟踪从属光线，以确定其贡献值。单位透射矢量则可由矢量 $\boldsymbol{u}$ 与 $\boldsymbol{N}$ 得到

$$\boldsymbol{T}=\frac{\eta_i}{\eta_r}\boldsymbol{u}-\left(\cos\theta_r-\frac{\eta_i}{\eta_r}\cos\theta_i\right)\boldsymbol{N}$$

其中，参数 η_i 和 η_r 分别为入射材质和折射材质的折射率。折射角 θ_r 由 Snell 定律计算出来：

$$\cos\theta_r=\sqrt{1-\left(\frac{\eta_i}{\eta_r}\right)^2(1-\cos^2\theta_i)}$$

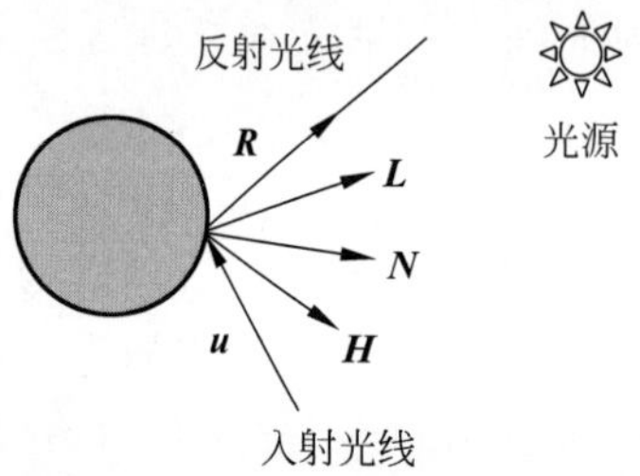

图 6-34　与入射光线 $\boldsymbol{u}$ 相交的对象表面的单位向量

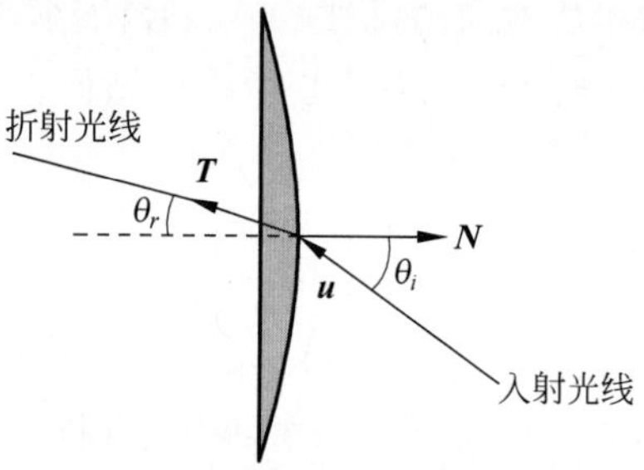

图 6-35　穿过一个透明物体的折射光线路径

一个像素的二叉树建立完毕后，从树的末端（终止结点）开始累计强度贡献。树的每个结点的表面强度因离开父结点（相邻的上一个结点）表面的距离而衰减并加入父结点表面的强度中。赋予像素的强度是该光线树根结点的衰减后的强度总和。如果一个像素的初始光线与场景中任一对象均不相交，则其光线树为空且用背景光强度对其赋值。

2. 光线与物体表面的求交计算

一束光线可以由初始位置 $\boldsymbol{P}_0$ 和单位矢量 $\boldsymbol{u}$ 来描述，沿光束方向相对 $\boldsymbol{P}_0$ 距离为 s 的任意点 $\boldsymbol{P}$ 的坐标，可以由光线方程表示为

$$\boldsymbol{P}=\boldsymbol{P}_0+s\boldsymbol{u}$$

最初，$\boldsymbol{P}_0$ 可设置为投影平面上的某像素点或作为投影参考点，初始单位矢量 $\boldsymbol{u}$ 则可由投影参考点和像素的位置得到

$$\boldsymbol{u}=\frac{\boldsymbol{P}_{\text{pix}}-\boldsymbol{P}_{\text{prp}}}{|\boldsymbol{P}_{\text{pix}}-\boldsymbol{P}_{\text{prp}}|}$$

每次与物体表面相交时，矢量 $\boldsymbol{P}_0$ 和 $\boldsymbol{u}$ 由交点处的从属光线来更新。对于从属光线，$\boldsymbol{u}$ 的反射方向为 $\boldsymbol{R}$，透射方向为 $\boldsymbol{T}$。为了计算表面交点，可以联立求解光线方程和场景中各物体表面的平面方程，从而得到参数 s。在多数情况下，使用数值求根方法和增量计算确定表面的交点位置。对于复杂的对象，常将光线方程转换到定义对象的坐标系中。通过将对象变换成更适合的形状可简化许多情况。

1）光线-球面求交

光线跟踪中最简单的物体为球体，给定半径为 r、中心为 $\boldsymbol{P}_c$ 的球体，如图 6-36 所示，球面上任意点 $\boldsymbol{P}$ 均满足球面方程：

$$|\boldsymbol{P}-\boldsymbol{P}_c|^2-r^2=0$$

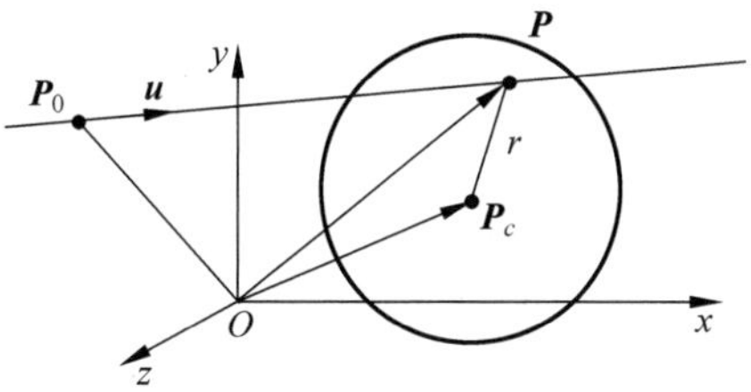

图 6-36 光线与半径为 r、中心为 $\boldsymbol{P}_c$ 的球面求交

代入光线方程 $\boldsymbol{P}=\boldsymbol{P}_0+s\boldsymbol{u}$，得

$$|\boldsymbol{P}_0+s\boldsymbol{u}-\boldsymbol{P}_c|^2-r^2=0$$

令

$$\Delta\boldsymbol{P}=\boldsymbol{P}_c-\boldsymbol{P}_0$$

利用点积，可得二次等式：

$$s^2-2(\boldsymbol{u}\Delta\boldsymbol{P})s+(|\Delta\boldsymbol{P}|^2-r^2)=0$$

求解，得

$$s=\boldsymbol{u}\cdot\Delta\boldsymbol{P}\pm\sqrt{(\boldsymbol{u}\cdot\Delta\boldsymbol{P})^2-|\Delta\boldsymbol{P}|^2+r^2}$$

若根为负，则光线与球面不相交或球面在 $\boldsymbol{P}_0$ 之后。对于这两种情况，都可不再考虑该球面，因为我们假定场景在投影平面的前面。当根不为负时，取上式中较小的值代入光线方程 $\boldsymbol{P}=\boldsymbol{P}_0+s\boldsymbol{u}$ 中，可得到交点的坐标。

对于远离光束出发点的小球体，上式易于出现取整误差，即若 $r^2\ll|\Delta\boldsymbol{P}|^2$，则可能在 $|\Delta\boldsymbol{P}|^2$ 的近似计算过程中丢失 r^2 项。在大多数情况下，可按下式重新计算距离 s 以清除该误差：

$$s=\boldsymbol{u}\cdot\Delta\boldsymbol{P}\pm\sqrt{r^2-|\Delta\boldsymbol{P}-(\boldsymbol{u}\cdot\Delta\boldsymbol{P})\boldsymbol{u}|^2}$$

2）光线-多面体求交

多面体与球体相比，表面求交时需更多的处理时间，因此，利用包围体作求交测试将加快绘制速度。图 6-37 表示一个被球体包围的多面体。若光束与球面无交点，则无须再对多面体作测试；但若光线与球面相交，则只需由式 $\boldsymbol{u}\cdot\boldsymbol{N}<0$ 的测试，可找到物体的“前”表面。式中，$\boldsymbol{N}$ 为物体表面法向量。对于多面体中每个满足不等式 $\boldsymbol{u}\cdot\boldsymbol{N}<0$ 的表面，还需对面上满足光线方程 $\boldsymbol{P}=\boldsymbol{P}_0+s\boldsymbol{u}$ 的点 $\boldsymbol{P}$ 求解平面方程：

$$\boldsymbol{N}\boldsymbol{P}=-D$$

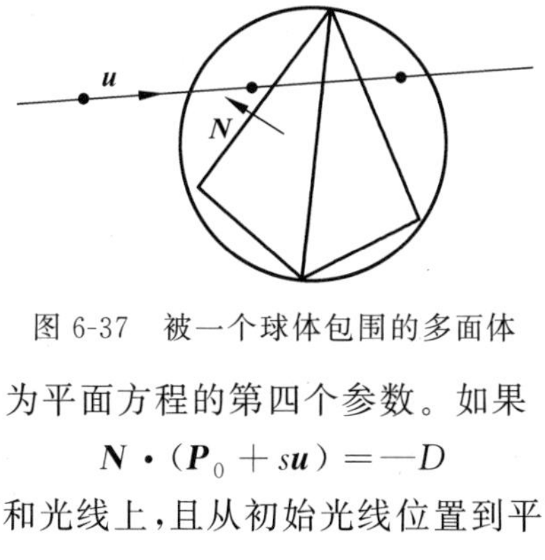

图 6-37 被一个球体包围的多面体

其中，$\boldsymbol{N}=(A,B,C)$，D 为平面方程的第四个参数。如果

$$\boldsymbol{N}\cdot(\boldsymbol{P}_0+s\boldsymbol{u})=-D$$

由于点 $\boldsymbol{P}$ 同时位于平面和光线上，且从初始光线位置到平面的距离为

$$s=-\frac{D+\boldsymbol{NP}_0}{\boldsymbol{Nu}}$$

经过以上步骤，已求得该多边形所在平面上的一个点，但该点可能不在多边形的边界内，因此，还需通过内外测试法确定光线是否与多面体的该表面相交。

对满足不等式 $\boldsymbol{u}\cdot\boldsymbol{N}<0$ 的面片逐一进行测试，由距内点的最小距离 s 可确定出多面体的相交表面。若由式

$$s=\boldsymbol{u}\cdot\Delta\boldsymbol{P}\pm\sqrt{r^2-|\Delta\boldsymbol{P}-(\boldsymbol{u}\cdot\Delta\boldsymbol{P})\boldsymbol{u}|^2}$$

求得的交点均非内点，则该光线与物体不相交。

对于其他物体，如二次曲面或样条曲面，可采用同样步骤来计算光线与曲面的交点，只需联立光线方程和曲面方程来求解参数 s。在许多情况下，还可利用数值求解方法和增量法来计算物体表面的交点。

3）减少求交计算量的方法

在光线跟踪过程中，约有 95％的时间用于光线与物体表面的求交计算。对一个有多个物体的场景，大部分处理时间用于计算沿光束方向不可见的物体的交点。因此，人们开发出许多方法来减少在这些求交计算上所花的时间。

减少求交计算量的一种方法是将相邻物体用一个包围体(盒或球)包起来，如图 6-38 所示，然后用光线与包围体相交，若无交点，则无须对被包围物体进行求交测试。这种方法可利用包围体的层次结构，即将几个包围体包在一个更大的包围体中，以便层次式地进行求交测试。首先测试最外层的包围体，然后根据需要，逐个测试各层的包围体，以此类推。

另外，采用空间分割技术可减少求交计算量。可以将场景包在一个立方体中，然后将立方体逐次分割。直至每个子立方体(体元)所包含的物体表面或面片数目小于或等于一个预定的最大值。例如，可要求每个体元中至多只包含一个面片。若采用并行和向量处理技术，每个体元所含的最大面片数目可由向量寄存器的大小和处理器的个数来决定。可进行均匀分割，即每次将立方体分为大小相同的体元；也可采用适应性细分，即仅对包含物体的立方体区域进行分割。考查穿过立方体中体元的跟踪光线，仅对包含面片的单元执行求交测试，光线所交到的第一个物体表面即为可见面。另外，必须在单元大小和每个单元所含的面片数目之间进行取舍，若每单元中的最大面片数目定得过小，则单元体积也将过小，从而使在求交测试中所节省的大部分时间都消耗在光线贯穿单元的处理中。

图 6-39 表示一束像素光线与包围场景的立方体的前表面的求交，在计算交点时，可以通过计算单元边界处的交点坐标来确定初始单元的交点，然后，沿光线确定其贯穿体元时在每个单元的入口与出口点，直至找到一个相交的物体表面，或光线射出场景的包围立方体。

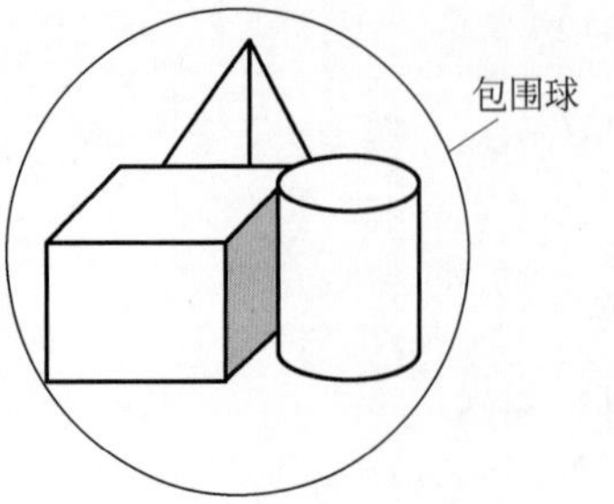

图 6-38 被一个包围球包围的一组对象

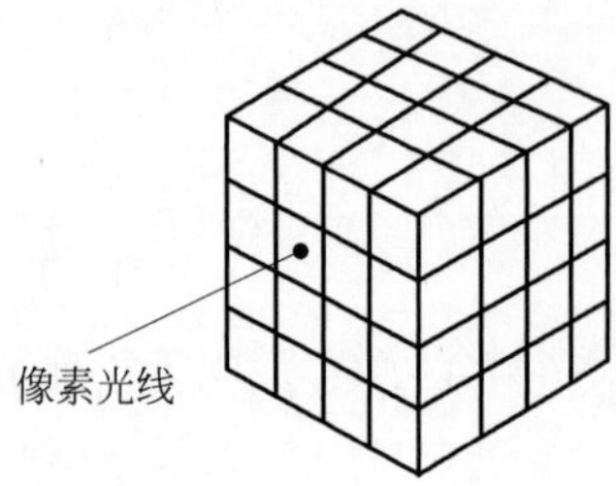

图 6-39 光线与包围场景中所有对象的立方体求交

给定一束光线的方向 $\boldsymbol{u}$ 和某单元的光线入口位置 $\boldsymbol{P}_{\text{in}}$，则潜在的出口表面一定满足：

$$\boldsymbol{u} \cdot \boldsymbol{N}_k > 0$$

若图 6-40 中单元表面的法向量与坐标轴对齐，即

$$\boldsymbol{N}_k = \{(\pm 1,0,0),(0,\pm 1,0),(0,0,\pm 1)\}$$

只须检查 $\boldsymbol{u}$ 中各分量的符号，就可确定出三个候选出口表面，可由光线方程得到三个表面上的出口位置：

$$\boldsymbol{P}_{\text{out},k} = \boldsymbol{P}_{\text{in}} + s_k \boldsymbol{u}$$

其中，s_k 为沿光线从 $\boldsymbol{P}_{\text{in}}$ 至 $\boldsymbol{P}_{\text{out},k}$ 的距离。对各个表面，将光线方程代入平面方程：

$$\boldsymbol{N}_k \cdot \boldsymbol{P}_{\text{out},k} = -D$$

可对候选出口表面求解光线距离：

$$s_k = \frac{-D_k - \boldsymbol{N}_k \cdot \boldsymbol{P}_{\text{in}}}{\boldsymbol{N}_k \cdot \boldsymbol{u}}$$

然后选择最小的 s_k，若法向量 $\boldsymbol{N}_k$ 与坐标轴对齐，则该计算可被简化。若一个候选表面法向量为(1,0,0)，则对该表面有

$$s_k = \frac{x_k - x_0}{u_k}$$

其中，$\boldsymbol{u}=(u_x,u_y,u_z)$，且 $x_k=-D$ 为候选出口表面的坐标位置，而 x_k 为该单元右边界表面的坐标位置。

可以对单元贯穿过程进行修改以加速处理，一种方法是将与 $\boldsymbol{u}$ 中最大分量相垂直的表面作为待定出口表面 k(如图 6-41 所示)，根据表面上包含 $\boldsymbol{P}_{\text{out},k}$ 的分区可确定出真正的出口表面。若交点 $\boldsymbol{P}_{\text{out},k}$ 在区域 0 内，则待定表面即为真正的出口表面；若交点在区域 1 内，则真正的出口表面为上表面，只需在上表面计算出口点；同样，区域 3 表示下表面为真正的出口表面；区域 4 和 2 分别表示真正的出口表面为左或右边界表面；当待定出口表面落在区域 5,6,7,8 时，则还需执行 2 个附加求交计算，以确定出口表面。若将这种方法实现于并行向量机之上，可进一步提高处理速度。

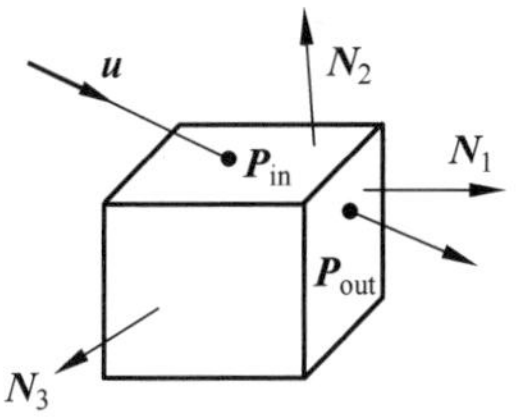

图 6-40 光线贯穿包围场景的立方体单元

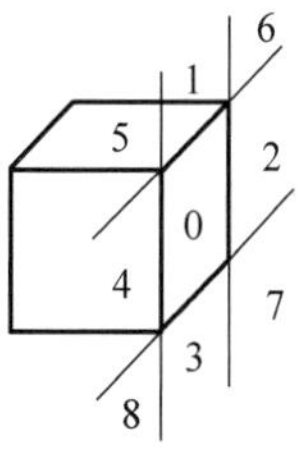

图 6-41 待定出口表面的分区

光线跟踪程序中的求交测试的计算量，可通过方向分割处理来降低。它考查包含一组光线的夹角区域。在每个区域中，将物体表面进行深度排序，如图 6-42 所示。每束光线仅需在包含它的区域内对物体进行测试。

3. 光线跟踪反走样

最基本的光线跟踪反走样技术是过采样和适应性采样。在过采样和适应性采样中，将像素看作一个有限的正方形区域，而非单独的点。

过采样是在每个像素区域内采用多束均匀排列的光线(采样点)。

适应性采样则在像素区域的一些部分采用不均匀排列的光线。例如，可以在接近物体的边缘处用较多的光线以获得该处像素强度较好的估计值。此外，还可在像素区域中采用随机分布的光线，当对每个像素采用多束光线时，像素的光强度通过将各束光线强度取平均值而得到。

图 6-43 显示了光线跟踪反走样的简单过程。这里，在每个像素的 4 角各生成一束光线。若 4 束光线强度差异较大或在 4 束光线之间有小物体存在，则需将该像素区域进一步分割，并重复以上过程。

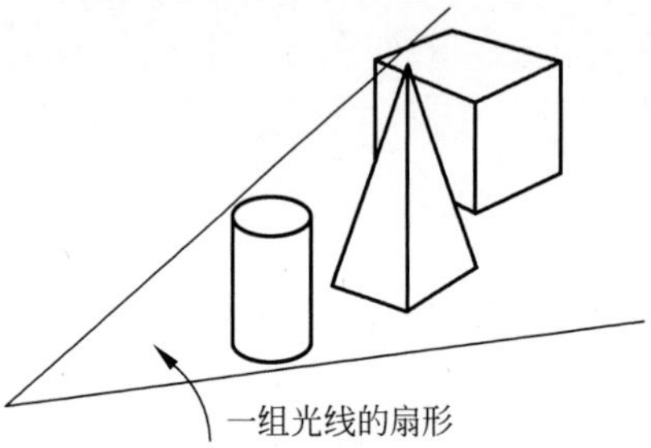

图 6-42　该夹角中所有光束仅需在深度次序上测试夹角内的物体表面

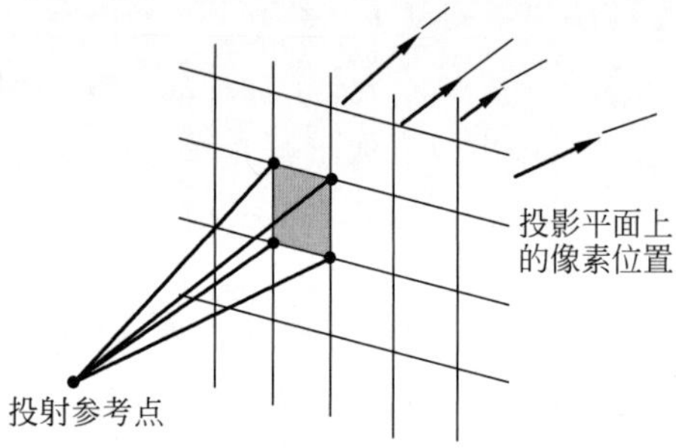

图 6-43　在每个像素的 4 角处各取一束光线的细分采样

图 6-44 中的像素被 16 束光线分割为 9 个子区域，每束位于子像素的角点处。适应性采样是对那些 4 角光束强度不相同或遇到小物体的子像素进行细分，细分工作一直持续到每个子像素的光线强度近似相等或每个像素中的光束数目达到上限，比如 256。

如图 6-45 所示，也可设置每束光线穿过子像素的中心，而非像素的角点。使用该方法，即可根据一个采样模式来对光线进行加权平均。

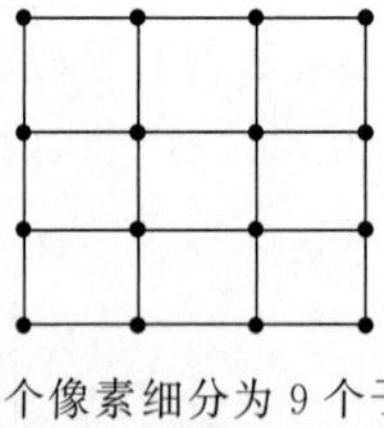

图 6-44　将一个像素细分为 9 个子像素，每个子像素的角点处发出一束光线

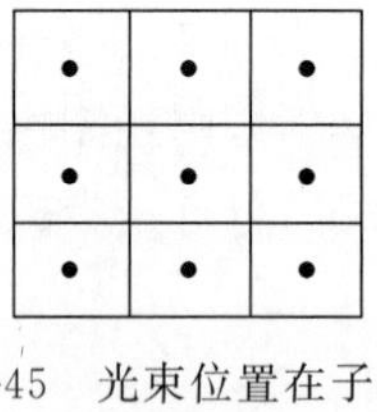

图 6-45　光束位置在子像素区域的中心

反走样显示场景的另一种方法是将像素光线看作一个锥体，如图 6-46 所示。对每个像素只生成一束光线，但光线有一个有限的相交部分。为了确定像素被物体覆盖部分的面积百分比，可以计算像素锥体与物体表面的交点。对一个球而言，这需要计算出两个圆周的交点，而对多面体，则需求出圆周与多边形的交点。

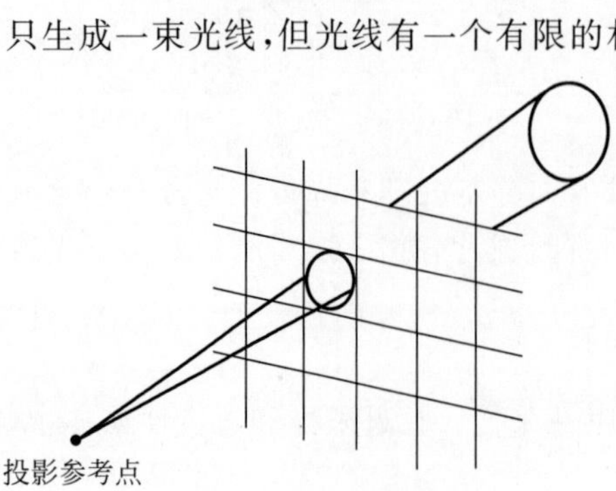

图 6-46　一个锥形的像素光束

4. 分布式光线跟踪

分布式光线跟踪是一种根据光照模型中的多种参数来随机分布光线的采样方法。光照参数包括像素区域、反射与折射方向、照相机镜头区域及时间等。反走样效果可由低级“噪声”来替代，这将改善图像质量，并能更好地模拟物体

表面的光滑度和透明度、有限的照相机光圈和有限的光源以及移动物体的运动模糊显示。

在像素平面上随机分布一些光线可进行像素采样。但完全随机地选择光线的位置可能导致在像素内的部分区域出现光束密集，而其他部分未经采样。在规整的子像素网格上采用一种称为“抖动”的技术可获得像素区域内光束的较好的近似分布。这通常是将像素区域（一个单位正方形）划分为16个子区域（如图6-47所示），并在每个子区域内生成随机的抖动位置，如将每个子区域的中心坐标偏移一个小分量（δ_x 和 δ_y 均在（-0.5，0.5）范围内），这样，就可以将偏移位置（$x+\delta_x$，$y+\delta_y$）作为中心坐标为（x，y）单元内的光线位置。对16束光线可随机分配整数（1～16），并用一张索引表来得到其他参数（反射角、时间等）的值。每个子像素光线可穿过场景来确定其光强度的贡献。平均这16束光线的强度可得到该像素的光强度。如果子像素的强度之间的差异过大，则该像素还需被进一步细分。

为了获得照相机镜头的效果，可在投影平面前建立一个焦距为 f 的镜头，并在镜头区域上分布子像素的光线。假定每像素有16束光线穿过，则可将镜头区域分为16块。每条光线射向其代码所对应的区域。区域内的光线在区域中心附近抖动。这样，光线由抖动区域穿过镜头的焦点投射至场景中，将光线的焦点定在沿子像素中心至镜头中心的直线方向距镜头 f 处。离聚焦平面较近的物体投影后将成为锐化图像；而在聚焦平面前或后则会模糊。

可通过增加子像素的光束数目的方法来得到焦点外物体的较好的显示。在物体表面交点处的反射光线将根据光束代码而分布于镜面反射方向 $\boldsymbol{R}$ 邻近的区域，如图6-48所示。距 $\boldsymbol{R}$ 最大的扩展区域被分割为16个角域，每束光线根据它的整数代码在区域中心附近的抖动位置被反射，可使用Phong模型中的 $\cos^{n_s}\phi$ 来确定反射范围的最大值。若材质是透明的，折射光线将沿着透视方向 $\boldsymbol{T}$ 按同样方式分布。

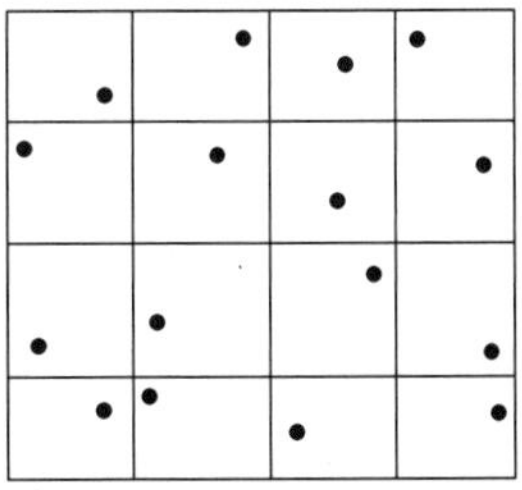

图6-47 有16个子像素区域，随机分布一些光线即可进行像素采样

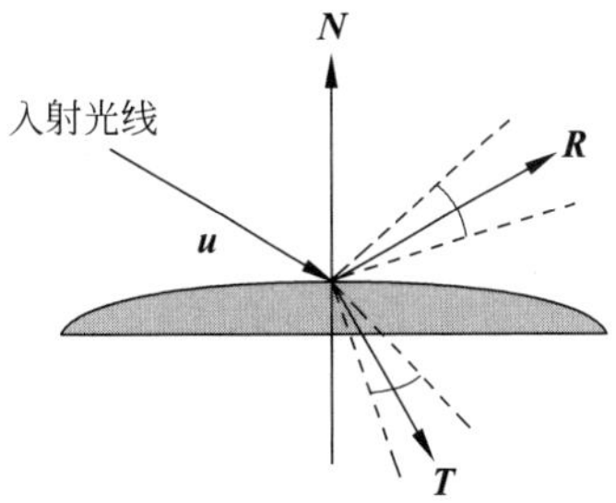

图6-48 在反射方向 $\boldsymbol{R}$ 和透视方向 $\boldsymbol{T}$ 周围分布的子像素光线

可在附加光源上分布一些阴影光线来对其进行处理，如图6-49所示。这样，光源被分割为一些小区域，阴影光线被赋以指向不同区域的抖动方向。另外，可根据其中光源的强度和该区域投影到物体表面的大小来对区域进行加权，权系数较高的区域应有较多的阴影光线。若一部分阴影光线被物体表面和光源之间的不透明物体挡住，则需在此面片点上生成半影。

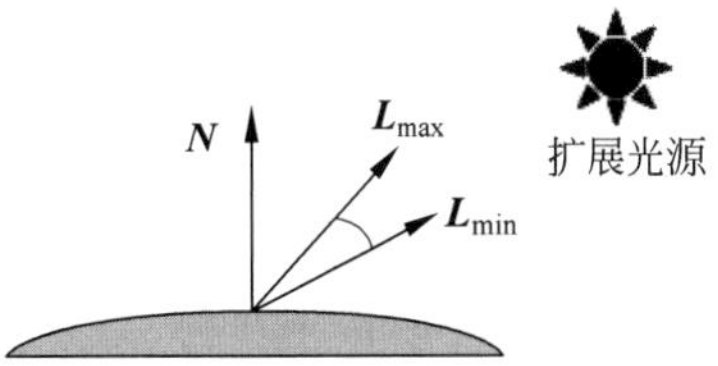

图6-49 在一个有限大小的光源上分布阴影光线

通过在时段上分布光线，可生成动感模糊。根据场景所需的运动程度来确定所有帧数的总时间和各帧时间的分割。用整数代码来标识时间间隔，并给每束光线

赋予一个光线代码所对应的时间间隔内的抖动时间。然后物体运动到它们的位置，光线穿过场景进行跟踪。要绘制高度模糊的物体还需要更多的光线。

总的来说，用光线跟踪算法显示真实感的图形有如下优点。

(1) 效果逼真。

光线跟踪算法不仅考虑到光源的光照，而且考虑到场景中各物体之间反射的影响，因此显示效果十分逼真。

(2) 有消隐功能。

采用光线跟踪算法，在显示的同时，自然完成消隐功能。而且，事先消隐的做法也不适用于光线跟踪。因为对于那些背面和被遮挡的面，虽然看不见，但仍能通过反射或透射效果影响着看得见的面上的光强。

(3) 有影子效果。

光线跟踪算法能完成影子的显示，方法是从 $\boldsymbol{P}_0$ 处向光源发射一条阴影探测光线。如果该光线在到达光源之前与场景中任意不透明的面相交，则 $\boldsymbol{P}_0$ 处于阴影之中；否则，$\boldsymbol{P}_0$ 处于阴影之外。

(4) 具有并行性质。

每条光线的处理过程相同，结果彼此独立，因此可以在并行处理的硬件上快速实现光线跟踪算法。

光线跟踪算法的缺点是计算量非常大，因此显示速度极慢。

6.2.4 纹理、阴影与透明等基本效果处理

计算机图形学中真实感成像包括两部分内容：物体的精确图形表示和场景中光照效果的适当的物理描述。光照效果包括光的反射、透明性、表面纹理和阴影。前面介绍的光照模型只能生成光滑的物体表面。但是，观察周围的景物，会发现大部分的物体表面或多或少具有一些细节，这就需要对物体表面的细节进行模拟，即纹理映射。同时现实世界的物体基本上都会存在光源没法直接照射到的区域，也就是说会产生阴影，这就要求真实感图形能有效地模拟这种现象。现实世界中存在许多透明物体，如玻璃等。透过透明物体，我们可以观察到其背后的景物，因而，模拟这种效果也是真实感图形显示中的一个重要问题。

本节将讨论物体表面的纹理映射、阴影生成及透明处理的一些基本方法。

1. 纹理映射

纹理是指物体的表面细节。世界上大多数物体的表面均具有纹理。若从微观的角度来观察，纹理甚至改变了它的形状。物体的表面细节一般分为两种：一种是颜色纹理，如花瓶上的图案、墙面上的贴纸等；另一种是几何纹理，如橘子的折皱表皮、老人的皮肤等。颜色纹理取决于物体表面的光学性质，而几何纹理则与物体表面的微观几何形状有关。一个纹理图可以定义为一个水平方向和垂直方向均为 0～1 的二维图像。常用的纹理图可以由扫描仪输入得到印刷品上的图像，也可以用软件绘制，还可以从纹理图案库中选取，或者使用图形软件所带的纹理生成工具通过纹理层次和组合的方法生成多种多样的纹理。对于具有简单的规则的颜色纹理，如墙上的门、窗、平面文字等，可以用表面细节多边形来模拟。首先根据待生成的颜色纹理构造细节多边形，然后将细节多边形覆盖到物体的表面上。细节多边形的数据结构中应包含适当的标志，使其不参与消隐计算。当用光照模型计算物体表面

的颜色时，细节多边形的各个反射系数代替它所覆盖的部分物体表面的相应反射系数参与计算。

对于大量精细不规则的纹理可采用纹理映射成纹理贴图的形式。这种技术是将任意的二维图形的图像覆盖到物体的表面上，从而在物体表面形成花纹。纹理贴图（或称纹理映射）是在纹理空间、物体空间和图像空间间进行的。纹理空间中最小单位为纹素（Texel），用(s,t)坐标表示。为了便于贴图，物体表面一般使用双参数(u,v)来表示。图像空间即屏幕空间的最小单元为像素，用设备坐标(x,y)表示。有两种方法可实现3个空间的映射：一是从纹素出发，映射至物体空间，再映射至屏幕空间；二是从像素出发，映射至物体空间，再映射至纹理空间。第一种方法从纹素出发，它有一个不利因素，那就是纹素对应的物体小面片常常与像素的边界不匹配，这就需要计算该物体小面片对应的若干像素的覆盖率。因而常常采用第二种方法，即把一个像素的4个角点映射至物体表面后再映射至纹理坐标的4个值，对这4个纹理值加权平均即为所求像素点的值。图6-50所示是第二种方法。

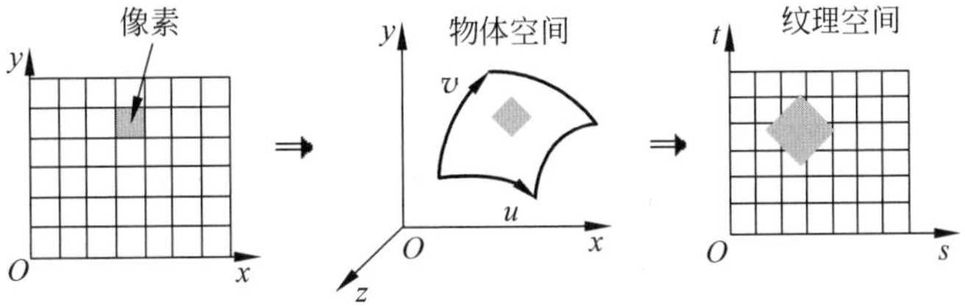

图6-50　从像素映射到物体空间，再映射到纹理空间

在纹理贴图中一般需要指明纹理值将影响光照计算中的哪一个分量，如果被映射的物体表面未参数化，则还要指定纹理图上的s,t坐标映射到物体表面的坐标映射方式，即要指定贴图坐标。

纹理图贴到物体表面的过程实际上是用一个纹理位图调制并影响物体表面的某一种属性（如表面粗糙度、反射度、透明度等）的过程。根据调制属性的不同可以分为以下几种。

（1）漫反射贴图（Diffuse Mapping）：通常用一个图案或图像改变表面的颜色参数，从而改变物体的外观。具体作用多少，可用百分比来调节，从而生成一个表面颜色与图案或图像颜色相混合的颜色。例如，模拟一个木质物体，可以把木纹图案扫描或用绘图软件绘制，然后作为纹理图贴到这个物体的表面并设置百分比为100%即可。

（2）凸凹贴图（Bump Mapping）：通常用一个灰度图案来控制物体的法线从而改变物体表面的粗糙度，以造成凹凸不平的感觉。这种贴图并不真正使几何形状改变，这从物体的轮廓仍是贴图之前的光滑形状可以看出来。从计算机图形学的观点看，这是通过法向扰动的方法实现的。该方法采用扰动函数对物体表面的法矢量进行干扰，即在表面每一点上沿其表面法向附加一个新的矢量。这种干扰不影响表面的大致形状，但对表面该点处的法线产生较大的扰动作用，结果是影响光照计算公式，从而使表面呈现坑坑洼洼、凹凸不平的样子。

（3）反射贴图（Reflection Mapping）：用来模拟物体表面具有反射周围环境的效果，它采用一个反映周围环境的图像，按一定百分比迭加在物体的原有材质上的方法实现，这是一种不使用光线跟踪算法的情况下能够模拟来自四周光线反射的贴图方式。

（4）透明贴图（Opacity Mapping）：通常用一个灰度图像来调制物体各部分的透明程

度，这在模拟通过一个不太干净的玻璃观察景象的时候很适用。也可以用它感觉把物体穿一个孔但并非真正构造一个孔。比如要建成一排栅栏，不一定采用许多细长的矩形间隔相等地排列起来的方法，而是可以用一个具有栅栏的图形进行透明贴图，该图的栅栏中间的缝隙设置成黑色。

(5) 光亮度贴图(Shininess Mapping)：用一个位图的灰度值来调制物体表面的光亮度参数，即用该位图的灰度值按一定百分比值与光亮度参数相结合。光亮度贴图可用于模拟具有部分区域有光亮度的材料，如带锈斑的金属、带指纹的玻璃、刷上漆的木料。

(6) 镜面反射贴图(Specularity Mapping)：改变表面的镜面高光的颜色与强度。用它可以模拟各种材料，如模拟能反射各种色谱和亮度的金属或金属油漆等。

(7) 自发光贴图(Luminosity Mapping)：使用一个位图来模拟物体内部发出的光。例如，可以模拟弄脏了的半透明灯罩。

(8) 折射贴图(Refraction Mapping)：一种在软件不支持光线跟踪时模拟光线折射效果的贴图方式。

(9) 位移贴图(Displacement Mapping)：利用一个位图的灰度值使物体的表面对应各点的形状沿各自法线方向作一定位移，从而构造像地形等凹凸不平的表面。构造时要注意有足够的构造分辨率，并且精确把握位图的灰度值与灰度范围。与上述凹凸贴图不同的是，这种贴图确实改变了物体的几何形状，从而满足了某些场合下的造型要求。

(10) 环境贴图：一种模拟全局反射效果的方法。在一些动画软件中，为实现环境贴图，一般使用一个封闭的空间(如立方体)，在此空间的内壁上定义反映周围环境的图像。系统能把所设置的密闭空间上的背景图像模拟物体的真实环境进行自动计算，从而生成带有真实环境反射的效果。

用户通过贴图坐标能够定义被贴纹理图的位置、方位和比例等参数。有 4 种基本贴图坐标。①平面贴图坐标：平面贴图方式就如把整个纹理图一齐按所设定的垂直于物体表面的方向贴向物体，这样与贴图方向平行的地方可能出现纹理拉长的情况，主要用于给扁平物体贴图，它能精确定位纹理的位置，不会出现像其他贴图坐标中引起变形的情况。②柱面贴图坐标：为圆柱形，这种贴图过程是把纹理图围绕物体的四周弯曲一圈后直至纹理图的两边包过来相接，在相接处可能有一条缝需要处理，同时在其顶部和底部会出现拉长变形的现象。③球面贴图坐标：为球形，具体贴图过程是，首先像柱面坐标一样将图绕物体卷过来，然后将顶部和底部变形并收缩在一起，这种收缩会引起不希望的畸变效果，但是为了使贴图效果更加真实，可以将纹理图预先作反向变形，以使贴图后的变形得到修正，从而得到期望的结果。④立方体贴图坐标：贴图是把图像按坐标的 6 个方向给物体的不同方位的表面施加纹理图。此外，还经常使用自动产生于物体的拉伸、扫描和蒙皮等放样过程中的放样坐标，但是这些放样物体经过变形后其坐标也随之变化，这样，在贴图时坐标的对应关系也将沿着放样路径和截面两方向展开并与物体的表面走向一致，从而达到真实可信的效果。

2. 阴影生成

阴影是指景物中那些没有被光源直接照射到的区域。在计算机生成的真实感图形中，阴影可以反映画面中景物的相对位置，增加图形的立体感和场景的层次感，丰富画面的真实感效果。阴影可分为本影和半影两种。本影即景物表面上那些没有被光源(景物中所有特定光源的集合)直接照射的部分，而半影指的是景物表面上那些被某些特定光源(或特定光源的一部分)直接照射但并非被所有特定光源直接照射的部分。本影加上在它周围的半影组成软影区域(即影子边缘缓慢的过渡区域)。显然,单个点光源照明只能形成本影,多个点光源或线(面)光源才能形成半影。阴影区域的明暗程度和形状与光源有密切的关系。一般来说,半影的计算比本影要复杂得多,这是由于计算半影首先要确定线光源和面光源中对于被照射点未被遮挡的部分,然后再计算光源的有效部分向被照射点辐射的光能。由于半影的计算量较大,在许多场合,只考虑本影,即假设环境由点光源或平行光源照明。

阴影在真实感显示中起了很重要的作用,阴影提供了空间景物的位置和方位之间的相对关系。解决阴影计算的任务是计算阴影的形状和阴影的强度,经典的阴影计算方法是在Phong 模型的基础上只考虑直接照射的情况。如果表面上一点可以看到一个光源,那么就计算它的光强,并简单地加到该点的颜色值上。相反,如果表面上一点处于阴影中,那么计算这个点的颜色时就不必考虑造成这影子的那个光。如图 6-51 中 A 点处可以看到光源 L,而 B 点看不到这光源,因而在计算 A 时要考虑光源 L,计算 B 时就不考虑了。在图 6-51 中由于只使用点光源,因而使得阴影有明显的边缘,即从有阴影到无阴影之间有明显的界线。实际的情况是,常常存在过渡区域。图 6-52 中显示了阴影分为半影区和本影区的情况,本影区是阴影中光源完全照不到的部分,半影区是部分照射到的那部分。

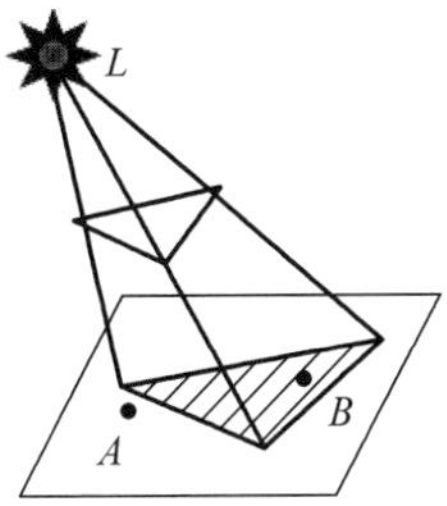

图 6-51 形成明显边缘的阴影图

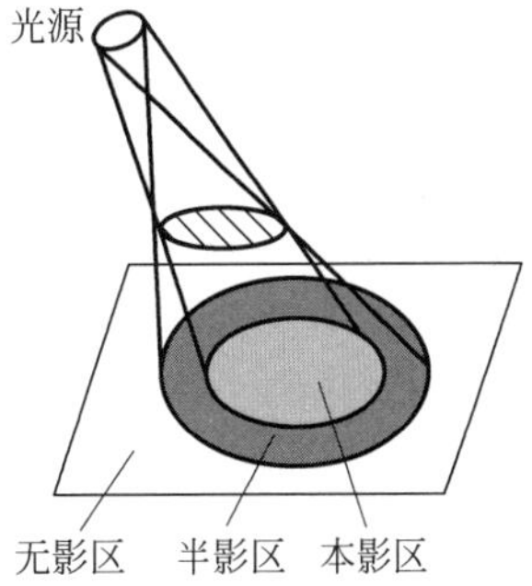

图 6-52 阴影分为半影区和本影区的情况

大多数的阴影生成算法通常分为两步。第一步只计算与光源有关的阴影信息,它与视点无关。第二步考虑视点,将第一步的信息加到阴影的生成中。

也可以用隐藏面算法确定出产生阴影的区域。将视点置于光源位置,可根据算法确定出在光源位置观察哪些面片不可见,这就是阴影区域。一旦对所有光源确定出阴影区域,这些阴影可看作表面图案而保存于模式数组中。图 6-53 显示了表面上的两个物体和一个远处光源生成的阴影,图中的所有阴影区域即为在光源位置所看不见的面片,其中场景表示由多个物体所产生的阴影效果。

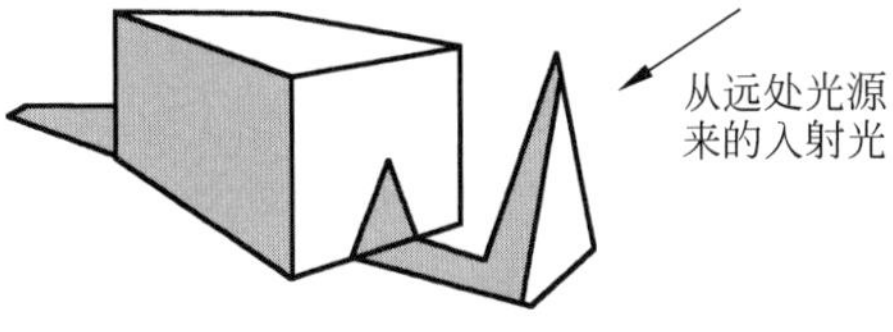

图 6-53 多个物体形成的阴影

只要光源位置不变,则对于任意选定的观察位置,由隐藏面算法所生成的阴影图案均是正确的。从视点所看到的物体表面可根据光照模型结合纹理因素来绘制。我们既可显示仅考虑环境光影响的阴影区域，也可将环境光与特定的表面纹理相结合。

计算本影从原理上来说非常简单，因为光源在景物表面上产生的本影区域均为它们的隐藏面。若取光源为观察点，那么在景物空间中实现的任何隐藏面算法都可用于本影的计算。实际中，需根据阴影计算的特点考虑如何减少时间耗费。下面简单介绍几种典型的本影生成算法。

1）曲影域多边形算法

对用多边形表示的物体，一种计算本影的方便方法是使用影域多边形。由于物体对光源形成遮挡后在它们后面形成一个影域，如图 6-54 所示的三角形物体，在光源的照射下，三角形物体在矩形上产生阴影。所谓影域（有时也称阴影体），就是物体投射出的台体。确定某点是否落在阴影中只要判别该点是否位于影域中即可。环境中物体的影域定义为视域多面体和光源入射光在景物空间中被该物体轮廓多边形遮挡的区域的空间布尔交。组成影域的多边形称为影域多边形。

为了判别可见多边形的某部分是否位于影域内，可将影域多边形置入景物多边形表中。位于同一影域多面体两侧面之间的任何面均按阴影填色。注意，影域多边形只是假想面，它作为景物空间中阴影区域的分界面，故无须着色处理。在使用扫描线算法生成画面时，可通过以下处理进行阴影判断：设 $S_1, S_2, \cdots, S_N$ 为当前扫描线平面和 N 个影域多边形的交线，P 为当前扫描线平面与景物多边形的交线（见图 6-55）。若连接视点与 P 上任一点的直线需穿越偶数（包括 0）个同一光源生成的影域多边形 S_i，则该点不在阴影中；否则该点在阴影中。在图 6-55 中，扫描线区间Ⅰ和Ⅲ中的 P 不在阴影中，但在区间Ⅱ内，P 位于阴影区域内。如果规定影域是凸多面体，影域多边形均取外法向量，那么可根据 P 前后两侧的影域多边形属于前向面（其法矢量和视线矢量夹角小于 $\pi/2$ 的影域多边形）或后向面（其法矢量和视线矢量夹角大于 $\pi/2$ 的影域多边形）来确定阴影点。若沿视线方向，P 上任一点的后面有一后向面，前面有一前向面，那么该点必在阴影中，否则该点不在阴影中。使用影域多边形计算本影的方便之处在于不必专门编制阴影程序，而只需对现有的扫描线消隐算法稍加修改即可。

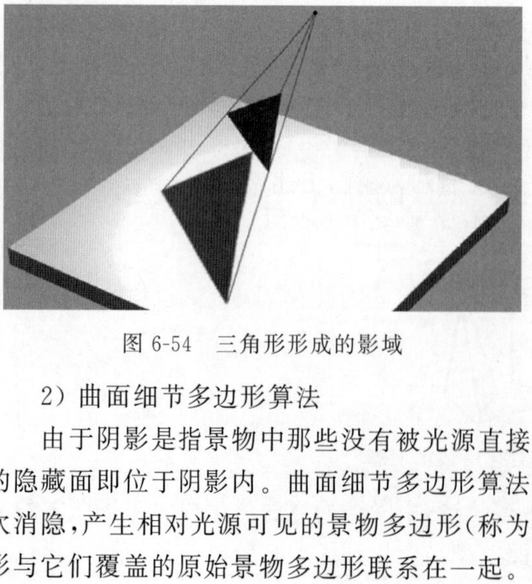

图 6-54　三角形形成的影域

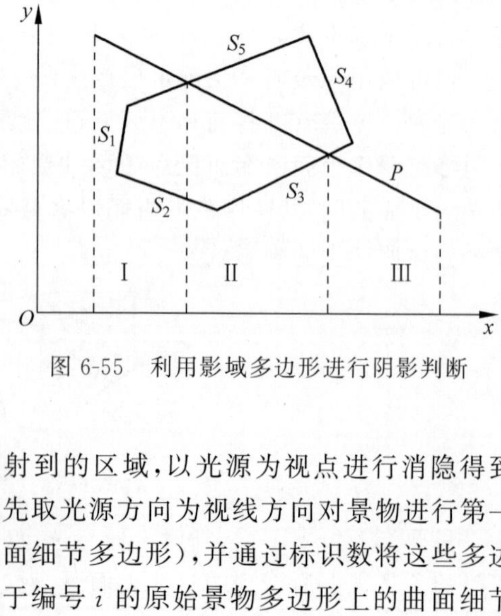

图 6-55　利用影域多边形进行阴影判断

2）曲面细节多边形算法

由于阴影是指景物中那些没有被光源直接照射到的区域，以光源为视点进行消隐得到的隐藏面即位于阴影内。曲面细节多边形算法首先取光源方向为视线方向对景物进行第一次消隐，产生相对光源可见的景物多边形（称为曲面细节多边形），并通过标识数将这些多边形与它们覆盖的原始景物多边形联系在一起。位于编号 i 的原始景物多边形上的曲面细节

多边形也注以编号 i。接着算法取视线方向对景物进行第二次消隐。注意曲面细节多边形在第二次消隐中无须予以考虑,但它们影响点的亮度计算。如果多边形某部分相对视点可见,但没有覆盖曲面细节多边形,那么这部分的光亮度按阴影处理。反之,如果某部分可见但为曲面细节多边形所覆盖,则计算这部分点的光亮度时需计入相应光源的局部光照明效果。由于曲面细节多边形在景物空间中保存了整个场景的阴影信息,因此它不仅可用于取不同视线方向时对同一场景的重复绘制,而且还可用于工程分析计算。

3) z 缓冲器算法

上述两种阴影生成算法适合于处理多边形表示的景物,但对于光滑曲面片上的阴影生成,它们就显得无能为力了。一种解决方法是将曲面片用许多小的多边形去逼近,但阴影生成的计算量将大为增加。Williams 提出一种 z 缓冲器算法可以较方便地在光滑曲面片上生成阴影。这种方法亦采用两步法。首先,利用 z 缓冲器消隐算法取光源为视点对景物进行消隐,所有景物均变换到光源坐标系,此时 z 缓冲器(称为阴影缓冲器)中存储的只是那些离光源最近的景物点的深度值,而并不进行光亮度计算。第二步,仍采用 z 缓冲器消隐算法按视线方向计算画面,将每一像素可见的曲面采样点变换至光源坐标系,并用光源坐标系中曲面采样点的深度值和存储在阴影缓冲器对应位置处光源可见点的深度值进行比较,若阴影缓冲器中的深度值较小,则说明该曲面采样点从光源方向看不可见,因而位于阴影中。z 缓冲器方法的优点是能处理任意复杂的景物,计算耗费小,程序亦简单。它的缺点是阴影缓冲器的存储耗费较大,当光源方向偏离视线方向较远时,在阴影区域附近会产生图像走样。Reeves 等在 1986 年提出了一种克服图形走样的 z 缓冲器阴影生成算法,并成功地将它应用于著名的真实感图形绘制系统 REYES 中。

4) 光线跟踪算法

1980 年 Whitted 提出了整体光照明模型,并用光线跟踪(Raytracing)技术来解这个模型。在光线跟踪算法中,要确定某点是否位于某个光源的阴影内,只要从该点出发向光源发出一根测试光线即可。若测试光线在到达给定光源之前和其他的景物相交,那么该点位于给定光源的阴影中,否则受到该光源的直接照射。用光线跟踪技术可以方便地模拟软影和透明阴影。

5) 线光源的软阴影

上面算法只适用于点光源的情况。点光源导致的结果是阴影部分和受照射部分的界限过于明显,而真实世界中的光源都是有一定面积的,因而产生的阴影并不是突变的,而是渐影,称为硬阴影。可以将一个光源用多个点光源来表示,这样,上述两种方法都可以生成软阴影。但是,要达到较好的效果,需要将一个光源用非常多个点光源来表示。如果将一个光源用 8 个点光源来表示,这样阴影有 8 级灰度,但是这样使得性能降低为原来的 1/8,不能满足实时的需求。当光源的一边长度明显大于另一边时,如日光灯之类的光源,将光源抽象为线光源是一个很好的选择。然而,线光源同样有采样数目的问题,只有表示线光源的点光源数目非常多,才可能产生平滑的软阴影。在 Wolfgang Heidrich 的文章中,提出了使用阴影贴图为线光源生成软阴影的方法。他的方法中,只需将线光源用两个点光源表示,就可以产生多级灰度,大大提高了绘制速度和阴影的真实度。方法如下。

(1) 将线光源抽象为两个点光源 A 和 B,分别是线光源的两端。

(2) 从点 B 处沿观察方向绘制物体,利用生成的深度缓存生成边界多边形,如 PQ。

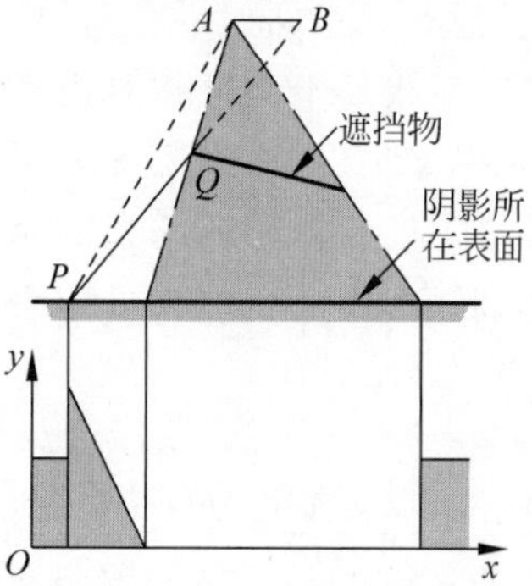

图 6-56 A 点的可见度通道

(3) 将边界多边形位于遮挡物上的点的颜色设为(0,0,0),位于阴影所在表面上的点的颜色设为(1,1,1),背景颜色设为(0.5,0.5,0.5),两个通道组合后,颜色将为(1,1,1),使得这些位置的物体将完全被光源照射。从点 A 处沿观察方向绘制边界多边形,可得到图 6-56 中下面部分的可见度值,称为 A 点的可见度通道。

(4) 同样的方法生成 B 点的可见度通道。

(5) 将两个通道组合,得到线光源可见度通道,表示了线光源产生的阴影变化。

如果光源的形状不满足一边远远长于另一边,仍旧将光源抽象为线光源就不太合适了。获取面光源的边界,将每一条边界表示为一个线光源,就完成了 Heidrich 的线光源方法的扩展。但是,这样扩展出来的阴影在阴影过渡区域是线性变化的,当过渡区域比较大时,线性变化的阴影不够真实。

3. 透明处理

对于如窗玻璃一类的对象,我们可以看到后面的东西,则称该对象为透明的,而透过毛玻璃和某些塑料等观察对象常常是模糊、辨认不清的,这种对象为半透明的,透过该对象的光在各方向漫射。

通常,透明物体表面上会同时产生反射光和折射光,折射光的相关贡献取决于表面的透明程度以及是否有光源或光照表面位于透明表面之后,如图 6-57 所示。当要表示一个透明表面时,光强度计算公式必须将穿过表面的光线的贡献包括进去。在大多数情况下,折射光线穿过透明表面会增加表面的总光强度。

在透明物体的表面,可能同时发生漫折射和镜面折射。当表示半透明物体时,漫折射效果更明显。可通过减少折射光线强度和将发光体上每点处的光强度贡献扩展至一个有限区域的方法来生成折射效果,但这些操作很耗时且大多数光照模型仅考虑镜面效果。

当光线落在一个透明物体表面时,它的一部分被反射,另一部分被折射,如图 6-58 所示。由于不同物体中的光线速度不同,折射光线的路径与入射光线也不同。折射光线的方向,即折射角 θ_r 是关于各材质的折射率及入射方向的函数。材质的折射率被定义为光线在真空中的速度与光线在物质中的速度的比率。折射角 θ_r 可由入射角 θ_i,入射物质的折射率 η_i(通常为空气)及折射物质的折射率 η_r 计算出来,根据 Snell 定律可得 $\sin\theta_r=\left(\frac{\eta_i}{\eta_r}\right)\sin\theta_i$。

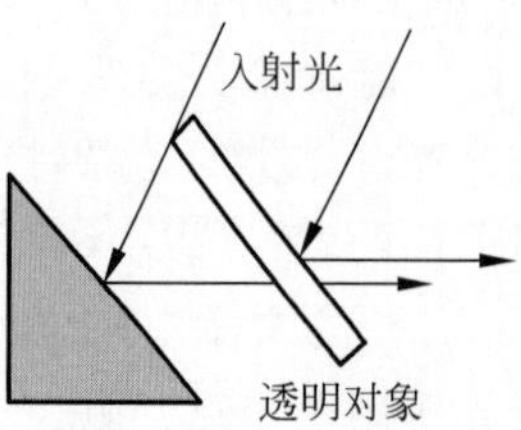

图 6-57 从一个透明表面发散出来的光线通常由反射光和折射光两部分组成

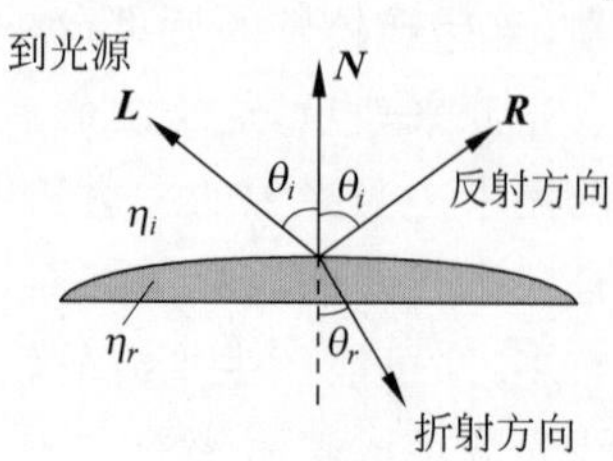

图 6-58 一束光线落在折射率为 η_r 的对象的表面上所产生的反射光线 $\boldsymbol{R}$ 及折射光线 $\boldsymbol{T}$

事实上,材料的折射率也依赖于其他参数,如材料的温度和入射光的波长。这样,入射白光的各种彩色成分以不同角度折射，按温度而变化。而有些透明材料表现为双重折射，即生成两个折射光。图 6-59 表示一束光线折射穿过一个薄玻璃片所经历的路径变化。折射的最终结果是折射出来的光束方向平行于入射光线，且将入射光线在离开该材料时进行平移。因此，也可以简单地将入射光路径平移一个小的位移来表示给定材料的折射效果，避免应用 Snell 定律中很费时的三角函数计算。

根据 Snell 定律及图 6-59 中折射时的光线关系，可得折射方向 θ_r 上的单位透射矢量 $\boldsymbol{T}$ 为

$$\boldsymbol{T}=\left(\frac{\eta_i}{\eta_r}\cos\theta_i-\cos\theta_r\right)\boldsymbol{N}-\frac{\eta_i}{\eta_r}\boldsymbol{L}$$

其中，$\boldsymbol{N}$ 为物体表面单位法向量，$\boldsymbol{L}$ 为光源方向单位矢量。透射矢量 $\boldsymbol{T}$ 可用于计算折射光与透明面片后的物体的交点。考虑场景中的折射效果可生成高度真实感的图形，但折射路径和对象求交需要相当大的计算量。

一个简单的表示透明物体的方法是不考虑折射导致的路径平移，该方法加速了光强度的计算，并对于较薄的多边形表面可生成合理的透明效果。可以仅用透明系数 k_t 将由背景物体穿过表面的透射强度 I_{trans} 与由透明表面发出的反射强度 I_{refl} 结合在一起（图 6-60 所示）。若给定参数 k_t 一个 0 与 1 之间的值以标识多少背景光线被透射，则物体表面的总的光强度可表示为

$$I=(1-k_t)I_{\text{refl}}+k_tI_{\text{trans}}$$

其中，项$(1-k_t)$为透明因子。例如，如果设定透明因子为 0.2，则 20%的背景光与 80%的反射光相混合。

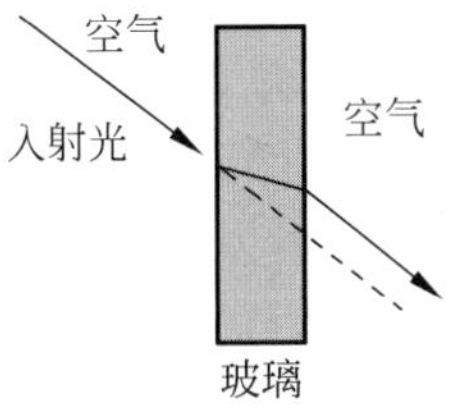

图 6-59 穿过薄玻璃片的一束光线的折射

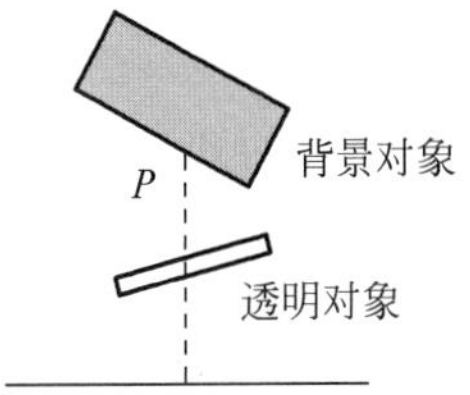

图 6-60 点 P 处的光强度与经过透明物体表面的反射强度结合考虑

对于高度透明的物体，可将 k_t 设置为接近 1 的值，而几乎不透明的物体仅由背景物体透射出极少的光，则可设置 k_t 的值接近 0（透明接近 1）。也可以将 k_t 设置为一个关于物体表面的函数，这样物体的不同部分可以根据 k_t 的值来决定折射或多或少的背景光强度。

另外，人们常常用深度缓冲器（Z-buffer）算法来实现透明效果。最简单的方法是先处理不透明物体以决定可见不透明表面的深度，然后将透明物体的深度值与先前存在的深度缓冲器中的值进行比较，若所有透明的物体表面均可见，则计算出反射光强度并与先前存在帧缓冲器中的不透明面的光强度累加。该方法可进行修改以得到更准确的效果，即增加对透明表面深度及其他参数的存贮。这样，透明面间的深度值与不透明面的深度值可以互相进行比较，通过将可见透明面片的强度与其后面的可见不透明面片的强度结合考虑，从而进行绘制。

可以用 A-buffer 算法来准确显示透明和反走样。对每个像素位置，所有覆盖它的面片

都被保存并按深度次序排序。然后根据正确的可见性次序将深度上重叠的透明和不透明的面片的强度结合考虑，以产生该像素点的最终平均强度。

一个深度排序可见性算法可以通过修改来处理透明问题，首先在深度次序上将面片排序，然后确定是否每个可见面均为透明，若发现一个可见的透明面，其反射光强度将与其后部物体表面上的光强度进行结合考虑，以得到投影面上每个像素点的光强度。

6.3 颜色模型及其应用

颜色是一门非常复杂的学科，它涉及物理学、心理学、美学等领域。在软件设计、图像处理、多媒体应用及图形学等领域，颜色都发挥重要的作用。特别是真实感图形生成的效果，很大程度取决于对颜色的处理和正确表达。

6.3.1 颜色的基本知识

1. 颜色的基本概念

颜色是外来的光刺激作用于人的视觉器官而产生的主观感觉。因而物体的颜色不仅取决于物体本身，还与光源、周围环境的颜色，以及观察者的视觉系统有关系。有些物体(如粉笔、纸张)只反射光线，有些物体(如玻璃、水)既反射光、又透射光，而且不同的物体反射光和透射光的程度也不同。一个只反射纯红色的物体用纯绿色照明时，呈黑色。类似地，从一块只透射红光的玻璃后面观察一道蓝光，也是呈黑色。正常人可以看到各种颜色，全色盲患者则只能看到黑、白、灰色。

从心理学和视觉的角度出发，颜色有如下三个特性：色调(Hue)、饱和度(Saturation)和亮度(Lightness)。所谓色调，是一种颜色区别于其他颜色的因素，也就是我们平常所说的红、绿、蓝、紫等；饱和度是指颜色的纯度，鲜红色的饱和度高，而粉红色的饱和度低。与之相对应，从光学和物理学的角度出发，颜色的三个特性分别为：主波长(Dominant Wavelength)、纯度(Purity)和明度(Luminance)。主波长是产生颜色光的波长，对应于视觉感知的色调；光的纯度对应于饱和度，而明度就是光的亮度。这是从两个不同方面来描述颜色的特性。亮度和明度这两个概念稍有不同，但又难于严格区分。通常亮度是指发光体本身所发出的光为眼睛所感知的有效数量(高—低)，而明度是指本身不发光而只能反射光的物体所引起的一种视觉(黑—白)。物体的亮度或明度决定于眼睛对不同波长的光信号的相对敏感度。

由于颜色是因外来光刺激而使人产生的某种感觉。从根本上讲，光是人的视觉系统能够感知到的电磁波，它的波长为380～780nm，这段光波称为可见光，正是这些电磁波使人产生了红、橙、黄、绿、青、蓝、紫等颜色的感觉。而对于某些波长太长(如红外线)和某些波长太短(如紫外线)的电磁波，人眼是看不到的。

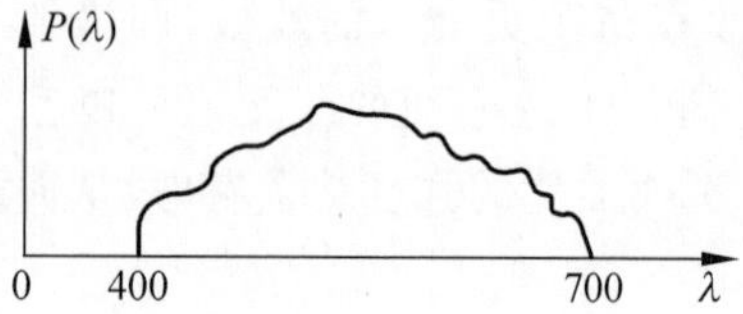

图 6-61 某种颜色光的光谱能量分布

如图6-61所示，光可以由它的光谱能量$P(\lambda)$来表示，其中λ是波长。当一束光的各种波长的能量大致相等时，我们称其为白光；否则，称其为彩色光；若一束光中，只包含一种波长的能量，其他波长都为零时，称其为单色光。事实上，我们可以用主波长、纯度和明度来简洁地描述任何光谱分布的视觉效果。但是由实验结果知道,光谱与颜色的对应关系是多对一的,也就是说,具有不同光谱分布的光产生的颜色感觉是有可能一样的。我们称两种光的光谱分布不同而颜色相同的现象为“异谱同色”。由于这种现象的存在,我们必须采用其他定义颜色的方法,使光本身与颜色一一对应。

在物理学上对光与颜色的研究发现,颜色具有恒常性。即人们可以根据物体的固有颜色来感知它们,而不会受外界条件变化的影响。颜色之间的对比效应能够使人区分不同的颜色。颜色还具有混合性,牛顿在17世纪后期用棱镜把太阳光分散成光谱上的颜色光带,用实验证明了白光是由很多颜色的光混合而成。19世纪初,Yaung提出一种假设,某一种波长的光可以通过三种不同波长的光混合而复现出来,且红(R)、绿(G)、蓝(B)三种单色光可以作为基本的颜色——原色,把这三种光按照不同的比例混合就能准确的复现其他任何波长的光,而它们等量混合就可以产生白光。后来,Maxwell用旋转圆盘所作的颜色混合实验验证了Yaung的假设。在此基础上,1862年,Helmhotz进一步提出颜色视觉机制学说,即三色学说,也称为三刺激理论。用三种原色能够产生各种颜色的三色原理已经成为当今颜色科学中最重要的原理和学说。

近代的三色学说研究认为,人眼的视网膜中存在着三种锥体细胞,它们包含不同的色素,对光的吸收和反射特性不同,对于不同的光就有不同的颜色感觉。研究发现,第一种锥体细胞专门感受红光,第二和第三种锥体细胞则分别感受绿光和蓝光。它们三者共同作用,使人们产生了不同的颜色感觉。例如,当黄光刺激眼睛时,将会引起红、绿两种锥体细胞几乎相同的反应,而只引起蓝细胞很小的反应,这三种不同锥体细胞的不同程度的兴奋程度的结果产生了黄色的感觉,这与颜色混合时,等量的红和绿加上极小量的蓝色可以复现黄色是相同。三色学说是我们真实感图形学的生理视觉基础,我们所采用的RGB颜色模型,以及计算机图形学中其他的颜色模型都是根据这个学说提出来的。我们根据三色学说用RGB来定义我们的颜色,三色学说是我们颜色视觉中最基础、最根本的理论。

2. CIE三色图

由三色学说的原理,我们知道任何一种颜色可以通过红、绿、蓝三原色按照不同比例混合来得到。可是,给定一种颜色,采用怎样的三原色比例才可以复现出该色,以及这种比例是否唯一,是我们需要解决的问题,只有解决了这些问题,我们才能给出一个完整的用RGB来定义颜色的方案。

CIE(国际照明委员会)选取的标准红、绿、蓝三种光的波长分别为:红光(R),$\lambda_1=700\text{nm}$;绿光(G),$\lambda_2=546\text{nm}$;蓝光(B),$\lambda_3=435.8\text{nm}$。而光颜色的匹配可以用式子表示为

$$C=rR+gG+bB$$

其中,权值r、g、b为颜色匹配中所需要的R、G、B三色光的相对量,也就是三刺激的值。1931年,CIE给出了用等能标准三原色来匹配任意颜色的光谱三刺激值曲线(如图6-62所示),这样的一个系统被称为CIE-RGB系统。

在上面的曲线中我们发现,曲线的一部分三刺激值是负数,这表明我们不可能靠混合红、绿、蓝三种光来匹配对应的光,而只能在给定的光上叠加曲线中负值对应的原色,来匹配另两种原色的混合。由于实际上不存在负的光强,而且这种计算极不方便,不易理解,人们希望找出另外一组原色,用于代替CIE-RGB系统,因此,1931年的CIE-XYZ系统利用三种

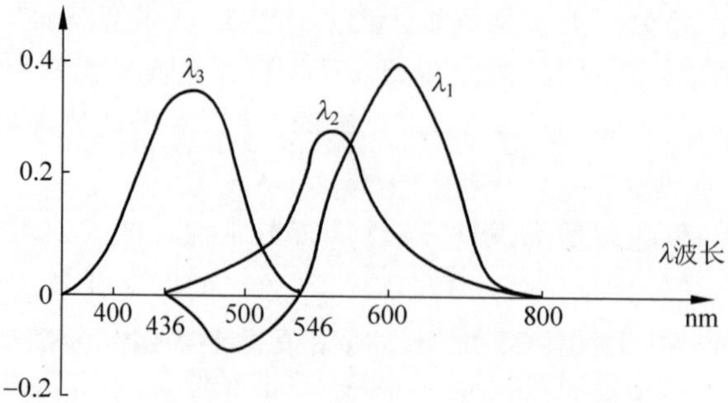

图 6-62　标准三原色匹配任意颜色的光谱三刺激值曲线

假想的标准原色 X(红)、Y(绿)、Z(蓝),以便使我们能够得到的颜色匹配函数的三刺激值都是正值。类似地,该系统的光颜色匹配函数定义为下式

$$C = xX + yY + zZ$$

在这个系统中,任何颜色都能由三个标准原色的混合(三刺激值是正的)来匹配。这样我们就解决了用怎样的三原色比例混合来复现给定的颜色光的问题,下面我们来介绍一下得到的上述比例是否唯一的问题。

我们可以知道,用 R、G、B 三原色(实际上是 CIE-XYZ 标准原色)的单位向量可以定义一个三维颜色空间,一个颜色刺激(**C**)就可以表示为这个三维空间中一个以原点为起点的向量,我们把该三维向量空间称为(R、G、B)三刺激空间,该空间落在第一象限,该空间中的向量的方向由三刺激的值确定,因而向量的方向代表颜色。为了在二维空间中表示颜色,我们取一个截面,该截面通过(R)、(G)、(B)三个坐标轴上离原点长度为 1 的点,可知截面的方程为$(R)+(G)+(B)=1$。该截面与三个坐标平面的交线构成一个等边三角形,它被称为色度图。每一个颜色刺激向量与该平面都有一个交点,因而色度图可以表示三刺激空间中的所有颜色值,同时交点的个数是唯一的,说明色度图上的每一个点代表不同的颜色,它的空间坐标表示该颜色在标准原色下的三刺激值,该值是唯一的。对于三刺激空间中坐标为 X、Y、Z 的颜色刺激向量 $\boldsymbol{Q}$,它与色度图交点的坐标(x,y,z)即三刺激值也被称为色度值,有如下的表示:

$$x + y + z = 1$$

$$x = \frac{X}{X+Y+Z}$$

$$y = \frac{Y}{X+Y+Z}$$

$$z = \frac{Z}{X+Y+Z}$$

我们把可见光色度图投影到 XY 平面上,所得到的马蹄形区域称为 CIE 色度图(如图 6-63 所示),马蹄形区域的边界和内部代表了所有可见光的色度值。因为 $x+y+z=1$,所以只要二维的 x、y 的值就可确定色度值。色度图的边界弯曲部分代表了光谱纯度为百分之百的某种色光。CIE 色度图有许多种用途,如计算任何颜色的主波长和纯度,定义颜色域来显示颜色的混合效果等,色度图还可用于定义各种图形设备的颜色域,由于篇幅的原因,我们在这里不再详细介绍了。

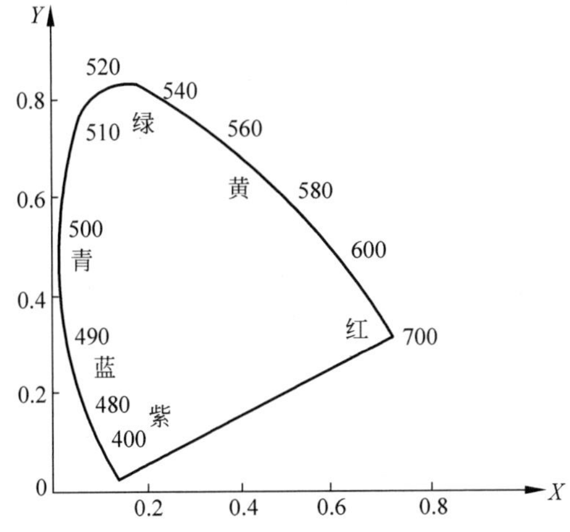

图 6-63 CIE 色度图

虽然色度图和三刺激值给出了描述颜色的标准精确方法，但是，它的应用还是比较复杂的，在计算机图形学中，通常使用一些通俗易懂的颜色系统，我们将在下一节介绍几个常用的颜色模型，它们都是基于三维颜色空间讨论的。

6.3.2 颜色模型

所谓颜色模型就是指某个三维颜色空间中的一个可见光子集，它包含某个颜色域的所有颜色。例如，RGB 颜色模型就是三维直角坐标颜色系统的一个单位正方体。颜色模型的用途是在某个颜色域内方便地指定颜色，由于每一个颜色域都是可见光的子集，所以任何一个颜色模型都无法包含所有的可见光。大多数的彩色图形显示设备一般都是使用红、绿、蓝三原色，我们也主要使用 RGB 颜色模型，但是红、绿、蓝颜色模型用起来不太方便，它与直观的颜色概念如色调、饱和度和亮度等没有直接的联系。在本节中，我们除了讨论 RGB 颜色模型，还要介绍常见的 CMY、HSV 等颜色模型。

1. RGB 颜色模型

RGB 颜色模型通常用于彩色阴极射线管等彩色光栅图形显示设备中，它是我们使用最多、最熟悉的颜色模型。该颜色模型基于三刺激理论，即我们的眼睛通过光对视网膜的锥状细胞中的三种视色素的刺激来感受颜色，而三种色素分别对波长为 630nm（红色）、530nm（绿红色）和 450nm（蓝色）的光最敏感。通过对光源的强度比较，我们来感受光的颜色。而基于红、绿、蓝三种基色来组合颜色的原理，就称为 RGB 颜色模型。

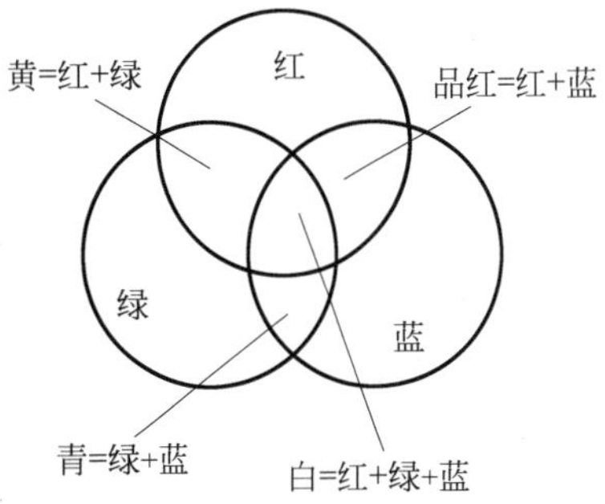

图 6-64 RGB 三基色的混合效果

RGB 颜色模型采用三维直角坐标系，红、绿、蓝为原色，各个原色混合在一起可以产生复合色，如图 6-64 所示。

RGB 颜色模型通常采用如图 6-65 所示的单位立方体来表示，在正方体的主对角线上，各原色的强度相等，产生由暗到明的白色，也就是不同的灰度值。(0，0,0)为黑色，(1,1,1)为白色。正方体的其他 6 个角点分别为红、黄、绿、青、蓝和品红。需要注意的一点是,RGB颜色模型所覆盖的颜色域取决于显示设备荧光点的颜色特性,是与硬件相关的。

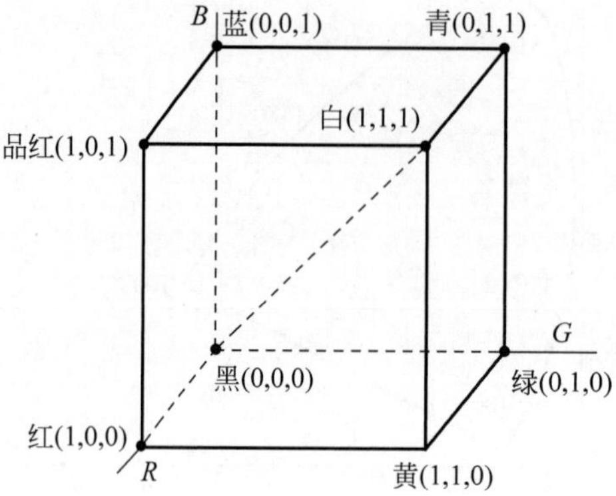

图 6-65 RGB颜色模型,在立方体内的颜色用三基色的加性组合来描述

RGB颜色模型是一个加色模型,多种基色的强度加在一起生成另一种颜色。立方体边界中的每一个颜色点都可以表示三个基色的加权向量和,用单位向量 $\boldsymbol{R}$、$\boldsymbol{G}$ 和 $\boldsymbol{B}$ 表示如下:

$$C(\lambda)=(r,g,b)=r\boldsymbol{R}+g\boldsymbol{G}+b\boldsymbol{B}$$

其中,r、g 和 b 的值在 0 到 1.0 的范围内。例如,白色(1,1,1)是红色、绿色和蓝色顶点的和,而品红则通过绿色和蓝色相加生成的三元组(0,1,1)获得。灰度则通过立方体的原点到白色的主对角线上的位置进行表示,对角线上每一点是等量的每一种基色的混合。RGB颜色模型主要用在显示器等显示设备上。

另外,还有一点值得注意的是RGB颜色模型所覆盖的颜色域取决于显示器荧光点的颜色特征。颜色域随显示器荧光点的不同而不同。如果想把在某个显示器上的颜色域里所指定的颜色转换到另一个显示器的颜色域中,必须使用从各个显示器颜色空间到CIE颜色空间的变换。变换形式为

$$\begin{bmatrix} X \\ Y \\ Z \end{bmatrix}=\begin{bmatrix} x_r & x_g & x_b \\ y_r & y_g & y_b \\ z_r & z_g & z_b \end{bmatrix}\begin{bmatrix} R \\ G \\ B \end{bmatrix}$$

设变换矩阵 $\boldsymbol{M}$ 为

$$\boldsymbol{M}=\begin{bmatrix} x_r & x_g & x_b \\ y_r & y_g & y_b \\ z_r & z_g & z_b \end{bmatrix}$$

其中,第一行里,x_r、x_g、x_b 是使RGB颜色与 X 匹配的权,y_r、y_g、y_b 是使RGB颜色与 Y 匹配的权,z_r、z_g、z_b 是使RGB颜色与 Z 匹配的权。

假设从两个显示器的颜色域到CIE的变换矩阵分别为 $\boldsymbol{M}_1$ 和 $\boldsymbol{M}_2$。那么,从第一个显示器的RGB空间到另一个显示器的RGB空间的变换矩阵为 $\boldsymbol{M}_2^{-1}\boldsymbol{M}_1$。

2. CMY颜色模型

以红、绿、蓝的补色青(Cyan)、品红(Magenta)、黄(Yellow)为原色构成的CMY颜色模型,常用于从白光中滤去某种颜色,又被称为减性原色系统。CMY颜色模型对应的直角坐标系的子空间与RGB颜色模型所对应的子空间几乎完全相同。差别仅在于前者的原点为

白，而后者的原点为黑。前者是通过在白色中减去某种颜色来定义一种颜色，而后者是通过从黑色中加入颜色来定义一种颜色。

下面我们简单地介绍一下颜色是如何画到纸张上的。当我们在纸面上涂青色颜料时，该纸面就不反射红光，青色颜料从白光中滤去红光。也就是说，青色是白色减去红色。品红颜色吸收绿色，黄色颜色吸收蓝色。现在假如我们在纸面上涂了黄色和品红色，那么纸面上将呈现红色，因为白光吸收了蓝光和绿光，只能反射红光了。如果在纸面上涂了黄色、品红和青色，那么所有的红、绿、蓝光都被吸收，表面将呈黑色。有关的结果如图 6-66 所示。

与 RGB 颜色模型相似，CMY 颜色模型也可采用如图 6-67 所示的单位立方体来表示。

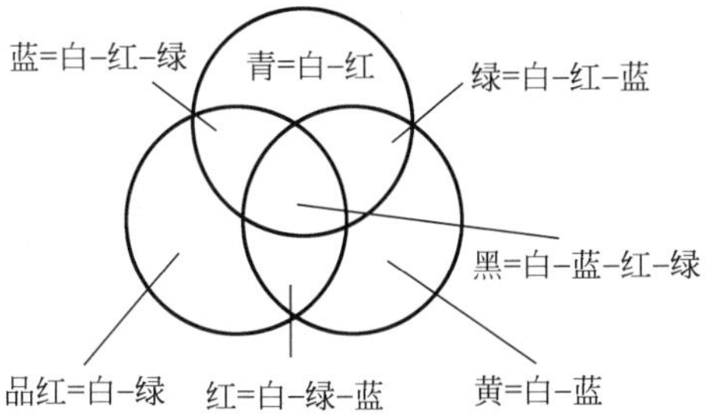

图 6-66 CMY 原色的减色效果

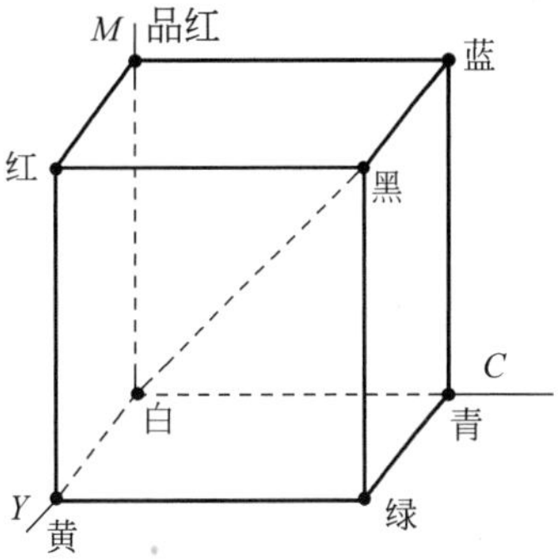

图 6-67 使用单位立方体内的减色处理定义颜色的 CMY 颜色模型

在 CMY 颜色模型的立方体表示中，原点表示白色，点(1,1,1)因为减掉了所有的投射光成分而表示黑色。沿着立方体的对角线，每种基色量均相等而呈现灰色。

我们可以使用一个变换矩阵来表示从 RGB 颜色模型到 CMY 颜色模型的转换：

$$\begin{bmatrix} C \\ M \\ Y \end{bmatrix} = \begin{bmatrix} 1 \\ 1 \\ 1 \end{bmatrix} - \begin{bmatrix} R \\ G \\ B \end{bmatrix}$$

这里，单位列向量表示 RGB 颜色模型系统中的白色。从 RGB 颜色模型系统向 CMY 颜色模型系统转换时，首先设 $K=\max(R,G,B)$，通过变换矩阵计算出来的 C、M、Y 都要减去 K。

同样，也可以使用一个变换把 CMY 颜色模型表示转换为 RGB 颜色模型表示：

$$\begin{bmatrix} R \\ G \\ B \end{bmatrix} = \begin{bmatrix} 1 \\ 1 \\ 1 \end{bmatrix} - \begin{bmatrix} C \\ M \\ Y \end{bmatrix}$$

这里，单位列向量表示 CMY 系统中的黑色。从 CMY 颜色模型系统向 RGB 颜色模型系统转换时，首先设 $K=\min(R,G,B)$，通过变换矩阵计算出来的 R、G、B 都要减去 K。

在使用 CMY 模式的打印处理中，通过 4 个墨点的集合生成颜色点，其中 3 种基色(青、品红和黄)各使用一点，而增加了黑色一点。由于青色、品红色和黄色的混合通常生成深灰色而不是黑色，所以黑色单独包含其中。在绘制彩色图是 3 种基色墨水混合生成各种颜色，而对于黑白图像，就只使用黑色墨水就可以了。因此在实际使用中，CMY 颜色模型也称为 CMYK 颜色模型，其中 K 就是黑色参数。CMYK 颜色模型主要用在彩色打印机和彩色印刷机等设备上。

3. HSV 颜色模型

相比较而言，RGB 与 CMY 颜色模型是偏于硬件的颜色模型，而 HSV 颜色模型是面向用户的，是根据视觉的主观感觉对颜色进行的描述方法。研究和实践表明，人眼不能直接感觉红、绿、蓝的比例，而只能通过感知明暗、色泽和色调来区分物体。因此，HSV 颜色模型的 3 个颜色参数为色调(H)、饱和度(S)和明度值(V)。

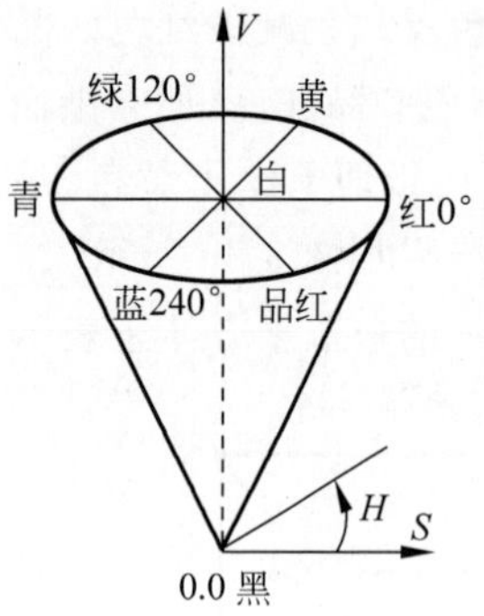

图 6-68 HSV 颜色模型示意图

HSV 颜色模型对应于圆柱坐标系中的一个圆锥子集，如图 6-68 所示。

圆锥的顶面对应于 $V=1$，代表的颜色较亮。色调 H 由绕 V 的旋转角给定：0°对应红色，60°对应黄色，120°对应绿色，180°对应青色，240°对应蓝色，300°对应品红色。从而，在 HSV 颜色模型中，每个颜色和它的补色正好相差 180°。色饱和度 S 取值范围为 0～1，由圆心向圆周过渡。在圆锥的顶点处，$V=0$，H 和 S 无定义，代表黑色，即不同灰度的白色。任何 $V=1$，$S=1$ 的颜色都是纯色。当 $S\neq0$ 时，H 可有相应的值。例如，红色为 $H=0, S=1, V=1$。

HSV 颜色模型对应于画家的配色方法。画家用改变色泽和色深的方法来从某种纯色获得不同色调的颜色。其做法是：具有 $S=1$ 和 $V=1$ 的任何一种颜色相当于画家使用的纯颜色，在一种纯色中加入白色(相当于降低 S 值，而 V 值不变)以改变色泽；加入黑色(相当于降低 V 值，而 S 值不变)以改变色深；同时加入不同比例的白色，即可从黑色(同时降低 S 和 V)中得到不同色调的颜色。这些概念之间的关系可以用一个三角形表示，图 6-69 给出了关于单一颜色的三角形表示，每一纯色的相应三角形排列在位于中央的黑-白轴线的周围，这样可构成一个实用的关于主观颜色的三维表示。

从 RGB 立方体的白色顶点出发，沿着主对角线向原点方向投影，可以得到一个正六边形(如图 6-70 所示)，容易发现，该六边形是 HSV 圆锥顶面的一个真子集。

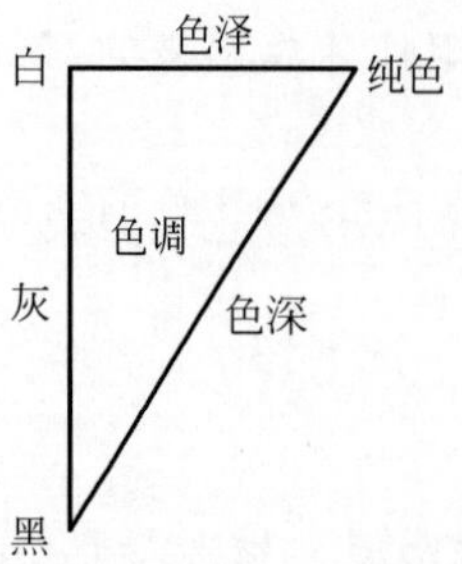

图 6-69 纯色的色泽、色深和色调

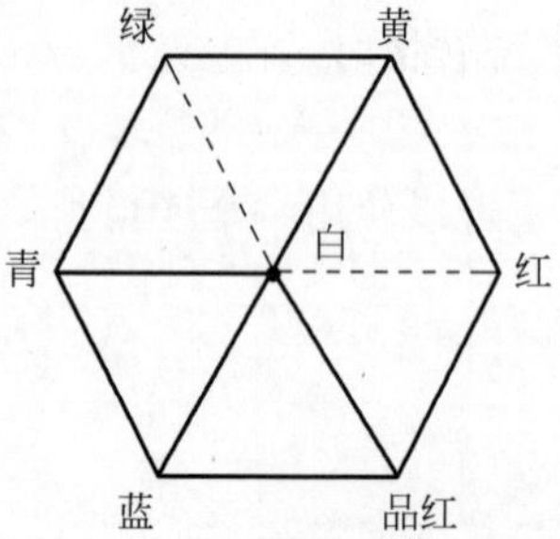

图 6-70 RGB 立方体在其主对角线方向的投影

4. YUV 颜色模型和 YIQ 颜色模型

YUV 颜色模型和 YIQ 颜色模型是两个电视系统的颜色空间。彩色电视信号的带宽是有限的，例如，我国每个频道的带宽约为 8MHz，美国的带宽约为 6MHz。另外，彩色电视信号必须与标准的黑白电视兼容，要求在彩色电视上看起来完全不同的两种颜色在黑白电视上应呈现不同的灰度。因此，彩色电视监视器不使用红、绿、蓝 3 种信号，而是使用组合信号。电视信号的标准也称为电视的制式。目前各国的电视制式并不相同，主要有 NTSC 制、PAL 制和 SECAM 制 3 种。NTSC 制是 1952 年由美国国家电视标准委员会指定的彩色电视广播标准，它采用正交平衡调幅的技术方式，所以也称为正交平衡调幅制。美国、加拿大等大部分西半球国家和日本、韩国和菲律宾等均采用这种制式。PAL 制式是德国在 1962 年指定的彩色电视广播标准，它采用逐行倒相正交平衡调幅技术，克服了 NTSC 制相位敏感造成色彩失真的缺点。德国、英国等西欧国家，新加坡、中国、澳大利亚和新西兰等国家都采用这种制式。SECAM 制式是法国在 1956 年提出，并于 1966 年制定的一种新的彩色电视制式，它的意思为顺序传送彩色信号和存储恢复彩色信号制。SECAM 制式克服了 NTSC 制式相位失真的缺点，采用时间分隔法来传送两个色差信号。法国、东欧和中东一带国家一般采用该制式。

1）YUV 颜色模型

PAL 制和 SECAM 制的彩色电视监视器使用 YUV 颜色模型。该颜色模型由一个亮度信号 Y 和两个色差信号 U、V 组成，在发送端通过编码器按下面公式将 RGB 三基色信号转换为 YUV 视频信号：

$$Y = 0.222R + 0.707G + 0.071B$$
$$U = B - Y$$
$$V = R - Y$$

在接收端通过解码器按下面公式将 YUV 视频信号转换为 RGB 三基色信号：

$$R = Y + V$$
$$G = Y - 0.092U - 0.314V$$
$$B = Y + U$$

由于 PAL 制式的电视采用 D_{65} 作为校准白色，PAL 制式的红、绿、蓝三原色在 CIE-XYZ 系统中的色度坐标分别为(0.64，0.33，0.03)、(0.29，0.60，0.11)和(0.15，0.06，0.79)，因此，从 PAL 制式的 RGB 颜色系统到 CIE-XYZ 颜色系统的变换为

$$\begin{bmatrix} X \\ Y \\ Z \end{bmatrix} = \begin{bmatrix} 0.431 & 0.342 & 0.178 \\ 0.222 & 0.707 & 0.071 \\ 0.020 & 0.130 & 0.939 \end{bmatrix} \begin{bmatrix} R \\ G \\ B \end{bmatrix}$$

其逆变换为

$$\begin{bmatrix} R \\ G \\ B \end{bmatrix} = \begin{bmatrix} 3.065 & -1.394 & -0.476 \\ -0.969 & 1.876 & 0.042 \\ 0.068 & -0.229 & 1.070 \end{bmatrix} \begin{bmatrix} X \\ Y \\ Z \end{bmatrix}$$

2）YIQ 颜色模型

NTSC 制式的彩色电视监视器采用 YIQ 颜色模型系统。考虑到带宽的限制，YIQ 颜色模型中 3 个分量的选取非常严格，第一个分量 Y 表示亮度信息，它等价于 CIE-XYZ 原色系统中的 Y 分量，而色度信息(色彩和纯度)则结合在 I 和 Q 两个分量中。考虑到与黑白电视兼容的需要以及人眼对亮度信息比对色度信息敏感，Y 分量占据了 NTSC 视频信号的大部分带宽(约为 4MHz)，同时，Y 信号中红、绿、蓝三原色以适当的比例混合以获得标准的亮度曲线。第二个分量 I 称为同相信号，包含从橙色到青色的色彩信息，包含了十分重要的皮肤色调，占 1.5MHz 的带宽。而第三个分量 Q 称为正交信号，包含了从绿色到品红色的色彩

信息，只占 0.6MHz 的带宽。这样对 3 个分量进行设置的好处是在固定频带宽度的条件下，最大限度地扩大传送信息量，这在图像数据的压缩、编码和解码中起着非常重要的作用。

一个 RGB 信号可以通过 NTSC 编码器转换成 NTSC 视频信号，从 RGB 值的变换可由下面的矩阵得到。

$$\begin{bmatrix} Y \\ I \\ Q \end{bmatrix} = \begin{bmatrix} 0.299 & 0.587 & 0.114 \\ 0.596 & -0.274 & -0.322 \\ 0.212 & -0.523 & 0.311 \end{bmatrix} \begin{bmatrix} R \\ G \\ B \end{bmatrix}$$

一个 NTSC 视频信号可以通过 NTSC 解码器转换成 RGB 信号，从 YIQ 值到 RGB 值的变换是上面变换的逆变换。

$$\begin{bmatrix} R \\ G \\ B \end{bmatrix} = \begin{bmatrix} 1 & 0.956 & 0.623 \\ 1 & -0.272 & -0.648 \\ 1 & -1.105 & 1.705 \end{bmatrix} \begin{bmatrix} Y \\ I \\ Q \end{bmatrix}$$

另外，由于 NTSC 制式的电视采用标准照明体 C 作为校准白色，NTSC 制式的红、绿、蓝三原色在 CIE-XYZ 系统中的色度坐标分别为(0.67，0.33，0.00)、(0.21，0.71，0.08)和(0.14，0.08，0.78)，因此，从 NTSC 制式的 RGB 颜色系统到 CIE-XYZ 颜色系统的变换为

$$\begin{bmatrix} X \\ Y \\ Z \end{bmatrix} = \begin{bmatrix} 0.607 & 0.174 & 0.200 \\ 0.299 & 0.587 & 0.114 \\ 0.00 & 0.066 & 1.116 \end{bmatrix} \begin{bmatrix} R \\ G \\ B \end{bmatrix}$$

其逆变换为

$$\begin{bmatrix} R \\ G \\ B \end{bmatrix} = \begin{bmatrix} 1.910 & -0.532 & -0.288 \\ -0.985 & 1.999 & 0.028 \\ 0.058 & -0.118 & 0.898 \end{bmatrix} \begin{bmatrix} X \\ Y \\ Z \end{bmatrix}$$

6.3.3 颜色的应用

一个图形软件包可以提供帮助我们选取颜色的各种功能。各种能够组合的颜色可以使用滑动块和颜色轮进行选择，而不是要求直接输入 RGB 颜色的分量值。系统一般还可以设计成有能帮助选择柔和色等功能。

获得一组坐标颜色的方法是从颜色模型的某子空间中产生。如果颜色是从沿 RGB 或 CMY 立方体中任一直线段上的规则间隔中选择，可以得到一组匹配得较好的颜色。随机地选取色彩可能会导致刺目和不调和的颜色组合。选择颜色组合的另一种考虑是不同颜色对应人类视觉系统不同程度的感受。这是因为人眼是按频率来注意到颜色的：蓝色特别有助于放松；红色图案附近显示蓝色图案会引起眼疲劳，因注意力从一个区域转向另一区域时要不断地重新聚焦。分开这些颜色或使用 HSV 模型中的一半或更少的颜色可减少上述问题。作为一种规则，使用较少的颜色比较多的颜色更能产生令人满意的显示，而色泽和明暗比纯色彩更调和。对背景来说最好使用灰色或前景色的补色。

在真实感图形显示的着色、反走样算法以及制作动画时需要的图像融合(产生淡入淡出的效果)等处理时，颜色插值起着非常重要的作用。颜色插值是指对两个给定颜色进行插值以产生位于它们之间的均匀过渡的颜色。颜色的插值结果依赖于所采用的颜色模型，必须小心地选择一个合适的模型。从一个颜色模型到另一个颜色模型的转换和将直线段变换成

另一颜色空间的直线段，那么采用这两个模型进行线性插值的结果是相同的。对着色来讲，可采用前面的任一种颜色模型，当进行反走样或图像融合时，一般采用RGB模型比较合适。

此外，软件设计者本身在设计面向用户的颜色显示时也必须遵循一些颜色规则。对于设计者不同的颜色往往代表不同的情感，对于真实感图形的表述产生不同的效果。如果对颜色能够运用自如，就会给人以愉悦的享受。在自然界中有最丰富的色彩资源，比如阳光、花草、天空、大海等，它们自身的颜色已被人们不知不觉地接受、认同并形成一种意识，一种独特的感觉。很多人对颜色的感觉或联想都是相似的，这种特点叫作共通性，这是出于传统习惯的缘故。因此不同的颜色能给观众以沉静、活泼、温暖、寒冷等直接的感受，也可以形成热烈、冷漠、朴素、典雅、清爽、愉快等感觉。大家习惯以某种颜色表示某种特定的意义，于是该颜色就变成了某事物的象征。颜色的意义在世界上也具有共通性，但由于民族习惯不同也会存在很大差异。下面对于一些内涵表达强烈的颜色所表达的含义描述如下。

红色是火的色彩，也是血的颜色，首先给人的感觉是温暖、兴奋、热烈、坚强和威严，所以我们的国旗使用红色赋予了革命的含意。粉红色是健康的表示，而深红色则意味着嫉妒或暴力，被认为是恶魔的象征。除此之外，红色也给人以警告、恐怖、危险感，所以应用于交通信号的停止信号、消防系统的标志色等。

黄色属于暖色，代表光明、欢悦，色相温柔、平和。在中国，黄色过去是帝王的象征色，有高贵、尊严的含义，一般人不得使用。黄色在古罗马也被当作高贵色。有时黄色也代表娇嫩、幼稚。

绿色是大自然的代表色，象征春天、新鲜、自然和生长，也用来象征和平、安全、无污染，比如我们常说的绿色食品，同时绿色也是未成年人的象征。绿色在西方有另一种含义——嫉妒。

蓝色给人幽雅、深刻的感觉，有冷静和无限空间的意味，也表示希望、幸福。在西方，蓝色象征着名门贵族。但蓝色也是绝望凄凉的同义语。在日本，也用蓝色表示青年、青春或者少年等年轻的一代。同时，蓝色也是联合国规定的新闻象征颜色。

紫色也具有高贵、庄重的内涵，日本和中国在过去都以服色来表示等级，紫色是最高级的，至今在某些仪式上仍旧使用。在古罗马，紫色作为国王的服装专用色。总之，紫色意味着高贵的世家。

白色通常是优美、轻快、纯洁、高尚、和平和神圣的代语。自然界中，雪是白色的、云是白色的。因此，白色给人以素雅、寒冷的印象，有时也代表脆弱、悲哀之意。不同的民族对它有不同的好恶。中国和印度以白象和白牛，作为吉祥和神圣的象征。日本的老道与和尚喜欢穿白衣服。西方结婚的新娘穿白色婚纱；相反，中国办丧事用白色孝服。

黑色代表黑暗和恐怖，意喻死亡、悲哀，属不吉利色。它表示一种深沉、神秘，使人产生凄寒和失望的意念。但把黑和其他颜色相配时却显出黑色的力量和个性，如黑白相衬显得精致、新鲜、有活力。在黑色衬托下可以使用各种非常刺激的冷暖颜色，因为它有调和色彩的作用。

一切颜色不但具有不同的特性，而且各种颜色之间也产生相关性及相对性。评价一种颜色是浑浊还是新鲜，是明快还是暗淡，是寒冷还是温暖，一定要和其他色彩发生相互关系才能进行判断，单独用一种颜色是无法评价的。下面我们根据颜色的多种特性进行辩证理解。

首先，从颜色的冷暖开始比较。例如，当所有颜色的纯度一样时，感觉最强的首先是橙黄，其次是红，再次是黄、绿、紫、青、蓝。红、橙黄属于暖色。紫介于寒暖之间，习惯上也称为中间色。其实，中间色也存在某种程度的寒暖差异。绿介于青和黄之间，若偏黄一些则显暖，具有膨胀和发扬的感觉。凡是冷色，都具有沉着和收缩的感觉。凡是比较浑浊的颜色，在人的视觉上就产生了一种脏的感觉。有浊必有清，凡是比较纯正的色彩一般产生鲜明感。颜色相关性体现在类似和对比这两个方面，两者都可从颜色的寒暖、明暗、清浊的特性上找到区别。

所有颜色除了本身具有不同冷暖特性之外，还由于黑白含量的多少会造成明色和暗色的差别。因此，每一种颜色都形成各种深浅不同的色调。当两种不同颜色放在一起进行比较时，首先会产生明暗上的对比效果。而色彩的对比并不局限于上面所述的这些。如果把一种华丽的颜色和朴素的颜色放在一起，把光滑的和粗糙的放在一起，也将发生不同的对比效果。尤其是那些特性不明显的颜色，也可以通过对比的方法，使它们的性格鲜明起来。如果配合得好，鲜艳的颜色不仅不会掩盖另一个晦暗的颜色，而且，还可以提高它的色彩效果。比如，一种灰颜色，把它放在暖色旁边，它就有些偏冷，如果把它放在冷色旁边，看上去就有些偏暖的感觉。颜色还有一个特性就是从面积上进行对比。例如，大面积界限分明的色调使一幅画具有力量和生气。在深暗的色调中如以面积较小的亮色调相衬托，会赋予肃穆、庄重的感觉。颜色的对比效果可以做到很强烈，也可以做到很柔和，但要注意，突出的颜色使用太多会造成注意力的分散，只会破坏构图的统一。

颜色的构成是将几个颜色单元重新组合成为一个新颜色单元的过程。在颜色构成过程中要特别注意配色方面的平衡、分隔、节奏、强调、协调等方法的使用。

(1) 平衡。

重色和轻色、明色和暗色、强色和弱色、膨胀色和收缩色等都是相对立的色彩，配色时应改变其面积和形状以保持平衡。不同量的各种颜色，由于比较的结果就会形成均衡或不均衡的感觉。要达到均衡，配备颜色时要考虑到屏幕上、下、左、右以及两个对角关系上的均衡，不要把很强或很弱的颜色孤立在一边。同时，也要注意每种颜色的面积大小变化，这也是均衡的关键。

(2) 分隔。

主画面颜色的面积大小和变化是均衡的关键，分隔也是如此，主要是在配色时，在交界处嵌入别的颜色，从而使原配色分离，以此来补救色彩间因类似而过分弱或因对比而过分强的缺陷。

(3) 节奏。

平衡和分隔也是体现画面节奏的重要因素，节奏是通过色调、明度、纯度的某种变动和往复，以及色彩的协调、对照和照应而产生的，以此来表现出色彩的运动感和空间感。这个节奏取决于形态配置的和谐。为了效果更好，可使色调变化呈现渐变的效果。

(4) 强调。

强调是通过面积较小的鲜明色改善整体单调的效果，强调是使颜色之间紧密联系并且平衡的关键，应贯穿于整体。比如，在大面积的暖色中加一小块较冷的色彩，或在一大块亮颜色上放一小块暗的色彩，也可反之，这样可以打破画面的呆板。也就是说我们运用颜色的各种对比方法来达到强调的目的，我们往往使用红和绿、黄和紫、橙黄和青做对比。

(5) 协调。

协调就是以某颜色为主调,调和色彩,使各色之间统一联系、互相呼应和感觉协调,以此来表现统一的感觉。协调决定了一幅作品的成败,主要指冷暖色和明暗调的统一,整体被哪种色调支配。可以说有几种不同的主调,就有几种不同的协调效果。要掌握协调的规律其实很简单,就是记住各种颜色的浓淡、冷暖以及明暗的搭配变化,比如黄与橙、蓝与绿、青与紫、浅绿与深蓝、浅黄与深橙等。

在真实感图形的设计过程中,我们通过了解一些颜色大致代表的含义及颜色组合的基本理论,才能达到理想的效果。

6.4 本章小结

本章主要介绍了消除隐藏面(线)技术,以及确定可见面颜色的光照模型、颜色模型等技术。图形消隐技术有后向面判别算法、Roberts 隐面消除算法、画家算法、扫描线算法、深度缓存器算法、BSP 树算法、光线投射算法。在光照技术中分别介绍了基本光照模型和表面绘制的基本方法。最后介绍了颜色模型和颜色的应用。

6.5 习题

1. 区分物空间算法与像空间算法。
2. 简略描述后向面判别的 3 种方法。
3. 描述 Roberts 隐面消除算法消除被物体自身遮挡的边和面的过程。
4. 比较画家算法、z-缓冲区算法和扫描线算法的优缺点。
5. 描述光线投射算法。
6. 列举常见的几种光照模型,并描述它们模拟的光照效果。
7. 区别 Gouraud 明暗处理方法与 Phong 明暗处理方法。
8. 描述 RGB 颜色模型与 CMY 颜色模型的联系与区别。
9. RGB 颜色模型应用于哪些输出设备?
10. CMY 颜色模型应用于哪些输出设备?

第7章 几何造型技术

CHAPTER 7

几何造型技术是应用计算机及其图形工具表示、描述物体的形状，设计几何形体，模拟物体动态过程的一门综合技术。几何造型技术能将物体的形状及其属性(如颜色、纹理)存储在计算机内，利用这个模型对原物体进行确切的数学描述或是对原物体的某种状态进行真实模拟。

本章要点：

本章重点掌握形体的线框模型、表面模型和实体模型，理解实体的构造和实体的边界表示，了解分形几何造型的基本理论。

7.1 规则形体在计算机内的表示

7.1.1 实体的定义

1. 实体的基本几何元素

欧氏空间中，表示实体的基本几何元素主要由点、线、面、环、体等构成。

(1) 顶点

顶点的位置用(几何)点来表示。点是几何造型中的最基本的元素，自由曲线、曲面或其他形体均可用有序的点集表示。用计算机存储、管理、输出形体的实质就是对点集及其连接关系的处理。在正则形体定义中，不允许孤立点存在。

(2) 边

边是两个邻面(对正则形体而言)或多个邻面(对非正则形体而言)的交集。边有方向，它由起始顶点和终止顶点来界定。边的形状由边的几何信息来表示，可以是直线或曲线，曲线边可用一系列控制点或型值点来描述，也可用显式、隐式或参数方程来描述。

(3) 环

环是有序、有向边组成的封闭边界。环中的边不能相交，相邻两条边共享一个端点。环有方向、内外之分，外环边通常按逆时针方向排序，内环边通常按顺时针方向排序。

(4) 面

面由一个外环和若干内环(可以没有内环)来表示，内环完全在外环之内。面有方向性，一般用其外法矢量方向作为该面的正向。若一个面的外法矢量向外，称为正向面；反之，称为反向面。

（5）体

体是面的并集。为了保证几何造型的可靠性和可加工性，要求形体上任意一点的足够小的领域在拓扑上应该是一个封闭圆，即围绕该点的形体邻域在二维空间上可构成一个单连通域。我们把满足这个定义的形体称为正则形体。在正则几何造型系统中，要求体是正则形体。而不满足这个定义的形体称为非正则形体，如图 7-1 所示。非正则形体的造型技术将线框、表面和实体模型统一起来，可以存取维数不一致的几何元素，并可对维数不一致的几何元素进行求交分类，从而扩大了几何造型的形体覆盖域。

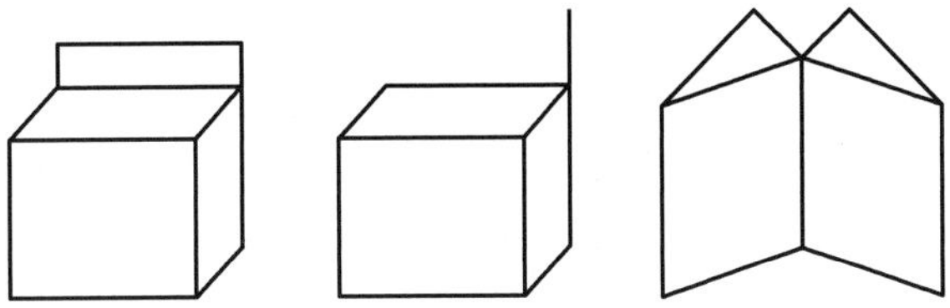

(a) 有悬面　　(b) 有悬边　　(c) 一条边有两个以上邻面

图 7-1　非正则形体的例子

2. 实体的性质

对三维形体的表示结果需要有效性、唯一性和完备性，因此需要对实体及其有效性作一个严格的定义。

数学中的点、线、面是其所代表的真实世界中对象的一种抽象，它们之间存在着一定的差别。例如，数学中平面是二维的，没有厚度，体积为零；而在真实世界中，一张纸无论有多么薄，它也是一个三维的体，具有一定的体积。这种差距造成了在计算机中以数学方法描述的形体可能是无效，即在真实世界中不可能存在。如图 7-2 所示的立方体的边上悬挂着一张面，立方体是三维物体，而平面是二维对象，它们合在一起就不是一个有意义的物体。通常情况下，实体造型中必须保证形体的有效性。

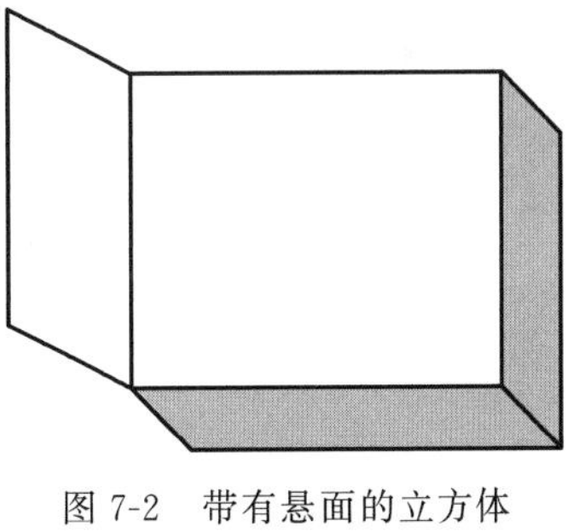

图 7-2　带有悬面的立方体

满足如下性质的物体称为有效物体或实体。

（1）刚性。一个物体应该具有一定形状（拓扑可变的物体不是刚性的，流体不是实体造型技术描述的对象）。

（2）具有确定的封闭边界（表面）。根据物体的边界可以区别出物体的内部及外部。

（3）维数的一致性。三维空间中，一个物体各部分均应是三维的，也就是说，必须有连通的内部，而不能有悬挂或孤立的边界。如果该物体分成孤立的几部分，不妨将其看作多个物体。

（4）占据有限的空间，即体积有限。

（5）封闭性。经过任意的运算（如切割、粘合）之后，仍然是有效的物体。

根据上述，三维空间中物体是一个内部连通的三维点集，也就是由其内部的点集及紧紧包着这些点的表面组成。

物体的表面必须具有如下性质。

（1）连通性。位于物体表面上的任意两个点都可用实体表面上的一条路径连接起来。

(2) 有界性。物体表面可以将空间分为互不连通的两部分，其中一部分是有界的。

(3) 非自相交性。物体表面不能自相交。

(4) 可定向性。物体表面的两侧可明确定义出属于物体的内侧或外侧。

(5) 闭合性。物体表面的闭合性是由表面上的多边形网格各元素的拓扑关系决定的，即每条边有两个顶点，且仅有两个顶点；围绕任意一个面的环具有相同数目的顶点及边；每条边连接两个或两个以上的面，等等。

7.1.2 表示形体的线框模型、表面模型和实体模型

1. 线框模型

线框模型是在计算机图形学和CAD/CAM领域中最早用来表示形体的模型，并且至今仍有广泛的应用。线框模型的特点是结构简单、易于理解，又是表面和实体模型的基础。

线框模型采用顶点表和边表两个表的数据结构来表示形体，顶点表记录各顶点的坐标值，边表记录每条边所连接的两个顶点。由此可见，形体可以用它的全部顶点及边的集合来描述，线框一词由此而来。图7-3中的长方体所对应的顶点表和边表如图7-4所示。

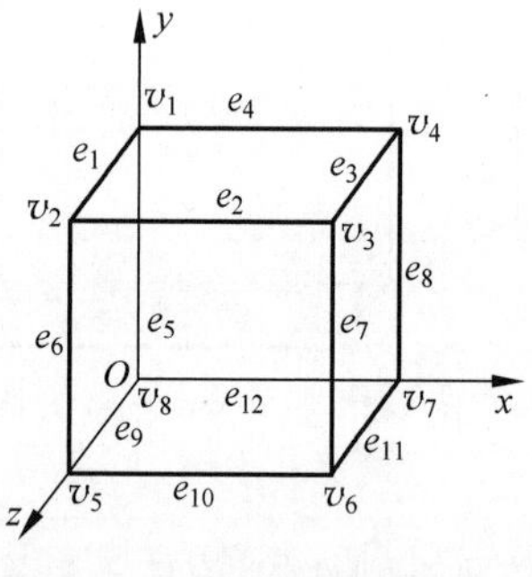

图7-3 组成长方体的顶点和边

顶点	坐标值
v_1	(x_1,y_1,z_1)
v_2	(x_2,y_2,z_2)
v_3	(x_3,y_3,z_3)
v_4	(x_4,y_4,z_4)
v_5	(x_5,y_5,z_5)
v_6	(x_6,y_6,z_6)
v_7	(x_7,y_7,z_7)
v_8	(x_8,y_8,z_8)

边	顶点
e_1	v_1 v_2
e_2	v_2 v_3
e_3	v_3 v_4
e_4	v_4 v_1
e_5	v_1 v_8
e_6	v_2 v_5
e_7	v_3 v_6
e_8	v_4 v_7
e_9	v_8 v_5
e_{10}	v_5 v_6
e_{11}	v_6 v_7
e_{12}	v_7 v_8

图7-4 长方体的顶点表和边表

线框模型的优点主要是可以产生任意视图，视图间能保持正确的投影关系，这为生成需要多视图的工程图纸带来了很大方便，还能生成任意视点或视向的透视图及轴测图。构造模型时操作简便，在CPU时间及存储方面开销低。

线框模型的缺点也很明显，因为所有棱线全部显示出来，物体的真实形状须由人脑的解释才能理解，因此容易出现二义性，如图7-5所示。当形状复杂时，棱线过多，也会引起模糊

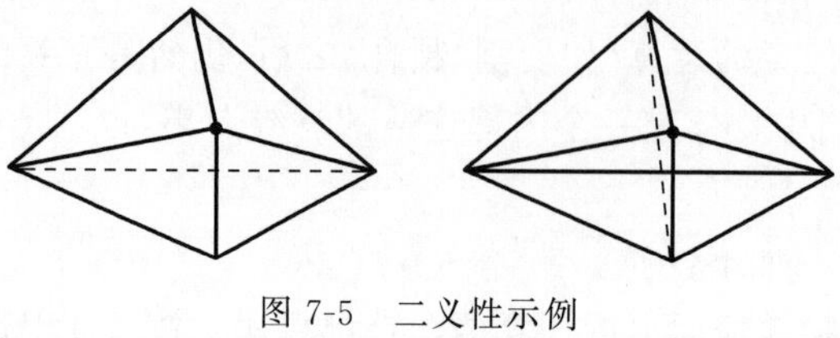

图7-5 二义性示例

理解。由于在数据结构中缺少边与面、面与体之间关系的信息，即所谓拓扑信息，因此不能构成实体，无法识别面与体，更谈不上区别体内与体外。

2. 表面模型

表面模型(Surface Model)是用有向棱边围成的部分来定义形体表面，由面的集合来定义形体。表面模型是在线框模型的基础上，增加有关面边(环边)信息以及表面特征、棱边的连接方向等内容。从而可以满足面面求交、面(线)消隐、明暗色彩图、数据加工等应用问题的需要。但在此模型中，形体究竟存在于表面的哪一侧，没有给出明确的定义，因而在物性计算、有限元分析等应用中，表面模型在形体的表示上仍然缺乏完整性。

表面模型通常用于构造复杂的曲面物体，构形时常常利用线框功能，先构造一线框图，然后用扫描或旋转等手段变成曲面，当然也可以用系统提供的许多曲面图素来建立各种曲面模型。

对于平面多面体，该模型与线框模型相比，多了一个记录了边、面间的拓扑关系的面表，但仍旧缺乏面、体间的拓扑关系，无法区别面的哪一侧是体内，哪一侧是体外，依然不是实体模型。图 7-6 中的长方体所对应的顶点表、边表和面表如图 7-7 所示。

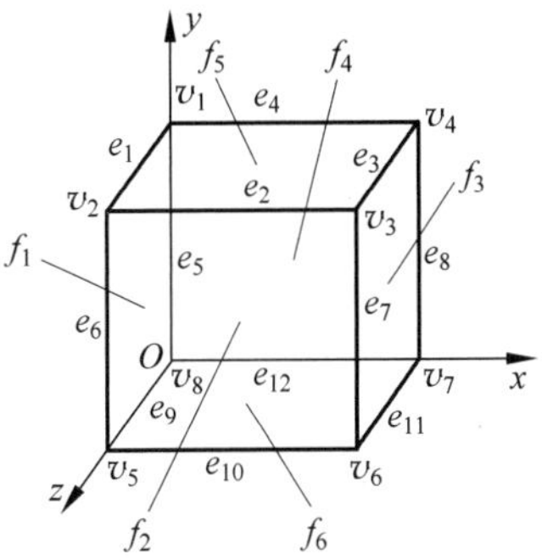

图 7-6 组成长方体的顶点、边和面

顶点	坐标值
v_1	(x_1,y_1,z_1)
v_2	(x_2,y_2,z_2)
v_3	(x_3,y_3,z_3)
v_4	(x_4,y_4,z_4)
v_5	(x_5,y_5,z_5)
v_6	(x_6,y_6,z_6)
v_7	(x_7,y_7,z_7)
v_8	(x_8,y_8,z_8)

边	顶点
e_1	v_1 v_2
e_2	v_2 v_3
e_3	v_3 v_4
e_4	v_4 v_1
e_5	v_1 v_8
e_6	v_2 v_5
e_7	v_3 v_6
e_8	v_4 v_7
e_9	v_8 v_5
e_{10}	v_5 v_6
e_{11}	v_6 v_7
e_{12}	v_7 v_8

表面S	边号
f_1	e_1 e_6 e_9 e_5
f_2	e_2 e_6 e_{10} e_7
f_3	e_3 e_7 e_{11} e_8
f_4	e_4 e_5 e_3 e_8
f_5	e_1 e_2 e_{11} e_4
f_6	e_9 e_{10} e_{12}

图 7-7 长方体的顶点表、边表和面表

表面模型的优点是能实现以下功能：消隐、着色、表面积计算、二曲面求交、数控刀具轨迹生成、有限元网格划分等。此外，表面模型还擅长于构造复杂的曲面物体，如模具、汽车、飞机等。它的缺点是有时会产生对物体的二义性理解。

表面模型系统中常用的曲面图素有平面、直纹面、旋转面、柱状面、贝塞尔曲面、B 样条曲面、孔斯曲面和等距面。

需要指出的是不仅表面模型中常常包括了线框模型的构图图素，而且表面模型还时常与线框模型同时存在于同一个 CAD/CAM 系统中。

3. 实体模型

实体模型主要是确定了表面的哪一侧存在实体，在表面模型的基础上可用三种方法定义。

(1) 如图 7-8 所示，在定义表面的同时，给出实体存在侧的一个点 p。

(2) 如图 7-9 所示，直接用表面的外法矢量来指明实体存在的一侧。

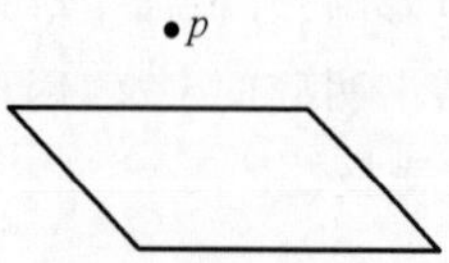

图 7-8 实体存在侧的一个点 p

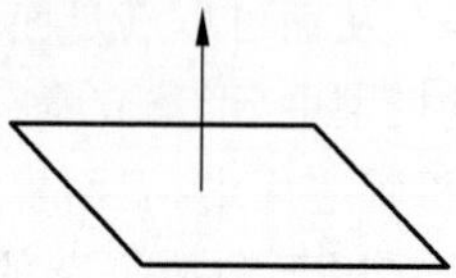

图 7-9 用表面的外法矢量来指明实体存在的一侧

(3) 如图 7-10 所示，用有向棱隐含地表示表面的外法矢量方向。

在定义表面时，常用办法是用有向边的右手法则确定所在面的外法线的方向(即用右手沿着边的顺序方向握住，大拇指所指向的方向则为该面的外法线的方向)，用此方法还可以检查形体的一致性。如图 7-11 所示，拓扑关系合法的形体在相邻两个面的公共边界上，棱边的方向正好相反。因此，实体模型相对于表面模型的主要区别是定义了表面外环的棱边方向，一般以右手规则为序。

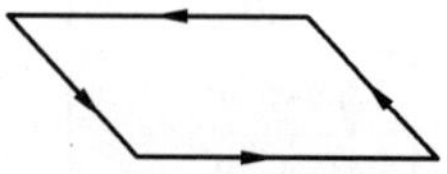

图 7-10 用有向棱隐含地表示表面的外法矢量方向

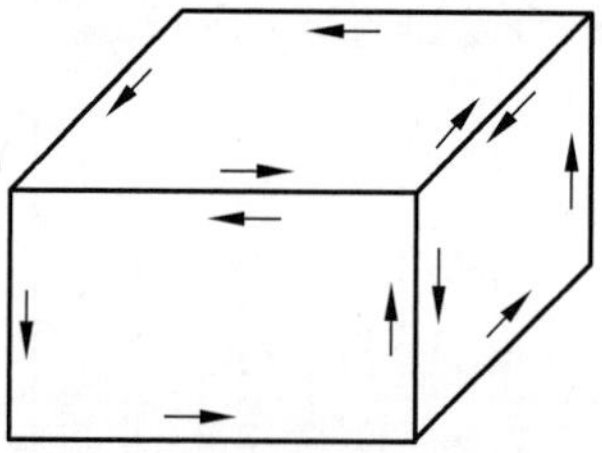

图 7-11 有向边确定外法线方向(面的方向)

实体模型的数据结构不仅记录了全部几何信息，而且记录了全部点、线、面、体的拓扑信息，这是实体模型与线框或表面模型的根本区别。

实体模型的面表如图 7-12 所示。

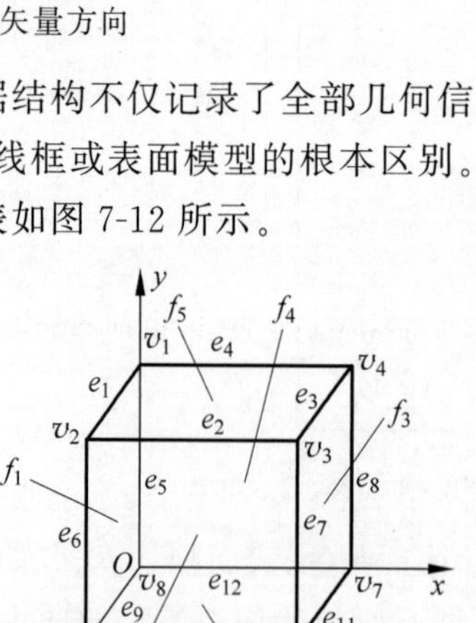

表面S	边号
f_1	e_1 e_5 e_9 e_6
f_2	e_2 e_6 e_{10} e_7
f_3	e_3 e_7 e_{11} e_8
f_4	e_4 e_8 e_{12} e_5
f_5	e_1 e_2 e_3 e_4
f_6	e_9 e_{12} e_{11} e_{10}

图 7-12 长方体与其对应的面表

实体模型成了设计与制造自动化及集成的基础。依靠机内完整的几何与拓扑信息，所有前面提到的工作，从消隐、剖切、有限元网格划分直到 NC 刀具轨迹生成都能顺利地实现，而且由于着色、光照及纹理处理等技术的运用使物体有着出色的可视性,使它在 CAD/CAM、计算机艺术、广告、动画等领域有广泛的应用。

7.1.3 实体的构造表示

构造表示是按照生成过程来定义形体的方法,构造表示通常有扫描表示、构造实体几何表示和特征表示 3 种。

1. 扫描表示

扫描表示(Sweep Representation)是基于一个基体(一般是一个封闭的平面轮廓)沿某一路径运动而产生形体。可见,扫描表示需要两个分量,一个是被运动的基体,另一个是基体运动的路径。如果是变截面的扫描,还要给出截面的变化规律。

根据扫描的路径和方式的不同,可将扫描分为以下 3 种类型。

1) 平移 sweep

将一个二维区域沿着一个矢量方向(线性路径)推移,得到的物体称为平移 sweep 体,或称拉伸体(如图 7-13 所示)。

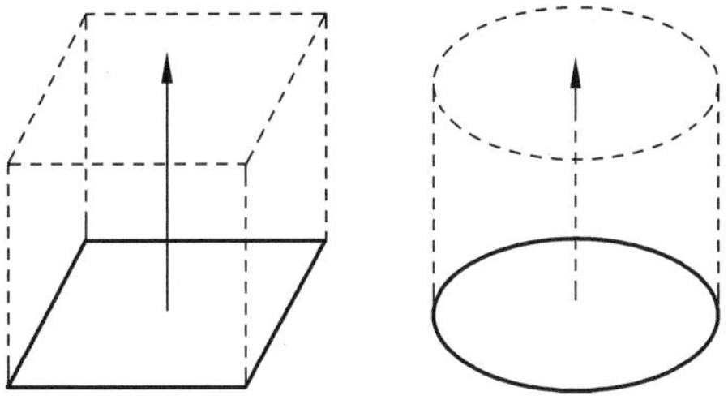

图 7-13 给定矢量方向平移 sweep 构造实体

2) 旋转 sweep

将一个二维区域绕旋转轴旋转一特定角度(如 360°),得到的物体称为旋转 sweep 体,或称回转体(如图 7-14 所示)。

3) 广义 sweep

将任意剖面沿着任意轨迹扫描指定的距离,扫描路径可以用曲线函数来描述,并且可以沿扫描路径变化剖面的形状和大小,或者当移动该形状通过某空间时变化剖面相对于扫描路径的方向,这样可以得到包括不等截面的平移 sweep 体或非轴对称的旋转 sweep 体在内的广义 sweep 体(如图 7-15 所示)。

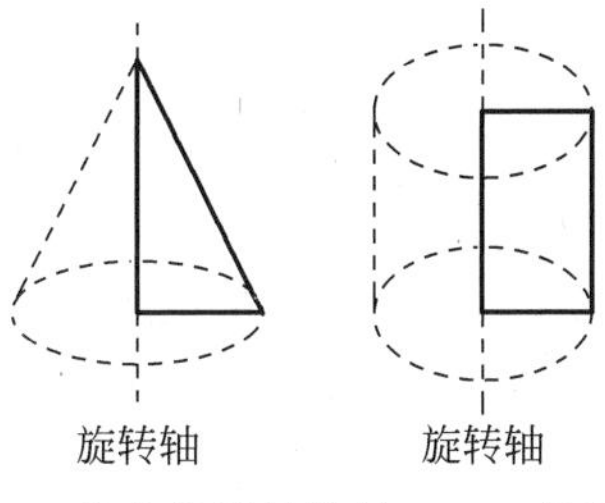

图 7-14 给定旋转轴旋转 sweep 构造实体

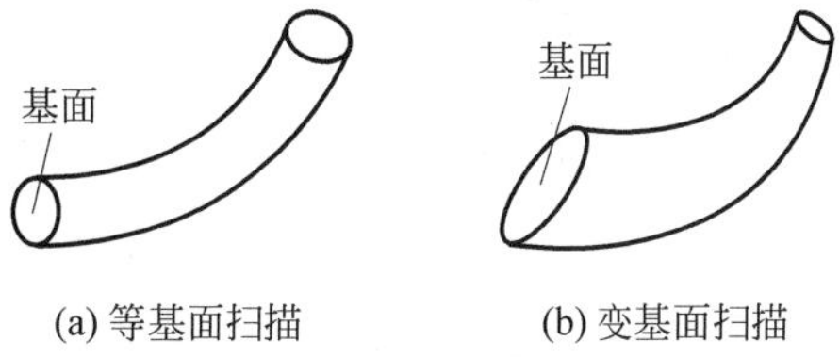

图 7-15 广义 sweep 构造实体

扫描表示的优点是表示简单、直观,适合做图形输入手段。缺点是对物体作几何变换困难,不能直接获取形体的边界信息,表示形体的覆盖域非常有限。

2. 构造实体几何表示

构造实体几何(Constructive Solid Geometry,CSG)表示是通过对体素定义运算而得到新的形体的一种表示方法,体素可以是立方体、圆柱、圆锥等,也可以是半空间,其运算为变换或正则集合运算并、交、差。

CSG 表示可以看成一棵有序的二叉树,这棵树就叫 CSG 树。每棵子树(非变换叶子结点)表示其下两个结点组合及变换的结果,如图 7-16 所示。根结点表示了最终的形体,这里的体素和中间形体都是合法边界的形体。

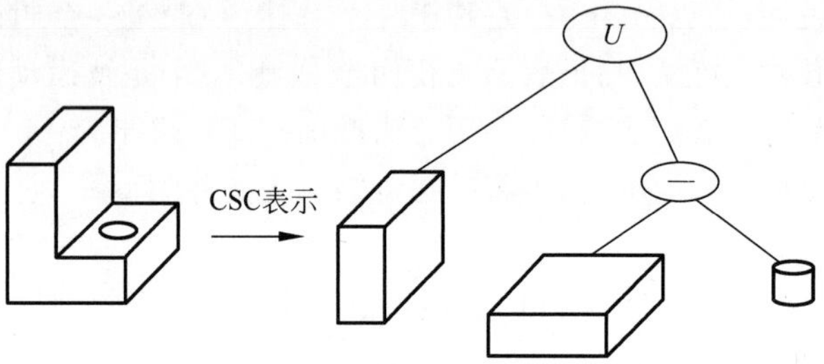

图 7-16 物体的 CSG 树表示

3. 特征表示

20 世纪 80 年代末,出现了参数化、变量化的特征造型技术,并出现了以 Pro/ Engineering 为代表的特征造型系统,在几何造型领域产生了深远的影响。特征技术产生的背景是以 CSG 和 Brep 为代表的几何造型技术已较为成熟,实体造型系统在工业界得到了广泛的应用。

特征是面向应用、面向用户的,基于特征的造型系统如图 7-17 所示。特征模型的表示仍然要通过传统的几何造型系统来实现。不同的应用领域,具有不同的应用特征。

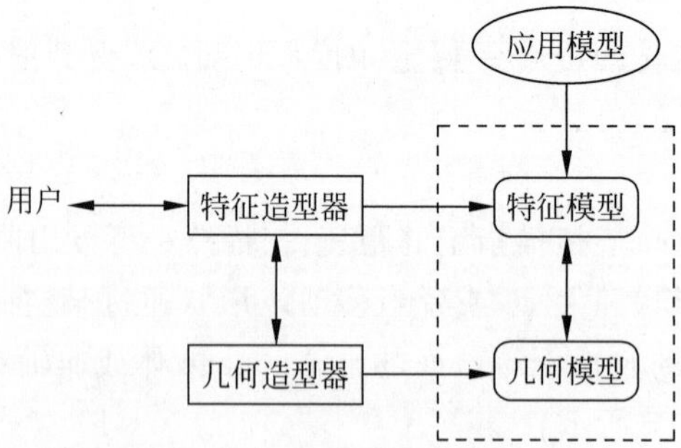

图 7-17 基于特征的造型系统

用一组特征(Feature)参数表示一组类似的物体,特征包括形状特征、材料特征等。不同应用领域的特征都有其特定的含义。例如,在机械加工中,提到孔,我们就会想到,是光孔,还是螺孔,孔径有多大,孔有多深,孔的精度是多少,等等。特征的形状常用若干参数来定义,如图 7-18 所示。长方体的特征用长度 L,宽度 W 和高度 H 来定义;而圆柱和圆锥特征用底面半径 R 和高度 H 来定义。

所以,在几何造型系统中,根据特征的参数我们并不能直接得到特征的几何元素信息,而在对特征及在特征之间进行操作时需要这些信息。特征方法表示形体的覆盖域受限于特征的种类。

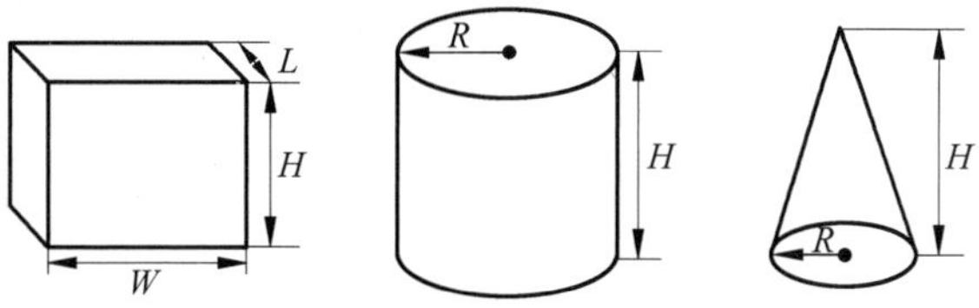

图 7-18　特征形状表示

上面介绍了构造表示的 3 种表示方法，可以看到，构造表示通常具有不便于直接获取形体几何元素的信息、覆盖域有限等缺点，但是，便于用户输入形体，在 CAD/CAM 系统中，通常作为辅助表示方法。

7.1.4　实体的边界表示

边界表示(Boundary Representation)也称为 BR 表示或 Brep 表示，是几何造型中最成熟、无二义的表示法。实体的边界通常是由面的并集来表示(如图 7-19 所示)，而每个面又由它所在的曲面的定义加上其边界来表示，面的边界是边的并集，而边又是由点来表示的。由平面多边形表面组成的物体，称为平面多面体，由曲面片组成的物体，称为曲面体。实体的边界与实体是一一对应的，定义了实体的边界，该实体就唯一地确定了。

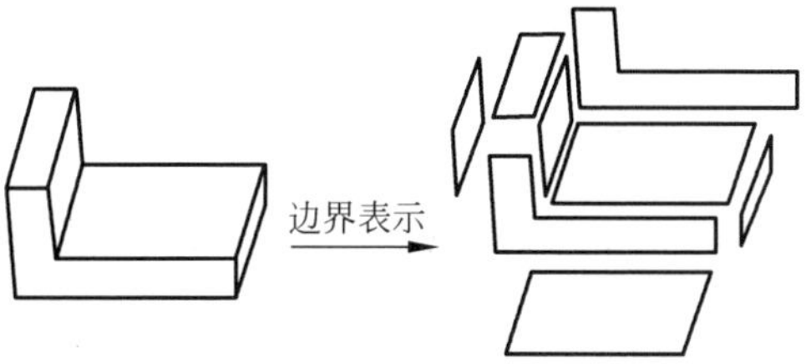

图 7-19　边界表示的例子

边界表示的一个重要特点是在该表示法中，描述形体的信息包括几何(Geometry)信息和拓扑(Topology)信息两方面。拓扑信息描述形体上的顶点、边、面的连接关系，形成物体边界表示的“骨架”，形体的几何信息犹如附着在“骨架”上的“肌肉”。例如，形体的某个表面位于某一个曲面上，定义这一曲面方程的数据就是几何信息。此外，边的形状、顶点在三维空间中的位置(点的坐标)等都是几何信息，一般说来，几何信息描述形体的大小、尺寸、位置、形状等。

在边界表示法中，边界表示按照体—面—环—边—点的层次，详细记录了构成形体的所有几何元素的几何信息及其相互连接的拓扑关系，在进行各种运算和操作中，就可以直接取得这些信息。

7.2　分形几何造型简介

7.2.1　分形几何造型的基本理论

1. 分形造型理论的提出

自然界的形体(如云朵、河流、山脉等)在局部放大后仍呈现出与整体特征相关的丰富的细节(如图 7-20 所示),这种细节特征与整体特征的相关性就是我们现在所说的自相似性。自相似性是隐含在自然界的不同尺度层次之间的一种广义的对称性,它使自然造化的微小局部能够体现较大局部的特征,进而也能体现其整体的特征。它也是自然界能够实现多样性和秩序性的有机统一的基础。一根树枝的形状看起来和一棵大树的形状差不多。这些形象原本都是自然界不可捉摸的形状,但在自相似性这一规律被发现后,它们都成为可以通过理性来认识和控制。显然,欧氏几何学在表达自相似性方面是无能为力了,为此,我们需要一种新的几何学来更明确地揭示自然的这一规律。这就是分形几何学产生的基础。

图 7-20　细节丰富的自然图像

1906 年,瑞典数学家 H. Von Koch 在研究构造连续而不可微函数时,提出了 Koch 曲线。从一条直线段开始,将线段中间的三分之一部分用一个等边三角形的两边代替,在新的图形中,又将图中每一直线段中间的三分之一部分都用一个等边三角形的两条边代替,再次形成新的图形。将一个等边三角形的三边都三等分,在中间那一段上再凸起一个小正三角形,这样一直下去。理论上可以证明这种不断构造的雪花周长无穷,但面积为有限(趋于定值),如图 7-21 所示。

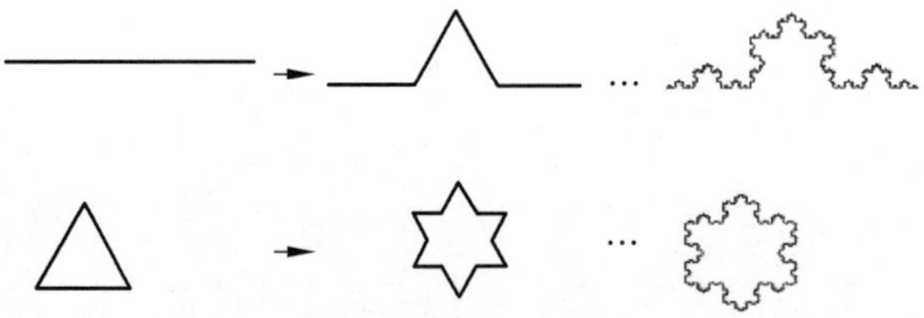

图 7-21　分数维造型的两种 Koch 曲线

这样的曲线在数学上是不可微的,欧氏几何对这种图形的描述显得无能为力。

20 世纪 60 年代,现代分形理论的奠基人 B. B. Mandelbrot 将雪花与海岸线、山水、树木等自然景物联系起来,并于 1967 年在英国的《科学》杂志发表了“英国的海岸线有多长?统计自相似性与分数维数”,提出了分形的概念。曼德布罗特注意到了 Koch 雪花与海岸线的共同特点:它们都有细节的无穷回归,测量尺度的减少都会得到更多的细节。

为了定量地刻画这种自相似性,他引入了分数维(Fractal)的概念,这是与欧氏几何中整数维相对应的。分形物体的细节变化用分形维数(分数维)来描述,它是物体粗糙性或细碎性的度量。分形可以分为自相似、自仿射和不变分形集 3 类。

(1) 自相似分形的组成部分是整个对象的收缩形式。从初始形状开始,对整个形体应用缩放参数 s 来构造对象的子部件。对于子部件,同样使用相同的缩放参数 s,或者对对象的不同收缩部分使用不同的缩放因子。

(2) 自仿射分形的组成部分由不同坐标方向上的不同缩放参数 s_x、s_y、s_z 形成。也可以引入随机变量,从而获得随机仿射分形。岩层、水和云是使用随机仿射分形构造方法的典型例子。

(3) 不变分形集由非线性变换形成。这类分形包括自平方分形，如 Mandelbrot 集(在复数空间中使用平方函数而形成)，自逆分形则由自逆过程形成。

Mandelbrot 把那些 Hausdorff 维数不是整数的集合称为分形，又修改为强调具有自相似性的集合为分形，至今无统一、比较合理、普遍被人接受的定义。可以通过列出分形的特征来定义分形(定义具有如下性质的集合 F 为分形)：

(1) F 具有精细的结构，有任意小比例的细节；

(2) F 是如此地不规则，以至于它的整体与局部都不能用传统的几何语言来描述；

(3) F 通常有某种自相似的性质，这种自相似性可以是近似的或者是统计意义下的；

(4) 一般地，F 的某种定义之下的分形维数大于它的拓扑维数；

(5) 在大多数令人感兴趣的情形下，F 通常能以非常简单的方法定义，由迭代过程产生。

2. 分形的维数

分形维数指的是度量维数，是从测量的角度定义的。从测量的角度看，维数是可变的，如从测量的角度重新理解维数概念。假设分形维数使用 D 进行描述，生成分形对象的一种方法是建立一个使用选定的 D 值的交互过程。另一个方法是从构造对象的特性来确定分形维数，尽管一般情况下分形维数的计算较为困难。可以应用拓扑学中维数概念的定义来计算 D。

自相似分形的分形维数的表达式根据单个缩放因子 s 进行构造，类似于欧氏对象的细分。图 7-22、图 7-23 和图 7-24 分别表达了缩放因子 s 与单位线段、正方形和立方体的再分数目 n 之间的关系。当 $s=1/2$ 时，单位线段分成两个相同长度的部分。同样，图中的单位正方形分成四个相等的部分，单位立方体分成八个相同体积的部分。对于每一个对象，子部分数目与缩放因子的关系是

$$n \cdot s^{D_E}=1$$

类似于欧氏对象，自相似对象的分形维数 D 由下列方程得到

$$n \cdot s^{D}=1$$

求解有关分形相似维数 D 的表达式，可以有

$$D=\frac{n \cdot s^{D}=1}{\ln(1/s)}$$

对于不同部分由不同缩放因子构造而成的自相似分形，自相似维数可以由下列关系式得到

$$\sum_{k=1}^{n} s_k^D=1$$

其中，s_k 是第 k 个子部分的缩放因子。应用缩放因子 $s=\dfrac{1}{2}$。

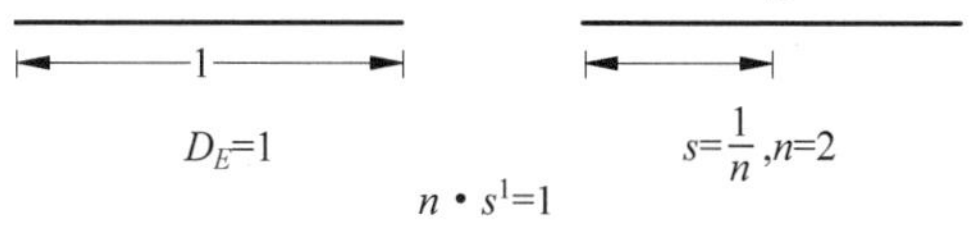

图 7-22　$D_E=1$ 时直线细分

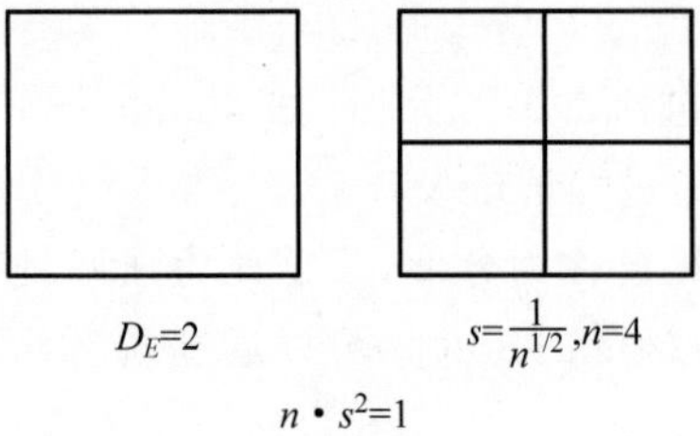

图 7-23 $D_E=2$ 时单位正方形细分

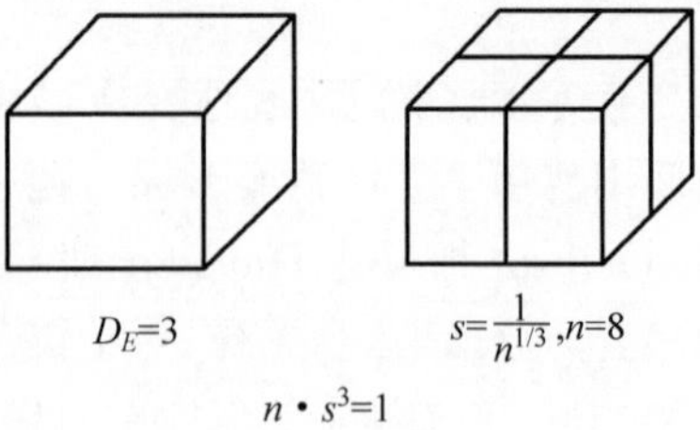

图 7-24 $D_E=3$ 时单位正方体细分

7.2.2 分形图形的产生

1. 迭代函数系统

迭代函数系统(Iterated Function System，IFS)，该模型以迭代函数系统理论作为其数学模型。一个 n 维空间的迭代函数系统由两部分组成，一部分是一个 n 维空间到自身的线形映射的有穷集合 $M=\{M_1, M_2, \cdots, M_n\}$；一部分是一个概率集合 $P=\{P_1, P_2, \cdots, P_n\}$。每个 P_i 是与 M_i 相联系的，$\sum P_i=1$。

图 7-25 IFS 生成的树

迭代函数系统是以下述方式工作的：取空间中任一点 Z_0，以 P_i 概率选取变换 M_i，作变换 $Z_i=M_i(Z_0)$，再以 P_i 的概率选取变换 M_i，对 Z_1 做变换 $Z_2=M_i(Z_1)$，以此类推，得到一个无数点集。该模型方法就是要选取合适的映射集合、概率集合及初始点，使得生成的无数点集能模拟某种景物。如果选取的仿射变换特征值的模小于 1，则该系统有唯一的有界闭集，称为迭代函数系统的吸引子。直观地说，吸引子就是迭代生成点的聚集处。点逼近吸引子的速度取决于特征值大小。

利用 IFS 可以迭代地生成任意精度的图形效果，如图 7-25 所示。

2. 粒子系统

Reeves 于 1983 年提出的粒子系统(Particle Systems)方法是一种很有影响的模拟不规则物体的方法，它用于模拟自然景物或模拟其他非规则形状的物体。它是一个随机模型，用大量的粒子图元来描述景物，粒子会随时间推移发生位置和形态变化。每个粒子的位置、取向及动力学性质都是由一组预先定义的随机过程来说明的。与传统的图形学方法完全不同，这种方法充分体现了不规则物体的动态性和随机性，从而能够很好地模拟火、云、水等自然景象。

模拟动态自然景物的过程如下。

(1) 生成新的粒子，分别赋予不同的属性以及生命周期。

(2) 将新粒子加到系统中。

(3) 删去系统中老的已经死亡(超过生命周期)的粒子。

(4) 根据粒子的动态属性，按适当的运动模型或规则，对余下的存活粒子的运动进行控制(Transformation)。粒子运动的模拟方式有随机过程模拟、运动路径模拟、力学模拟。

(5) 根据粒子属性绘制当前系统中存活的所有粒子。

最初引入是为了模拟火焰,跳动的火焰被看作是一个喷出许多粒子的火山(如图 7-26 所示)。每个粒子都有一组随机取值的属性。1985 年,Reeves 和 Blau 进一步发展了粒子系统,并惟妙惟肖地模拟了小草随风摇曳的景象,模拟动态模糊的自然景物,后来也广泛应用于电视电影的特技制作。

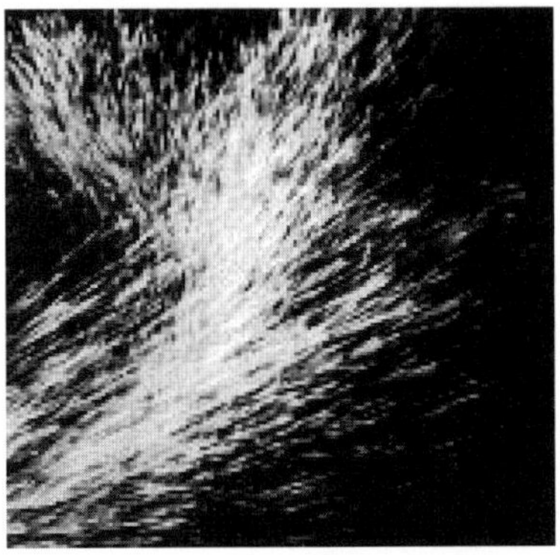

图 7-26 粒子系统模拟放烟花场景

7.3 本章小结

本章主要介绍了实体几何造型和分行几何造型两类造型方法。在规则形体在计算机内的表示中分别介绍了实体的定义,表示形体的线框模型、表面模型和实体模型,实体的构造表示,实体的边界表示。在分形几何造型中分别介绍了分形几何造型的基本理论和分形图形的产生。

7.4 习题

1. 实体有哪几种基本的几何元素?
2. 描述线框模型的表示形式。
3. 描述表面模型的表示形式。
4. 描述实体模型的表示形式。
5. 描述实体的构造表示。
6. 描述实体的边界表示。
7. 简述实体的构造表示的 3 种方法。
8. 描述分形图形的构造思想。
9. 什么是分形维数?
10. 描述粒子系统的基本思想。

第三篇　计算机图形学应用领域与相关学科

第 8 章 计算机动画

CHAPTER 8

计算机动画是伴随着计算机硬件和图形算法的高速发展而形成的计算图形学的一个分支，它综合利用了计算机科学、艺术、数学、物理学和其他相关学科的知识以在计算机上生成连续的画面以代替传统动画，获得各种传统方法难以达到的效果。计算机动画不仅可应用于电影特技、商业广告、电视片头、动画片、游艺场所，还可应用于计算机辅助教育、军事、飞行模拟。

本章要点：

本章重点掌握计算机动画的基本概念和计算机动画的关键技术，了解计算机动画的制作、应用与最新发展。

8.1 动画的基本概念与分类

8.1.1 动画的基本概念

动画是运动中的艺术，正如动画大师 John Halas 所讲的"运动是动画的要素"。一般将动画定义为：动画是一门通过在连续多格的胶片上拍摄一系列单个画面，从而产生运动视觉的技术，这种视觉是通过将胶片以一定的速率放映的形式而体现出来的。动画是一种动态生成一系列相关画面的处理方法，其中的每一帧与前一帧略有不同。如果动画或电影的画面刷新率为每秒 24 帧左右，也即每秒放映 24 幅画面，则人眼看到的是连续的画面效果。从技术角度给动画下一个定义：动画是用一定的速度放映一系列动作前后相关联的画面，从而使原本静止的景物成为活动影像的技术。

计算机动画是指用绘制程序生成一系列的景物画面，其中当前帧画面是对前一帧画面的部分修改。计算机动画所生成的是一个虚拟的世界，虽然画面中的物体并不需要像真实世界中那样真正去建造，但要满足动画师随心所欲地创造虚幻世界的需求，计算机动画必须很好地完成造型、运动控制和绘制三个环节。

8.1.2 计算机动画的类型

随着计算机越来越广泛地应用到各行各业，计算机动画同样也越来越深入各个领域。计算机动画具有非常多的分类方式，其中有些分类标准不是十分严格。下面从两个角度对计算机动画进行分类。

(1) 从动画速度上可以将计算机动画分为实时动画与逐帧动画。实时动画是指计算机对输入的数据进行快速处理,并随即将画面显示出来,两幅画面间的时间间隔至少应在0.05秒之内,以使人产生连续变动的感觉。在计算机动画的许多应用中,都需要动画能实时完成,如飞行模拟、计算机游戏等在操纵某些器件时,要求计算机能实时地反映出画面的变动。逐帧动画是指以一定的时间间隔逐帧生成画面,将其存放于磁盘等介质,并生成AVI或MPEG等动画文件,然后连续地播放出来形成动画效果。逐帧动画要求制作者有一定的经验,因为任何非实时显示的画面给人的节奏感将与实际播放时的感觉截然不同,会由于错觉产生意想不到的效果,这时只好重新调整时间间隔和运动控制,以获得满意的效果。

(2) 从动画对象的角度,我们从总体上将计算机动画分为图形动画和图像动画,图形动画是指对象在计算机中的表示为图形的动画,图像动画是指对象为图像的动画。图形动画又可分为二维图形动画和三维图形动画(简称为三维动画)。图像动画是用图像来表示要变动的对象,从而省去了造型这一步,但由于缺少了对象的图形结构,也就增加了运动控制的难度。三维计算机动画通常是直接在计算机中构造三维模型并控制三维模型运动而生成的动画。三维模型运动控制方式主要可以分为基于运动学的方式、基于运动捕捉的方式和基于动力学的方式。基于运动学的方式直接给出模型的位置、速度和加速度等全部或部分信息,并由计算机计算剩余的信息;对于基于运动捕捉的方式,通常是在演员的身上放置传感器或各种标志,然后通过捕捉演员的运动方式控制在计算机中的模型的运动方式;基于动力学的方式主要通过给定力和扭矩并依据动力学方程计算模型的位置、速度和加速度等数据。利用动力学方程等求解动画场景或角色模型的运动轨迹常常需要计算机耗费大量的时间。如何使得计算更快、效果更好、模型设计和运动控制更为方便一直是计算机动画算法设计和编程追求的目标。

8.1.3 动画片制作过程

制作一部完整的动画片大体上需要三个阶段:前期筹备阶段、中期制作阶段和后期制作阶段。在前期筹备阶段,首先需要提出初步的创意。创意是关于动画片的一些基本设想,包括创作的目的,如何吸引观众,以及如何进行市场运作等。然后一般需要依据创意写出故事提要,故事提要是简明扼要介绍故事主要情节的文字。接着需要将故事提要扩充成为文学剧本,文学剧本对故事情节进行详细文字描述,文学剧本还需要进一步改编成为分镜头剧本。分镜头剧本主要包含如下内容。

(1) 描述组成各个场景的前景、后景和角色等内容。

(2) 对每个镜头依次编号,标明镜头长度,写出各个镜头画面内容、台词、音响效果、音乐及光照要求等基本设想。

(3) 说明镜头之间的连接和转换方式。

分镜头剧本从整体上体现出导演对剧本的理解和构思,是动画制作的指南。在前期筹备阶段还需要进行美术设计。美术设计是体现动画效果的重要因素,包括造型设计和场景设计。造型设计是对动画角色及其服装和道具等的设计,用来体现角色的年龄、性别和性格等特点。场景设计指的是设计包括动画前景、中景和背景在内的整个环境,用来反映动画所发生的地点、年代、季节、社会背景和氛围等。在美术设计之后,通常将造型设计和场景设计成果按照镜头整理成为镜头设计稿,通常简称为设计稿。

在中期制作阶段主要是完成画面制作，包括原画创作、中间插画制作、画面测试、描线和上色。原画创作是由动画设计师绘制出动画的一些关键画面，例如绘制动作的起始画面。这些关键画面通常称为原画或关键帧。中间插画制作是在相邻原画之间补充画面，将原画连贯起来，例如使得前后动作连贯起来，这些补充的画面称为中间插画。画面测试是将各个画面输入动画测试台进行检测，测试动作等是否连贯自然，如果连贯不自然，则可能还需要调整原画或中间插画。后期制作阶段首先进行校对检查，这时检查各种衔接是否自然、是否存在细节失误等，接着进行拍摄，即动画摄影师把一系列画面通过拍摄依次记录在胶片上，然后进行剪辑，即删除多余的画面，连接前后镜头或场景，或者根据不同的需要剪辑成为不同的版本，最后进行对白、配音和字幕等的制作，从而完成动画片的制作过程。

随着我国动画制作水平的飞速提高，一批又一批优秀作品不断出现，例如图 8-1 与图 8-2 所示为 2006 年制作的《小鲤鱼历险记》和 2007 年以奥运为主题的《福娃》，这些成为了很多同学的童年记忆。

图 8-1 《小鲤鱼历险记》动画插图

图 8-2 《福娃》动画宣传图

8.2 计算机动画的关键技术

由于动画描述的是物体的动态变化过程，要达到好的动画效果，物体的运动控制非常重要，它是计算机动画的核心。根据物体的运动控制方法可把计算机动画分为两类：关键帧动画法和代数动画法。本节将对计算机动画的主要技术进行介绍。

8.2.1 关键帧技术

关键帧动画法首先输入几幅具有关键意义的图像（或图形），然后根据某种规律对图像（或图形）进行插值，得到中间图像（或图形），插值方法根据动画效果的具体要求而定，主要解决关键帧间各图像（或图形）要素的对应关系以及插值路径问题。

关键帧技术直接源于传统的动画制作。出现在动画片中的一段连续画面实际上是由一系列静止的画面来表现的，制作过程中并不需要逐帧绘制，只需从这些静止画面中选出少数几帧加以绘制。被选出的画面一般都出现在动作变化的转折点处，对这段连续动作起着关键的控制作用，因此称为关键帧（Key Frame）。绘制出关键帧之后，再根据关键帧画出中间画面，就完成了动画制作。早期计算机动画模仿传统的动画生成方法，由计算机对关键帧进行插值，因此称作关键帧动画。

传统的动画制作工序中有两个步骤：关键画面的生成和对关键画面插值生成中间画面。使用计算机来完成中间画面的生成这一步骤即是最早的关键帧。随着计算机动画技术的不断发展，关键帧动画的使用范围及具体方法也在不断地扩展和提高，并成为计算机动画中一个较大的分支。关键帧方法本质上是物体运动控制的一种方法，它根据动画设计者提供的一组关键帧，通过插值自动生成中间画面。关键帧动画有一定的适用范围，要求两个关键帧之间有一定的相似性，否则，产生的中间画面可能会毫无意义。在动画对象上，从图像到二维图形、三维图形都可采用关键帧方法，目前使用非常广泛的 Morphing 技术也可以说是关键帧方法的一种。尽管关键帧方法的动画对象多种多样，但使用关键帧方法时都需解决两个问题：

(1) 关键帧中物体要素之间的对应问题；

(2) 对应要素之间的插值方法。

关键帧技术通过对刚体物体的运动参数插值实现对动画的运动控制，如物体的位置、方向、颜色等的变化，也可以对多个运动参数进行组合插值。主要方法包括关键帧插值法、运动轨迹法和运动动力学法。

关键帧插值法是通过确定刚体运动的各个关键状态，并在每一关键状态下设置一个时间因子(比如帧数)，由系统插值生成每组中间帧并求出每帧的各种数据和状态。插值方法也可分为线性插值与曲线插值两种。

运动轨迹法是基于运动学描述，通过指定物体的空间运动路径来确定物体的运动，并在物体的运动过程中允许对物体实施各种几何变换(比如缩放、旋转)，但不引入运动的力。例如，使用校正的衰减正弦曲线来指定球的弹跳轨迹：$y(x)=A^{|\sin(\omega x+\theta)|\mathrm{e}^{-kx}}$，其中 A 为初始振幅，ω 为角频率，θ 是相位角，k 为衰减常数。

运动动力学法是基于具体的物理模型，运动过程由描述物理定律的力学公式来得到。例如，描述重力、摩擦力的牛顿定律；描述流体的 Euler 或 Navier-Stokes 公式及描述电磁力的 Maxwell 公式等。该方法与运动学描述不同，除了给出运动的参数(如位置、速度、加速度)外，它还要求对产生速度与加速度的力加以描述。该方法综合考虑了物体的质量、惯性、摩擦力、引力、碰撞力等诸多物理因素。近年来，很多新的数学方法被应用到这一技术中，以实现各种条件下的插值算法。例如，用查找表记录参数点弧长以加快计算的速度，通过约束移动点对路径和速度的插值进行规范以减少运动的不连续性，对样条曲线进行插值以实现局部控制，用三次样条函数把运动轨迹参数中的时间和空间参数结合起来以获得对运动路径细节的控制，等等。

8.2.2 柔性运动

相对于关键帧动画中的刚体运动，柔体的运动一般指的是柔体的各种变形运动。在物体拓扑关系不变的条件下，通过设置物体形变的几个状态，给出相应的各时间帧，物体便会沿着给出的轨迹进行线性或非线性的变形。柔性运动动画包括两种：形变(Deformation)动画和变形(Morphing)动画。

1. 形变动画

柔体的形变一般是根据造型来进行。形变中常用到的两种造型表示结构是多边形曲面和参数曲面。形变技术有两种：非线性全局形变法和自由形状形变法。

非线性全局变形法基于巴尔变换的思路，即使用一个变换的参数记号，它是一个位置函数的变换，可应用于需变换的物体。巴尔使用如下公式定义变形：$(X,Y,Z)=F(x,y,z)$，其中(x,y,z)是未形变之前物体的顶点位置，(X,Y,Z)是形变后顶点的位置。例如，使用这种记号来表达标准化的缩放变换：$(X,Y,Z)=(S_xX,S_yY,S_zZ)$，其中(S_x,S_y,S_z)是三个轴上的缩放变换系数。巴尔定义的变换有3种：挤压、扭转和弯曲。

扭转变换：$(X,Y,Z)=(x\cos\theta-y\sin\theta, x\sin\theta+y\cos\theta, z)$，表示绕$z$轴通过$\theta$角的旋转变换，如果允许旋转的量作为$z$的函数，则物体将被扭转，即使用$\theta=f(z)$所做的变换，其中规定了每一单位长度上沿$z$轴的扭转率。弯曲变换：假定沿$y$轴的弯曲区$(y_{\min}\leqslant y\leqslant y_{\max})$的弯曲的曲率半径为$k$，且弯曲中心在$y=y_0$，弯曲角$\theta=k(y'-y_0)$，其中

$$y'=\begin{cases} y_{\min}, & y<y_{\min} \\ y, & y_{\min}\leqslant y\leqslant y_{\max} \\ y_{\max}, & y>y_{\max} \end{cases}$$

变换为

$$X=x$$

$$Y=\begin{cases} -\sin\theta(z-k)+y_0, & y_{\min}\leqslant y\leqslant y_{\max} \\ -\sin\theta(z-k)+y_0+\cos\theta(y-y_{\min}), & y<y_{\min} \\ -\sin\theta(z-k)+y_0+\cos\theta(y-y_{\max}), & y>y_{\max} \end{cases}$$

$$Z=\begin{cases} \cos\theta(z-k)+k, & y_{\min}\leqslant y\leqslant y_{\max} \\ \cos\theta(z-k)+k+\sin\theta(y-y_{\min}), & y<y_{\min} \\ \cos\theta(z-k)+k+\sin\theta(y-y_{\max}), & y>y_{\max} \end{cases}$$

另一种物体形变技术称为自由格式形变(Free-Form Deformation，FFD)，它是一种不将巴尔变换局限于特殊变换的更灵活的普遍适用的变形方法，该方法的特点是直接代替被变形的物体，物体被包含在变形的立体之中。FFD方法兼顾算法效率与变形的可控性，现已成为应用最为广泛的一种变形方法。1976年，Vince实现了Warp3D功能，能够对三维物体进行空间仿射变换，通过改变变形函数的参数就可以使物体变形。在此基础上，Sederberg和Parry于1986年提出的FFD方法是一种与物体表示无关的间接变形技术。这种方法引入了一种基于B样条的中间变形体，通过对此变形体的变形，可以使包围在其中的物体按非线性变换进行变形。

2. 变形动画

计算机动画中另一类重要的运动控制方式是变形技术，变形可以是二维或三维的。基于图像的Morph是一种常用的二维动画技术。

巴尔定义的变换仅仅是空间的函数，把这一函数推广为时间的函数，根据适当的时间和位置来修改变换的参数，就得到变形动画。基本做法是把动画分为两种分量的变换。①一组变换的组合：完成变形所要求的规范。②时间与空间的函数：按适当的时间及位置来修改变换参数。

图像间的插值变形称为Morph，图像本身的变形称为Warp。对图像做Warp，首先需要定义图像的特征结构，然后按特征结构变形图像；两幅图像间的Morph方法是首先分别按特征结构对两幅原图像作Warp操作，然后从不同的方向渐隐渐显地得到两个图像系列，最后合成得到Morph结果。图像的特征结构是指由点或结构矢量构成的对图像的框架描述结构。Morph技术在电影特技处理中得到了广泛应用。

三维物体的变形分两类：拓扑结构发生变化的变形及拓扑结构不发生变化的变形。其中，三维Morph变形是指任意两个三维物体之间的插值转换渐变，主要内容是对三维物体进行处理以建立两者之间的对应关系，并构造三维Morph的插值路径。三维Morph处理的对象是三维几何体，也可以附加物体的物理特性描述。

8.2.3 基于物理特征的动画

基于物理模型的动画技术结合了计算机图形学中现有的建模、绘制和动画技术，并将其统一成为一个整体。运用这项技术，设计者只要明确物体运动的物理参数或者约束条件就能生成动画，更适合对自然现象的模拟。该技术已成为一种具有潜在优势的三维造型和运动模拟技术。它考虑界中的属性，将物理规律引入计算机动画行业。设计者无须关心物体运动，只需确定物体运动所需的一些物理属性及一些约束关系，如质量、外力等真实性。该技术的计算复杂度很高，经过近几年的发展已能逼真地模拟各种自然物理现象。

给定物理特性后，物体的运动就可以计算出来，通过改变物理特性就可以对物体的运动加以控制。但是，物体所具有的物理参量往往无法直接指定，因为人们对许多物理特性的量值并没有直接的概念。必须解决对物理特性表示的控制问题，好的控制方法在计算机动画以及机器人运动控制和虚拟现实等相关应用领域中都起着至关重要的作用。现有的方法多数是控制微分方程的初值，利用能量约束条件，用反向动力学求解约束力，通过几何约束来建立模型，及结合运动学控制等方法，实现对物理模型的控制。此外还有很多基于弹性力学、塑性力学、热学和几何光学等理论的方法，结合不同的几何模型和约束条件模拟了各种物体的变形和运动。

物理模型中的物体在运动过程中很有可能会发生碰撞、接触及其他形式的相互作用。基于物理模型的动画系统必须能够检测物体之间的这种相互作用，并作出适当响应，否则就会出现物体之间相互穿透和彼此重叠等不真实的现象。在物理模型中检测运动物体是否相互碰撞的过程称为碰撞检测。一种直接的检测算法是，计算出环境中所有物体在下一时间点上的位置、方向等运动状态后并不立刻将物体真正移动到新的状态，而是先检测是否有物体在新的状态下与其他物体重叠，从而判定是否发生了碰撞。这种方法在确定 $t_0 \sim t_1$ 的时间片内是否发生碰撞时，是在 $t_0 < t_0 + \Delta t_1 < t_0 + \Delta t_2 < \cdots < t_0 + \Delta t_n < i_1$ 这一系列离散的时间点上考虑问题，因此称为离散方法(Discrete Methods)或静态方法(Static Methods)。这种方法的问题是，只检测离散时间点上可能发生的碰撞，若物体运动速度相当快或时间点间隔太长时，一个物体有可能完全穿越另一物体，算法将无法检测到这类碰撞。为解决这一问题，可以限制物体运动速度或减小计算物体运动的时间步长；也可以使用连续方法(Continuum Methods)，或称动态方法(Dynamic Methods)，检测物体从当前状态运动到下一状态所滑过的四维空间(包括时间轴)与其他物体同时所滑过的四维空间是否发生了重叠。

检测到物体之间的碰撞后，系统需要做出正确的响应，如修改物体的运动状态、确定物体的损坏和变形等，称为碰撞响应。为改变物体运动状态，可以在两个物体要发生碰撞时引入一个假想力，将两个物体推开，从而避免发生物体之间相互穿透的现象。由于物体因碰撞而产生的损坏与变形难以通过物理特性计算生成，通常人为地制作一些视觉效果来表现。目前还没有准确描述物体损坏过程的有效方法，物理学中的变形固体力学对损坏过程中的行为和性质研究也很少，这是基于物理模型的动画技术要实现的一个重要目标。

8.2.4　造型动画技术

代数动画法又被动画专家 Thalmann 称为造型动画法，它针对计算机造型的物体，通过数学模型或物理定律来控制物体的运动，具体可以分为运动学模型、动力学模型和逆向模型。

1. 运动学模型

运动学模型就是通过直接给出物体的运动速度或运动轨迹，来控制物体的运动规律。最简单的，可以通过确定每一时刻物体上的点在空间世界坐标系中的位置来实现，当物体只有运动而没有变形（即刚体运动）时，物体上的点的相对位置保持不变，它的运动可以用一组统一的函数来表示：

$$\begin{cases} x = x(t) \\ y = y(t) \\ z = z(t) \end{cases}$$

采用这一方法，当物体存在变形时，需要给出物体上每一个点对于时间的函数，如果通过人工给出的既不可能达到真实的效果，也不现实，这就需要总结其物理规律，通过别的形式来控制物体的运动和变形，如给出物体运动的微分方程，通过解方程得到物体某一时刻物体上的点的位置，或给出物体上的点的速度、加速度等。

2. 动力学模型

由于人工选取物体的位置、速度等具有明显的人工痕迹，且常会给人不自然的感觉，因此物体运动的动力学模型越来越受到人们的重视。动力学模型即根据物体的物理属性及其所受外力的情况对物体各部分进行受力分析，再由牛顿第二定理或相应的物理定律得出物体各部分的加速度，以控制物体的运动。与此相对应的，物体的造型必须采用基于物理模型的造型方法。

最简单的，考虑一个球在空中的运动，如果采用运动学方法，可以规定一条运动轨迹，用参数曲线表示轨迹，通过曲线参数与时间 t 的关系控制球运动的快慢，但如果要真实地模拟球在空中的运动，则必须采用动力学方法：首先在造型时，不仅要给出球的大小、位置等几何信息，还必须给出球的质量 m。在控制球的运动时，首先给出球在各个时刻 t_i 所受的外力 F_i，设球在 t_0 时刻的初始速度为 V_0，由牛顿第二定律可得

$$F_i = ma_i$$

计算出球的加速度 a_i 后，再得出球在各时刻的位置与速度。球所受的外力根据场景或运动效果的需要设置，当所受外力简单时，如只受重力作用，可先计算出其运动轨迹（抛物线），当所受外力复杂时，则基本只能采用上述的离散方法。

3. 逆向模型

逆向动力学模型就是根据对物体运动规律的约束或者运动过程中物体之间的相互约束计算出物体所受的力，物体在这些力的作用下产生的运动将会满足前面所给定的约束，这样，既能使物体的运动有着较强的真实性，同时又能使其满足约束条件。

美国的 Barzel 和 Barr 等曾考虑多种类型的约束，研制了一个逆向动力学的系统。系统包括 3 个库。体元库，即各种刚体的集合，如球、柱、环以及一些形状更复杂的体元，它们作

为物体的基本组成单元，造型时除了给出它们的半径、长度等集合参数外，还需给出物体的密度以及动力学方法所需的各物理量，如转动惯量等。外力库，即各种类型的外力，如重力、弹力、摩擦力等，在给物体加外力时，可对各外力指定相应的参数，如摩擦系数、弹性系数等。约束库，即各种类型的几何约束，如方向约束、定点约束等。

以下主要介绍其约束类型及处理约束的方法，约束类型基本为以下几种。

(1) 定点约束：将物体上的一点固定于用户指定的空间某点（这个空间点固定不动），物体可以绕着这一点转动，如图 8-3(a)所示。

(2) 点点约束：两物体于某点处相连，在两个物体的运动过程中，将始终保持该处相连，如图 8-3(b)所示。

(3) 点线约束：在运动过程中，物体上某点沿某一用户指定的路径运动，类似于运动学方法中的运动控制，如图 8-3(c)所示。

(4) 方向约束：使物体在运动过程中的方向满足某一条件，如图 8-3(d)所示。

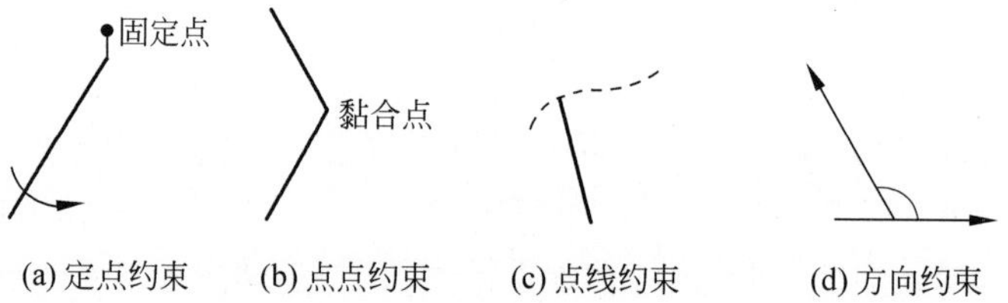

图 8-3　约束类型

系统中控制物体运动的基本思想也首先假定在各约束处存在着约束力，物体在外力和约束力的合力作用下运动，根据牛顿运动定律等可以得到各运动要素，如加速度、角加速度与各约束力之间的关系，再根据约束条件得到约束力应满足的方程，解这些方程即可得到各约束力的值。具体步骤如下。

(1) 定义约束相应的数学量。

(2) 建立约束-力方程：物体在从这些约束-力方程中解出的力作用下运动时，运动必将满足约束。

(3) 将针对各约束建立的约束-力方程组合成一个多维的约束-力方程组。

(4) 解这一方程组得到待定的约束力。

逆向动力学方法的关键在于约束-力方程的建立及约束-力方程组的求解。

与单纯的运动学方法或动力学方法相比，逆向模型由于既能保证物体运动的真实性，又可通过由用户加约束的方法使物体的运动满足某些用户指定的要求，因此较受欢迎，这一方法的主要缺点是模型复杂、计算量大，且用户对系统中待定的约束力和约束方程需有较多的专业知识，以便选择较为理想的求解方法。

8.2.5 其他动画技术

目前常用的动画技术还有运动捕捉技术、过程动画技术等。

(1) 运动捕捉技术

运动捕捉(Motion Capture，MC)技术综合运用计算机图形学、电子、计算机视觉等技术，在运动物体的关键部位设置跟踪器，由 MC 系统捕捉跟踪再经计算机处理后，提供给用户可以在动画制作中应用的数据。用数据驱动三维模型，生成动画，然后在计算机产生的镜头中调整物体。运动捕捉后的数据可以直接调入三维动画中驱动三维模型，也可以作为“中间人”进行编辑。

(2) 过程动画技术

过程动画是指动画中物体的运动或变形用一个过程来描述。物体运动由自然法则或者内在规律控制。最简单的过程动画是用一个数学模型去控制形状和运动。常用的过程动画技术为过程纹理、粒子系统等。

粒子集最初是由李维思(Reeves)在他的一篇论文中提出来的。Reeves 描述了一个粒子集动画中一帧画面产生的 5 个步骤：①产生新粒子并引入当前系统；②每个新粒子被赋予特定的属性值；③将死亡的任何粒子分离出去；④将存活的粒子按动画要求移位；⑤将当前粒子成像。

8.2.6 提高计算机动画效果的基本手法

迪斯尼公司对其长期的动画制作的经验进行了一些总结，形成了一些提高计算机动画效果的基本手法，并用于该公司的动画课程。一般认为，这些基本手法应当成为计算机动画制作的基本常识。它们分别是：

(1) 挤压与拉伸(Squash and Stretch)；

(2) 时间分配(Timing)；

(3) 预备动作(Anticipation)；

(4) 场景布局(Staging)；

(5) 惯性动作与交迭动作(Follow Through and Overlapping Action)；

(6) 连续动作与重点动作(Straight Ahead Action and Pose-to-Pose Action)；

(7) 慢进和慢出(Slow In and Out)；

(8) 弧形运动(Arcs)；

(9) 夸张(Exaggeration)；

(10) 附属动作(Secondary Action)；

(11) 吸引力(Appeal)。

下面分别介绍这些基本手法。

一般认为，挤压与拉伸手法是其中最重要的手法。除了完全刚性的物体，各种物体在运动的过程中一般都会发生一定的变形。如图 8-4 所示，当球与地面发生碰撞时，球会被压扁；当球在碰撞之后离开地面的时候，球会出现拉长现象。

挤压与拉伸手法还可以用来提高运动在视觉上的连续性。如图 8-5(a)所示，当物体做慢速运动时，物体在相邻帧的图像中是互相重叠的，这时，物体运动的动画效果在视觉上是连续的。如图 8-5(b)所示，当物体的运动速度快到一定程度时，物体在相邻帧的图像中是不互相重叠的，这时物体运动的动画效果在视觉上是跳跃着运动的，即不连续。如果采用传统拍摄的方式，则这时运动物体在胶片上显示的是一种模糊影

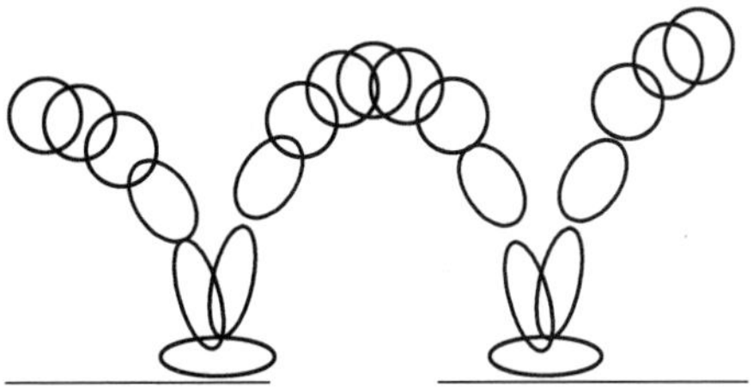

图 8-4 弹性球的挤压与拉伸示例

像，而且运动的速度越快，则在胶片上物体影像的模糊程度就越严重，这样在播放的时候，物体运动在视觉上是连续的，这种现象在动画领域中称为运动模糊。如何产生这种运动模糊的效果是计算机动画的一个难题，其中一种解决方法就是通过挤压与拉伸手法将物体压扁或者拉长，使得运动的物体在相邻帧的图像中互相重叠，如图 8-5(c)所示。这样，物体运动的动画效果在视觉上一般就变得连续了。

(a) 慢速运动　(b) 快速运动(不连续)　(c) 快速运动(连续)

图 8-5　运动在视觉上的连续性

时间分配手法在动画中是非常基本的。各个动作的节奏控制的程度决定了观众能否很好地理解动作本身。观众需要有足够的时间来观看动作的前期准备、动作本身和动作产生的效果。如果节奏太快，则观众可能会来不及注意或理解该动作；如果节奏太慢，则常常无法吸引观众的注意力。适当的时间分配手法还可以用来反映物体的重量和体积大小、人物的精神和表情状况、动作的含义以及动作产生的原因等。重的物体比轻的物体不容易加速或减速。

一个完整的动作包括动作的准备、进行和终止 3 个阶段。预备动作手法就是为动作做准备。首先，它可以让动作的进行更加符合物理规律，使得动作更加自然，容易理解。例如，在做“跳”这个动作之前，应当安排“蹲”这个预备动作；否则，双腿直立实际上很难做出“跳”这个动作。如果不设计“蹲”这个预备动作，而直接进行“跳”这个动作，则动作将非常生硬不自然。这样通过预备动作可以帮助观众理解将要进行的动作本身。其次，预备动作还可以用来吸引观众的注意力，引导他们关注将要进行的动作或者注意屏幕的正确位置。例如，在进行“抓住某个物体”这个动作之前，可以安排将手抬起并伸向该物体的预备动作，从而引导观众将视线转向该物体。预备动作持续的时间长短要根据具体的情况而定。如果将要进行的动作持续的时间很长，则预备动作一般很短；如果将要进行的动作持续的时间非常短，则预备动作一般需要长一些，从而保证观众不容易忽略将要进行的动作。

场景布局手法是利用场景将动画所要表达的意思完整准确地表现出来的手法，从而使得动作可以被观众所理解，个性能够被识别，表情能够被看清楚，情绪能够带动观众等。因此，场景布局应当能够引导观众在正确的时机关注到屏幕的正确位置。在场景布局中应当控制好角色或动作出现的先后顺序和时机，从而引导观众将焦点从一个角色或动作转移到另一个角色或动作。最理想的场景布局是在每个时刻只存在一个角色或动作。场景布局手法就是设计好每个镜头以及它们之间的衔接，使得每个镜头及其含义尽可能清楚地呈现给观众。

惯性动作与交迭动作手法包括惯性动作手法和交迭动作手法。惯性动作手法用在动作的最后一个阶段，即动作终止阶段。动作很少会突然完全停止，一般会在惯性作用下继续运动一段时间。例如，标准的投篮动作在球投出去之后，手臂仍然会继续向斜上方运动。在动作终止阶段还应当注意运动的主体及其附属物之间的运动差异。在动作终止阶段，运动主体和各种附属物的惯性动作由于受各自组成的材料、质量、体积以及相互之间的作用等影响，一般具有不同的运动形式。交迭动作手法可以使得动画更加生动或者更加紧凑，从而更能吸引观众的注意力。交迭动作手法表现在多个动作交迭出现，互相协调配合。

连续动作与重点动作手法是实现动画的两种基本方法。连续动作手法指的是按顺序逐帧制作动画,这样在设计下一帧动画时可以利用前一帧的信息,例如角色所在位置和姿势等。重点动作手法实际上就是采用关键帧技术实现动画。首先需要对动画进行规划,确定其中关键的姿势(关键帧)以及时间分配等信息。

慢进和慢出手法主要用来确定相邻两个关键帧之间的中间帧的分配,确定中间帧内部各个角色或动作的具体位置信息等,而且要求动作在启动时是逐渐加速,在停止时是逐渐减速。目前,慢进和慢出手法通常是通过样条等自由曲线进行插值。图 8-6 给出了球在空中运动的动画示例,球心的位置采用二次多项式曲线表示。在刚开始时,在帧和帧之间球的位置间距较小;随后,在帧和帧之间球的位置间距逐渐加大。这种表示方法符合在重力作用下球的物理规律,即在重力作用下球下落的速度越来越快,在相同时间间隔内运动的距离越来越大。

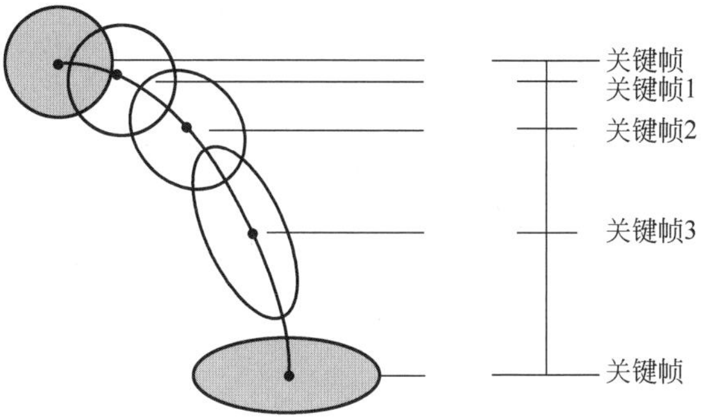

图 8-6　慢进和慢出手法

弧形运动手法认为物体在现实生活中通常沿着曲线运动,而不是直线运动。在动画中采用曲线运动轨迹通常可以使得动作更加平滑,而不会像采用直线轨迹那样僵硬。目前通常采用样条曲线来表示物体的运动轨迹曲线。不过,动作越快,动作的运动轨迹曲线越平,越接近于直线。

夸张手法不是任意改变物体形状或者只是使动作更不真实,而是让所要表达的特征更加明显。例如,让伤心的角色更加伤心,让明亮的物体闪闪发光,从而更好地帮助观众理解其含义。夸张手法可以通过改变动画角色的形状、动作、表情、颜色和声音等实现。通常在夸张的时候不会完全改变角色或物体,而会保持角色或物体的部分原有特征使得观众能够认出该角色或物体。

附属动作手法通常是给主动作添加附属动作,用来增加动画的趣味性和真实性等特性。主动作是动画的焦点动作,附属动作只是用来点缀主动作。因此,制作附属动作应当注意不要让附属动作盖过主动作,例如,不要让附属动作过于剧烈。好的附属动作可以起到画龙点睛的效果。例如,在主动作之外可以设计一些附属动作来渲染主动作所处的环境氛围。

吸引力手法就是设计出观众所喜欢看到的东西。为了增加动画魅力,需要精心设计动画。粗制滥造的动画很难有吸引力,过于复杂的设计或过于晦涩的动画常常无法拥有吸引力,太多的对称和过于频繁的重复同样也无法吸引观众。自然的和富有个性的角色或动作、独特优美的造型或姿势可以让观众耳目一新,为动画增添吸引力。

计算机动画设计通常都会存在一定的目标,无论采用什么手法,在进行计算机动画设计时都不要忘记既定的动画设计目标，所有的手法、技术和理论都应当为其服务。计算机动画的设计通常都要求能够展现出清晰的概念和思想，并且能够产生娱乐效应。计算机动画的算法应当为实现计算机动画设计提供服务，降低计算机动画设计的难度。计算机动画的算法所提供的交互手段首先就应当充分简单和方便。

8.3 计算机动画制作基础理论

8.3.1 二维计算机动画制作基础理论

使用计算机制作二维动画，前期制作阶段及中期前段的声音记录、填写摄制表、人物造型、场景设计以及构图工作，与手工制作方式是一样的，从中期制作阶段的原画创作开始，分为计算机辅助制作和全计算机制作两种情况。

1. 计算机辅助制作方式

目前大型的二维计算机动画片的制作通常都采用计算机辅助制作的方式，其原画创作和描绘中间画工作仍靠手工完成，然后将原画和中间画输入计算机，由计算机完成描线上色及其余的制作。有了计算机的帮助，就无须赛璐珞片了，只要用扫描仪将原画和动画线稿输入到计算机中，先清理修饰线条，再进行上色处理。事先手工绘制的背景也用扫描仪输入计算机中，并可以拼接成大幅的画面。因为在制作现场并没有摄像机，后期的拍摄工作全部以计算机"合成"背景、原画和中间画的方式来完成。

用计算机辅助制作动画完成上色和摄影等作业，可以省却很多经费及人力。利用软件可以直接对显示器窗口中的画面填各种颜色，一涂再涂修改画面，节省了赛璐珞片和颜料的支出，而且颜色的种类可以任意选择、不受限制并能够很容易地保持色彩的前后一致，还可以直接在计算机中进行拍摄，节省了胶片的费用。当然计算机制作动画片带来的好处远不止这些，例如自动化、智能化的上色操作，大大加快了制作的速度并容易保证上色的质量，联机后的图片库数据共享等，这些都是手工制作所无法想象的。

理论上来讲，任何绘图软件都可以用作动画上色工具，但实际上用作动画上色的还是一些专门的二维动画制作软件，最流行的是 Animo、TOONZ、RETAS! PRO 等著名软件。它们除了上色之外，还有合成、特效、配音以及拍摄等强大功能，依靠这些功能模块可以方便地完成原动画手稿创作之后其余的全部动画制作和拍摄任务。

2. 全计算机制作方式

所谓全计算机制作就是直接在计算机中进行原画创作，由计算机生成中间画并完成其余的制作，而原画创作之前的各道工序与传统动画的制作方式基本相同。

采用 Flash 动画软件创作网络动画作品，制作人员直接在计算机中画出关键画，中间过渡的动画由计算机自动生成，这就属于二维动画的全计算机制作方式。还有诸如 Autodesk 公司的 Animator，ToonBoom 公司的 Studio 和 Animate 等，都是功能齐全的适用于全计算机制作的二维动画制作软件。这类软件不仅具有完整的绘图功能、动画生成功能(即利用关键帧画面自动生成一系列的中间画)、画面编辑功能等，还包含了录音、配音、音效和声音编辑以及影像合成编辑等组合式工具。而且软件的绘画工具有别于普通绘图软件，可以配置具有压力感应的绘图板，使绘图者像在普通的画图板上那样随心所欲地作画，线条粗细、笔触轻重都能够准确充分地表现出来，尽管是计算机动画，仍然可以让观众领略到类似手绘动画的线条笔触变化。

8.3.2 三维计算机动画制作基础理论

三维计算机动画制作的前期阶段包括策划及剧本创作,中期前段的场景设计及人物造型等同样是必不可少的,但角色和场景的具体制作,以及动画后期制作阶段的画面合成、配音、编辑和特技处理等,全部都可在计算机上完成。从这个意义上来说,也有人把三维计算机动画叫作全计算机制作动画。

用计算机制作动画影片的角色和场景的工作基本上包括建模、赋材质和贴图、加灯光与摄像机、动画效果设置以及场景渲染等步骤。所谓建模,就是利用动画系统提供的基本几何体或线条、曲面等来创建物体的几何模型。世间万物,形状千姿百态,建模的手法也是多种多样,建模是三维计算机动画的第一个步骤,也是最花费制作人员精力和时间的工序。所谓赋材质,就是赋予物体几何模型以某种材料的材质属性,比如颜色、光亮度和透明度等参数,使之呈现出某种材料(木头、石材、塑料和金属等)所应该表现出来的颜色和质感,以此造成物体是由某种材料做成的感觉。贴图是有纹理或图案的图像,可被"贴"在物体表面。物体被赋予材质并贴图后,外表具有了逼真的材质和纹理效果。在场景中放置虚拟灯光后可模拟真实世界的明暗和色彩,产生光照和阴影效果。动画制作系统能够提供各种灯光,用户选择不同类型的光源,调节光源的位置、强度和颜色等各种参数,可以方便地营造出所需要的环境光线效果。此外,在场景中放置虚拟摄像机,可以产生摄像机视图,模拟真实摄像机拍摄时从镜头中看到的画面,从而制作出如同用真实摄像机拍摄到的画面。

所谓动画效果设置,就是让场景中的物体模型活动起来,使它在场景中活灵活现、多姿多彩地进行表演。让物体模型活动起来的动画技术有许多,最基本的是关键帧动画技术。软件操作者只需要设置关键帧画面,由计算机自动插值生成中间画,便可得到动画的效果。渲染是动画制作最后阶段的工作,完成了建模、赋材质和贴图、加灯光与摄像机以及动画效果设置各道工序后,需要通过计算机的渲染来生成动态的影像文件或图像序列,并经过特效、配音和后期编辑等处理得到所需要的动画作品。其实渲染之前的各道工序只是建立动画的场景文件,即设定动画场景中角色的几何模型参数、材质属性参数、灯光参数、摄像机参数和动画的关键值等,需要计算机系统将这些设定参数代入相关的计算机图形算法和动画算法进行运算,才能真正生成动画序列。渲染的过程就是进行大量复杂运算的过程,复杂场景的渲染需要很多时间,渲染时间的长短很能考验计算机硬件的性能。

8.4 计算机动画的应用

普通百姓最能够感受到的计算机图形学技术的影响莫过于计算机动画对影视制作的参与,从好莱坞大片到每天国内外电视屏幕上的电视片头和广告,观众们越来越多地领略到了计算机动画所创造的神奇的视觉效果。有了计算机动画这一高科技的工具,艺术家们可以将奇幻的艺术灵感变为现实,富于创意的设计可以不受现实环境的限制,制作出全新的、梦幻般的精彩画面,带给观众无比强烈的视觉冲击力。在电视作品的制作中,使用计算机动画技术最多的是电视广告。计算机动画制做出的精美神奇的视觉效果,为电视广告增添了一种奇妙无比、超越时空的夸张浪漫色彩,既让人感到计算机造型和表现能力的惊人之处,又使人自然地接受了商品的推销意图。利用计算机动画技术进行科学研究中的仿真，将科学计算过程以及计算结果转换为几何图形或图像信息，并在屏幕上显示出来，为科研人员提供直观分析和交互处理的手段，可以大大提高科研工作和经费投入的效率。一些复杂的科学研究和工程设计，如航天、航空、水利工程以及大型建筑设计等，资金投入量大，一旦有失误，所产生的损失往往是难以弥补的，如果能够在工程正式立项开工之前，利用计算机动画技术进行模拟分析、仿真，预示工程结果，将可有效地避免设计误区，保证工程质量。计算机动画技术在普通行业的产品设计中也大有用武之地。工业产品设计中使用计算机动画技术所提供的电子虚拟设计环境，可以对产品进行功能仿真、性能实验，并将最终产品内部细节和外形在屏幕上显示出来，同时还可以改变产品所处的环境(如光照条件)，进行各种角度的观察。目前室内装潢设计和服装设计等行业已经普遍使用了计算机动画技术。用户在房屋装修之前就可以看到完工后的效果图，服装在没有剪裁之前就已经穿在了电子模特儿的身上，设计师不再只能依靠自己的想象力来预测设计效果，在设计过程中就可以实时地看到自己的设计成果，以便及时改进。虚拟现实是利用计算机动画技术模拟产生的一个三维虚拟环境系统。人们凭借系统提供的视觉、听觉甚至触觉设备，身临其境地置身于所模拟的环境中，随心所欲地活动，就像在真实世界中一样。第一个使用计算机动画技术的虚拟现实商品是飞行模拟器，类似的技术现在已被应用于各种技能训练中。飞行模拟器在室内就能训练飞行员，模拟起飞、飞行和着陆动作，飞行员在模拟器里操纵各种手柄，观察各种仪器，透过模拟的飞机舷窗能看到机场跑道、地平线以及其他在真正飞行时看到的景物。各种操作手柄所提供的模拟触觉，让操作者感觉真的在操纵一架飞机。对于虚拟人的研究，为计算机图形学和动画技术广泛应用于医学、国防、航空、航天、体育、建筑、汽车、影视及服装等人类活动相关领域开辟了一个新的天地。虚拟人的研究具有重大的社会应用价值，继美国和韩国之后，我国在2003年也完成了虚拟人数据集的建立，欧洲一些国家及日本等也纷纷启动了这个研究项目。有了这种虚拟的人体，研究者可以借助电脑操控，代替真人做各种科学实验，例如人的骨头究竟能承受多重的外力，可以用虚拟人代替真人模仿撞击实验。将来人类不但可以使用别人的身体制成虚拟人，还可以看到虚拟的自己。通过三维计算机图形处理，人们可以在电脑上清楚地看见自己的身体，可以穿越表皮，深入内脏、血管、神经、骨骼和肌肉，每个人都可以拥有自己的身体数据库，真正了解自己的身体状况。在教学领域，借助计算机动画进行直观演示和形象教学，可以取得非常好的教学效果。有些基本概念、原理和方法需要给学生以感性上的认识，但实际教学中可能无法用实物来演示，而使用计算机动画，可以将天地万物，大到宇宙形成，小到分子结构，以及复杂的化学反应、物理定律等形象生动地表示出来。计算机动画在电子游戏、会展业、文化娱乐以及文化传播等领域有着广泛应用。基于PC的三维游戏一直为青少年所喜爱，其制作离不开三维计算机动画技术。3DWeb技术把三维动画世界带入了互联网，为人们通过网络了解真实的三维立体世界提供了技术平台。网上用户使用浏览器观察3DWeb的立体场景，可以尽情游览世界各地的名胜古迹，仔细欣赏艺术珍品。例如，从2003年起我国利用三维计算机图形和动画技术进行的数字化莫高窟的工作，通过网络虚拟漫游，使得无缘来敦煌的人们也可以了解具有1600年历史的敦煌石窟艺术。游客可以在计算机上选择洞窟自由地欣赏千年的艺术珍品，可以在不同的位置、向不同的方向观看，也可以放大某个局部仔细研究，没有时间空间的限制，也不必在黑暗中观看模糊的壁画。由于采用模仿自然光的灯光效果，所以游客在观看时光线十分柔和,基本上与自然光线下的观看效果一样。游客不入洞窟就能够身临其境地欣赏到丰富、清晰、全面的敦煌艺术珍品,同时也为石窟的保护起到了积极作用,使敦煌壁画的保护与旅游开放的矛盾得以缓解。

8.5 计算机动画的最新发展

在过去的几十年里,计算机动画一直是图形学中的研究热点。在全球图形学的盛会 Siggraph 上,几乎每年都有计算机动画的专题。目前,计算机动画已经形成了一个巨大的产业,并有进一步壮大的趋势。其中,人脸动画和表演动画成为这一领域最令人振奋和引人瞩目的两个崭新技术。

8.5.1 人脸动画

人脸动画最显著的应用是影视制作。在《真实的谎言》《终结者Ⅱ》《玩具总动员》等电影的制作中都无不体现了人脸造型和动画技术的魅力。动画师总在不断寻求更具发展潜力的动画系统,希望利用最新的学术研究成果来修改和扩展当前的动画制作系统。人脸造型就是使用图形建模工具,建立或者直接从真实环境中获取人脸的三维模型。由于人脸形状的复杂性和多样性,通过手工方法建立模型需要具备相应的生理学和图形学知识,并且需要较多的时间和精力,所以,目前的发展趋势是使用专用的设备或通过计算机视觉的方法自动获得人脸的三维模型以及表面的颜色信息。

人脸动画一直是计算机图形学中的一个难题,涉及人脸面部多个器官的协调运动,而且由于人脸肌肉结构复杂,导致表情非常丰富,在现有的技术水平下,唯有表演驱动的人脸动画技术能实现真实感三维人脸动画合成的目的。

1. 人脸形状获取

为了获得面部几何形态,通常有两种主要的输入途径:三维输入和二维输入。最近也有人提出从人类学的定义构造一个具备人脸各种特征的通用模型,并施加一定的约束,产生满足要求的特定人脸模型。

(1) 三维输入:几何建模器(Geometric Modelers)是最传统的面部造型工具。通过标准的计算机图形技术可以进行人脸面部大多数器官的几何建模,并且可以设计任意的面部模型。但由于面部结构的复杂性,该设计过程需要较多的时间和设计技巧。使用三维扫描仪(3D Scanner)和编码光距离传感器(Coded Light Range Sensor)是获得人脸几何形状最直接的方法,这两种方法都是依据三角测量学原理。CT(计算机 X 射线断层扫描)和 MRI(核磁共振成像术)通常用于医学领域,这些方法不仅能够获取人脸的表面信息,而且还可以得到诸如骨骼和肌肉的内部结构。这些附加结构对于更加精细的人脸建模和动画以及在手术模拟等医学应用中非常有用。

(2) 二维输入:基于立体图像的照相测量术可以获得面部形状。先从不同的视点获取物体的两幅图像,运用图像处理技术得到两幅图像中的匹配点,通过三角几何学测量这些点的三维坐标。由于自动搜寻匹配点是一个难题,所以有时需要在脸部描绘网格。如果向面部投射一个规则的结构光(如线阵或方形网格),那么就可以直接从一幅二维图像中得到面部的三维形状。

(3) 人体测量学：基于人类学知识而不用图像可以辅助构造不同的人脸模型。这种方法分两步构造一张新的人脸。第一步，依据人体测量学统计数据产生对人脸形状的一组几何约束尺度集；第二步，用一个约束优化技术构造满足几何约束的曲面。尽管该方法能快速创建出令人称道的人脸几何的变化，但不能在颜色、皱纹、表情和头发方面得到真实的再现。

2. 模型重构和特定人脸适配

利用距离扫描仪、数字化探针或立体视差能测量并得到人脸模型采样点的三维坐标，但获得的几何模型因为没有人脸结构信息，通常不适于脸部动画。而且从各种途径获得的三维数据通常是庞大的散乱点的集合。所以，为了能够用于动画制作，往往需要对其进行几何构形，将得到的数据精简到最少，这样才有利于生成有效的动画。

人脸面部特征通常以相同的次序排列，人脸形态变化了，但基本结构不会变化。因此，自然的想法是建立人脸的一般网格模型，在这个模型中带有必需的结构和动画信息。然后将该模型适配到特定人脸的几何网格，创建出个性化的动画模型。当一般模型网格比采样数据网格的多边形少时，处理过程也包括了对采样数据的简化。

(1) 插值方法：假设大多数人脸的形状都可以由一个拓扑原型变化得来，那么，通过调整一般模型的构造参数可以建立不同的面部模型。但是，这种参数模型仅局限于那些构造参数已知的情况，并且对特定人脸参数的调整非常困难。在离散数据的多变量插值问题方面，径向基函数(Radial Basis Function，RBF)插值方法是一个行之有效的工具，所以也适用于类似人脸这样的高维曲面的近似或平滑插值。现有的许多方法使用了基于 RBF 的插值技术，将一般人脸网格变化到特定人脸的形状。这种方法的优点在于通过插值可以得到丢失的数据点，所以源网格和目标网格不需要相同数目的结点。如果选择了合适的匹配点，数学上可以保证能够将源网格变形到目标网格。

(2) 深度图像分析方法：将三维深度数据通过柱面投影映射到二维平面，可以降低处理和分析难度。Lee、Terzopoulos 和 Waters 等给出了一个基于激光扫描的深度和反射数据自动构造个性化人头模型的方法。他们在一般网格适配之前使用了深度图像分析的方法，自动标记人脸特征点，包括眼睛轮廓、鼻子轮廓、嘴轮廓和下巴轮廓。

(3) 计算机视觉方法：根据计算机视觉原理，通过分析目标物体两幅图像或多幅图像序列，恢复其三维形状，这就是所谓的从运动恢复形状(Shape From Motion)或从运动恢复结构(Structure From Motion)技术。在这方面值得一提的是 Pighin 等提出的高度真实感人脸建模技术。首先，在多幅图像中手工定义一些相互对应的特征点，并使用计算机视觉技术恢复摄像机参数(位置、方向、焦距等)和特征点的坐标；然后，由这些特征点的坐标值计算出径向基插值函数的系数，并对一般网格进行变形；最后，通过使用更多对应特征点，将一般网格微调到与真实人脸非常接近的形状。Pighin 等用了 13 个特征点完成初始的变形，而在最后的调整中附加了 99 个特征点，故需要很多人机交互工作。

3. 人脸变形技术

通过三维重构的特定人脸模型网格仍然有较多的顶点和多边形，只有建立了合理的变形机制才能对它们进行有效的控制。

(1) 物理肌肉模型：Waters 在人脸肌肉模型领域做出了开创性的工作，他提出了一个极其成功的人脸肌肉模型。在该方法中，人脸用多边形网格表示，并用十几条肌肉向量来控制其变形,用基于线性肌和轮匝肌模型产生了生气、害怕、惊奇、高兴等情绪动画。然而,按照生理学正确设置肌肉向量的位置是一项令人生畏的工作,至今还没有一个自动的方法将肌肉向量放置到一般或特定的人脸网格中去。但该模型具有紧凑的表示形式并且独立于人脸的网格结构,所以得到了广泛的应用。

(2) 弹性网格肌肉:一些研究者认为,力通过肌肉弧的传递作用于弹性网格,从而产生脸部表情,所以他们将人脸模型表示成定义在特定人脸区域上的各功能块的集合,由数十个局部肌肉块组成,并通过弹性网格相互连接,通过施加肌肉力对弹性网格进行变形,从而创建各种动作单元。

(3) 模拟肌肉(伪肌肉):按照人类生理学的描述,基于物理的肌肉造型能产生真实感的结果,但只有通过精确的造型和参数调节才能模拟特定的人脸结构。模拟肌肉(伪肌肉)提供了一个可供选择的方法。

(4) 体变形(Volume Morphing):上述的肌肉模型涉及对人脸肌肉物理特性的模拟,计算复杂且耗时,大多不能用于实时应用。人脸面部运动时,多数运动都集中在某些区域,所以在基于表演驱动的面部动画系统中可以使用局部体变形方法。

4. 动画控制的表演驱动技术

通过手工进行人脸模型的精细调整以获得生动的表情动画固然可行,但这是一项极其乏味的工作,必须是熟练的动画师才能完成。可以设想,如果三维角色面部的一些特征点运动与真实运动相吻合,那么,动画效果必然令人信服。这就驱使人们研究基于表演驱动的面部动画控制方法,其根本思想就是使用各种手段跟踪表演者面部特征点的二维或三维运动轨迹,并使其控制三维面部网格的变形,最终生成动画序列。如何定义面部特征点和如何跟踪特征点是这种技术的关键问题。

通过跟踪表演者面部的各个特征点并将图像纹理映射到多边形模型上,仅需要很少的计算消耗且不需分析就可以得到实时的面部动画。表演驱动的方法可以创建生动的脸部动画,其中动画受控于被跟踪的人。实时的视频处理允许交互动画,演员可以随时观察他们的情绪和表情。通常将被跟踪的二维或三维特征运动进行滤波或变形,从而产生驱动特定动画系统的运动数据。运动数据能被直接用于产生脸部动画,或经过分析转换为面部动作编码系统(FACS)的动作单元(AU)而产生脸部表情。

精确跟踪特征点或边界对于获得一致而生动的动画至关重要。最初,人们使用在人脸或嘴唇上做一些彩色标识的方法,辅助跟踪人脸的表情或从录像序列识别说话人。如果将反射球粘贴在人脸上,那么光学运动跟踪系统自然也可以跟踪人脸的运动,这在三维动画制作的商业软件中得到了广泛的应用。然而,在人脸上做标记很冒昧,有时也很不切实际,而且,对标记的依赖性限制了从标记位置获取几何信息的范围。研究者试图不通过做标记的方法直接从视频序列恢复人脸运动,由此产生了时空相关的度量规范化和光流场跟踪的方法,它们能自然地跟踪特征,避免了在人脸上做标识的尴尬。

人脸上的器官都有比较显著的形状和色彩特征。如眉毛是黑色、嘴唇是红色,这些都可以作为特征分析和跟踪的依据。如果一个算法能够准确区分和跟踪这些特征点,那么面部运动就能够被动画系统理解,并能用于动画变形。

可以将人脸建模和表演动画的合成过程分为如下三个步骤:第一步,通过三维扫描技术或者计算机视觉技术获取特定人脸的几何模型,并适配到用于动画的一般人脸模型;第二步,基于各种肌肉模型和变形方法操作重建的人脸模型产生人脸模型运动;第三步,直接跟踪视频序列中的真实人脸从而产生各种控制参数。

人脸建模和动画技术是一个跨学科、富有挑战性的前沿课题。虽然国内外研究人员在某些方面获得了一定的成绩并出现了一些实用化的系统,但是离用户的要求仍有较大距离。

8.5.2 表演动画

1. 表演动画的优越性

表演动画从根本上改变了现有影视动画制作的方法,缩短了制作时间,降低了成本,而且效果更逼真、生动。

表演动画(Performance Animation)技术综合运用计算机图形学、电子、机械、光学、计算机视觉、计算机动画等技术,捕捉表演者的动作甚至表情,用这些动作或表情数据直接驱动动画形象模型。表演动画技术的出现给影视特技制作、动画技术带来了革命性的变化,将从根本上改变现有的影视动画制作乃至特技制作的方法。动画师不需要再在计算机屏幕上反复摆弄模型的姿态,一点点地调整模型的表情,而只需要通过人的直观动作表演就能轻易完成任务。它将极大地提高动画制作的效率,缩短制作时间,降低制作成本。许多成功的应用表明,采用表演动画技术的制作成本甚至不到传统方法的十分之一,且动画制作过程更为直观,效果更为生动逼真。

与传统动画制作技术相比,表演动画有许多独特的优越性。

(1) 动画质量高:在传统技术中,角色的动作都是由动画师调整的,在很多情况下,如男性和女性行走姿态的细微区别、顶尖舞蹈家的艺术表演、体育运动、表情的变化等,手工调整很难达到非常逼真自然的程度。而表演动画则直接对演员、运动员和舞蹈家的动作进行捕捉,以真实的动作和表情去驱动角色模型,使最终生成的动画画面真实自然,其效果远远优于传统技术。

(2) 灵活的控制:制作人员可以在几分钟之内看到所捕捉到的动作,而且具有非常大的灵活性,如果制作人员想改变一下所捕捉到的动作,可以利用标准的动画工具,如反向运动学、皮肤变形等,对这个动作做进一步的修改、编辑。制作人员也可以给动作增加各种变化。

(3) 制作速度快,并节省开支:将原先对角色姿态的手工调整变为直观的表演,极大地提高了动画制作的速度,可以在很短的时间内制作出复杂的动画。在短时间内就可以看到所设计的结果,特别是复杂的动作设计,从而有效地节约制作成本。

(4) 积累数字图像素材:一旦动作被捕捉,坐标就可以被映射到任意具有不同年龄、大小、种族、服饰的人物身上。所有动作可以通过创建动作数据库进行存储,一次表演的动作存于素材库中,可被多次修改使用,甚至可以将一些过去影片中的经典动作提取出来,用以驱动新的角色模型。

(5) 特殊效果:表演动画系统在提供真实动作的同时,还具备表演动作与角色模型分离的特性,通过改变动作与角色模型的对应关系,可以得到一些匪夷所思的特殊效果,如以老虎动作驱动一只猴子、以人的动作驱动小狗的三维模型。

2. 表演动画的关键技术

在系统中,有表演者和角色模型。制作者利用三维构型软件制作数字化的角色模型,如卡通形象，或者利用三维扫描技术获得人物或动物的立体彩色数字模型，形成所谓的虚拟演员。而表演者则负责根据剧情做出各种动作和表情，运动捕捉系统则将这些动作和表情捕捉记录下来，然后在三维动画软件中，以这些动作和表情驱动角色模型，角色模型就能做出与表演者一样的动作和表情，并生成最终所见的动画序列。

一个完整的表演动画系统包含两大关键技术：运动捕捉和动画驱动。

运动捕捉是表演动画系统的基础，它实时地检测、记录表演者的肢体在三维空间的运动轨迹，捕捉表演者的动作，并将其转化为数字化的抽象运动，以便动画软件能用它驱动角色模型，使模型做出与表演者一样的动作。实际上，运动捕捉的对象不仅是表演者的动作，还可以包括表情、物体的运动、相机灯光的运动等。从原理上讲，目前常用的运动捕捉技术主要有机械式、声学式、电磁式和光学式，其中以电磁式和光学式最为常见。各种技术均有自己的优缺点和适用场合。

利用运动捕捉技术得到真实运动的记录后，以动作驱动模型最终生成动画序列，这同样是一项复杂的工作。动画系统必须根据动作数据，生成符合生理约束和运动学常识的、在视觉效果上连贯自然的动画序列，并考虑光照、相机位置等产生的影响。在需要时，必须达到一些特殊的效果。根据剧情的要求，还可能需对捕捉到的运动数据进行编辑和修改，甚至将其重新定位到与表演者完全不同的另一类模型。这些涉及角色的动力学模型和运动控制、图形学、运动编辑、角色造型等技术，是表演动画系统的又一关键点。

1）关键技术之一：关节动画技术

使用关节骨架来表示人类或者其他骨架动物的身体结构是表演动画技术中最主要的思想，所涉及的技术就是关节动画技术。这是一项非常复杂的工作，其中许多运动控制手段至今尚未解决。近年来，在动画制作系统中，使用骨架控制三维动画角色已非常流行。在这些系统中，角色的骨架定义为一系列骨件，而包裹这些骨件的“皮肤”则是一个顶点网。每个顶点的位置因受到一个或多个骨件运动的影响而变化。因此，只要定义好角色模型的骨架动作就可以实现栩栩如生的动画了。被定义为皮肤顶点的运动则以数学公式的方式生成。

2）关键技术之二：运动编辑技术

运动编辑不仅可以修补运动捕捉结果中的问题，还可以给动画师带来极大的便利。

运动编辑技术主要包括以下三种。

(1) 运动重定向(Motion Retargeting)：为了能够重用动作捕捉数据，动画师常常要对其进行调整，以适合不同的角色。如将一个角色的动作重新赋予另外一个角色，或者转换到不同的环境中，以补偿几何形状的变化。

(2) 运动变换(Motion Transforming)：为了克服运动捕捉方法缺乏灵活性的缺点，Witkin 通过混合动画曲线来编辑捕捉数据，从而使建立可重用的运动库、运动过渡、运动时间的整体缩放等成为可能。Bruderlin 提出了运动的多分辨率信号处理方法，可很好地应用于运动捕捉数据的编辑和重用。Unuma 通过对运动数据进行 Fourier 级数展开和抽取性情参数，提出了用情绪控制运动角色的方法。

(3) 运动变形(Motion Warping)：Lee 等提出了一种分层的交互编辑运动数据的方法，基于多分辨率 B 样条曲线逼近。该方法能改造已有的运动数据，使运动满足一系列约束。同时，他们也为逼近技术提出了一种有效的反运动学算法，可计算出每个肢体关节角度，大大减轻了类人关节动画中数值优化计算的负担。

3）关键技术之三：角色造型技术

在制作角色动画的过程中，三维几何造型和变形是一个重要而困难的问题。许多研究者在如何实现三维角色形状的再现和变形上做了极大的努力。一般来说，我们可以将它们的模型分为两个类别：曲面模型和层次模型。

曲面模型在概念上非常简单，它包含了一副骨架和外面的蒙皮。许多多边形平面片或样条曲面片构成了整个模型的蒙皮。这种模型存在的问题，一是需要输入大量的点，而这项工作通常是非常单调乏味的；另一个问题是难于控制关节处曲面的真实过渡形态，很容易产生奇异的和不规则的形状。

层次模型由骨架层、中间层（模拟肌肉、骨骼、脂肪组织等的物理行为）和皮肤层构成。由于人体的外观表现极大地受内部肌肉结构的影响，所以，层次模型是真实感角色动画最有前景的技术。考虑到运动学方程可有效地用来驱动骨架，因而，骨架层只起运动控制的作用，皮肤层才是可见的表面几何，而肌肉层是一个中间介质，它控制着由于骨架运动引起的肌肉收缩和伸张，进而产生皮肤表面的变形。分层方法的主要优点是一旦建立了分层结构的动画角色模型，仅对骨架操作就可以生成逼真的动画。

基于三层模型的肌肉模型涉及复杂的运动学计算和有限元分析计算，故计算量非常巨大，所以，有研究者提出采用自由变形技术（Free Form Deformation，FFD）来驱动皮肤表面几何的变形。20 世纪 80 年代初，出现了一种被称为元球（Metaball）的全新造型技术。元球造型是一种隐曲面造型技术，采用具有等势场值的点集来定义曲面。使用元球造型可以模拟骨骼、肌肉和脂肪组织总的行为。这种方法简单直观，与隐式曲面、参数曲面和多边形曲面结合使用可以产生非常真实健壮的人体变形。

8.6 本章小结

本章主要介绍了动画的基本概念与分类、计算机动画的关键技术，计算机动画的制作理论，最后对于计算机动画的应用和最新发展进行了简单的描述。

8.7 习题

1. 简述动画的定义及类型。
2. 动画是如何分类的？
3. 简述逐帧动画与实时动画的主要区别。
4. 描述动画片的制作过程。
5. 简述关键帧方法的基本过程。
6. 简述造型动画技术。
7. 列举提高计算机动画效果的基本手法。
8. 利用自己熟悉的动画软件，制作一个二维或三维动画片。
9. 描述表演动画的关键技术。
10. 什么是人脸动画？

第9章 虚拟现实技术

CHAPTER 9

随着计算机技术的飞速发展，虚拟现实技术在越来越多的领域得到广泛应用。虚拟现实技术以计算机技术为主，并涉及三维图形动画技术、多媒体技术、仿真技术、传感技术、显示技术等多种高科技的最新发展成果，其基本实现方式是计算机等设备模拟一个具有视觉、触觉和嗅觉的逼真虚拟环境，从而给人以环境沉浸感。在这个由计算机创造的虚拟世界中，用户通过头戴显示器观察虚拟世界，并且能与虚拟世界中的物体进行实时交互，通过触觉反馈设备产生与现实世界相同的感觉，让用户和计算机融为一体，通过用户与虚拟环境的相互作用，并利用人类本身对所接触事物的感知和认知能力启发参与者的思维，全方位地获取事物的各种空间信息和逻辑信息。这也是虚拟现实技术优于传统模拟技术的地方。

本章要点：

本章重点掌握虚拟现实技术的定义与基础理论，了解虚拟现实技术的应用领域。

9.1 虚拟现实技术概论

9.1.1 虚拟现实技术的定义

虚拟现实是由英文名 Virtual Reality 翻译而来，它的另一个名称为 Virtual Environment（虚拟环境）。Virtual 是虚假的意思，说明这个世界或环境是虚拟的、不真实的、人造的，是存在于计算机内部的。Reality 是真实的意思，意味着现实的世界或现实的环境。两个词合并起来就是虚拟现实。国内也有人译为“灵境”，灵境是虚幻之所在，也有人译为“幻真”“临境”。这些译文都说明虚拟现实是人工创作的，由计算机生成的，存在于计算机内部的环境。用户可以通过自然的方式进入此环境，并与环境进行交互，从而产生置身于相应真实环境的虚幻感。虚拟现实是利用计算机模拟产生一个三维空间的虚拟世界，提供使用者关于视觉、听觉、触觉等感官的模拟，可以直接观察、操作、触摸、检测周围环境和事物的内在变化，并能与之发生交互作用，使人和计算机很好地“融为一体”，给人一种身临其境的感觉，可以实时、没有限制地观察三维空间内的事物。韦氏大学英语词典给虚拟现实下的定义为：一种人工生成的环境，用户通过计算机产生的感官刺激（视觉刺激与听觉刺激）来对其进行体验，用户的行为可以部分决定这个环境中将要发生的事情。虚拟现实有以下三个基本特征。

（1）沉浸感（Immersion）。

沉浸感要求所构造的虚拟环境对人的刺激在物理上和认知上符合人的已有经验，让人产生身处真实世界的感觉。沉浸性是虚拟现实技术最主要的特征,就是让使用者成为并感受到自己是计算机系统所创造环境中的一部分。虚拟现实技术的沉浸性取决于使用者的感知系统,当使用者感知到虚拟世界的刺激时,包括触觉、味觉、嗅觉、运动感知等,便会产生思维共鸣,造成心理沉浸,感觉如同进入真实世界。理想的虚拟世界应能达到让使用者难以分辨真假的程度,甚至超越真实,实现比现实更逼真的体验效果。

(2) 交互性(Interaction)。

交互性指用户对模拟环境内物体的可操作程度和从环境得到反馈的自然程度。交互性是指用户对模拟环境内物体的可操作程度和从环境得到反馈的自然程度,主要借助于 VR 系统中的特殊硬件设备(如数据手套、操作手柄、力反馈装置等),使用者进入虚拟空间,相应的技术让使用者跟环境产生相互作用,当使用者进行某种操作时,周围的环境也会做出某种反应。如使用者接触到虚拟空间中的物体,那么使用者手上应该能够感受到该物体;若使用者对物体有所动作,那么物体的位置和状态也应改变。

(3) 想象力(Imagination)。

想象性又称创造性或构想性,指虚拟的环境是用户想象出来的,使用者在虚拟空间中可以与周围物体进行互动,同时这种想象体现出设计者相应的思想,可以拓宽认知范围,根据自己的感觉与认知能力吸收知识,创造客观世界不存在的场景或不可能发生的环境。所以说 VR 产品不仅是一个媒体或一个高级用户界面,它还是为解决工程、医学、军事等方面的问题而由开发者设计出来的应用软件。

9.1.2 虚拟现实技术的发展

第一阶段:1963 年以前,蕴含虚拟现实技术思想的第一阶段。

1929 年,发明家 Edwin Link 发明了飞行模拟器,使乘坐者有一种在飞机中飞行的感觉。

1962 年,Morton Heilig 发明了全传感仿真器,蕴含了虚拟现实技术的思想理论。

第二阶段:1963 年到 1972 年,虚拟现实技术的萌芽阶段。

1968 年,美国计算机图形学之父 Ivan Sutherlan 开发了第一个计算机图形驱动的头盔显示器 HMD 和同步未知跟踪系统。该系统具有三维显示、立体声效果,能产生振动、气味和风吹等感觉效果并支持简单的互动,如图 9-1 所示。

图 9-1 第一个计算机图形驱动的头盔显示器

第三阶段:1973 年到 1989 年,虚拟现实技术概念和理论产生的初步阶段。

M. W. Krueger 设计的 VIDEOPLACE 系统将产生一个虚拟图像环境,使参与者的图像投影能实时地响应参与者的活动。

M. MGreevy 领导完成的 VIEW 系统，在装备数据手套和头部跟踪器后，通过语言、手势等交互方式，形成虚拟现实系统。

20 世纪 80 年代，美国的 VPL 公司创始人 Jaron Lanier 正式提出了 Virtual Reality 一词。当时，研究此项技术的目的是提供一种比传统计算机模拟更好的方法。

1984 年，美国宇航局 NASA 研究中心的虚拟行星探测实验室开发了用于火星探测的虚拟世界的视觉显示器，将火星探测器发回的数据输入计算机，为地面研究人员构造火星表面的三维虚拟世界。

第四阶段：细腻显示技术理论的逐步完善和应用阶段。

VR 得到蓬勃发展，在科学计算可视化、建筑设计、产品设计以及教育、培训和娱乐等各领域得到更广泛的应用。随着市场的热捧，VR 眼镜迎来了第一次热潮。3D 画面和声音更加逼真、清晰，显示更加实时，交互更加自然，HMD 设备更加轻便和移动化，可以支持多人共场协同，VR 体验越来越好。

1996 年 10 月 31 日，世界上第一个虚拟现实技术博览会在伦敦开幕。全世界的人们可以通过因特网坐在家中参观这个没有场地、没有工作人员、没有真实展品的虚拟博览会。

1996 年 12 月，世界上第一个虚拟现实环球网在英国投入运行。这样，因特网用户便可以在一个由立体虚拟现实世界组成的网络中遨游，身临其境般地欣赏各地风光、参观博览会和在大学课堂听讲座等。

目前，迅速发展的计算机硬件技术与不断改进的计算机软件系统极大地推动了虚拟现实技术的发展，使基于大型数据集合的声音和图像的实时动画制作成为可能，人机交互系统的设计不断创新，很多新颖、实用的输入输出设备不断地出现在市场上，为虚拟现实系统的发展打下了良好的基础。图 9-2 为虚拟现实环境下的人机交互。

图 9-2 虚拟现实环境下的人机交互场景

9.2 虚拟现实理论基础

9.2.1 虚拟现实建模语言(VRML)

虚拟现实建模语言(Virtual Reality Modeling Language，VRML)是一种用于创建三维造型和渲染的图形描述语言。1994 年，Mark Pesce 和 Tony Parisi 创建了可用来浏览 Internet 上三维画面的浏览器原型，称为 Labyrinth(迷宫)，首次提出了 VRML 一词。1994 年，由 SGI 公司的工程师 Gavin Bell 组织制订了 VRML 1.0 的规范草案，并于同年 10 月在芝加哥召开的第二届万维网国际会议上公布。VRML 2.0 是以 SGI 公司的 Moving Worlds 提案为基础的，节点类型被扩展为 54 种，支持的对象也已包括动态和静态两大类。VRML 的国际标准草案于 1998 年 1 月正式获得 ISO 的认定和发布，通常被称为 VRML97。1998 年，VRML 组织更名为 Web3D 组织，并制订了一个新的标准 X3D(Extensible 3D)。

VRML 的特点：基于 Internet 共享的虚拟世界；较低的配置需求；真正的动态交互；适用于网络现状的技术；开放式的标准浏览 VRML 虚拟空间，需要使用浏览器插件，常用的有 Cosmo Player VRML 浏览器、Microsoft VRML 2.0 浏览器以及其他浏览器，如 SVR（兼容 VRML97）、Community Place、Liquid Reality 等。图 9-3 为显示在 Cosmo Player VRML 浏览器中的三维虚拟会议大厅。

图 9-3　显示在 Cosmo Player VRML 浏览器中的三维虚拟会议大厅

9.2.2　虚拟现实技术简介

虚拟现实技术的实质是构建一种人为的能与之进行自由交互的“世界”，在这个“世界”中参与者可以实时地探索或移动其中的对象。沉浸式虚拟现实是最理想的追求目标。但虚拟现实相关技术研究遵循“低成本、高性能”的原则，桌面虚拟现实是较好的选择。因此，根据实际需要，未来虚拟现实技术的发展趋势为两方面。一方面是朝着桌面虚拟现实发展，目前已有数百家公司正在致力于桌面级虚拟现实的开发，其主要用途是商业展示、教育培训及仿真游戏等。由于 Internet 的迅速发展，网络化桌面级虚拟现实也随之诞生。另一方面是朝着高性能沉浸式虚拟现实发展。在众多高科技领域如航空航天、军事训练和模拟训练等，由于各种特殊要求，因此需要完全沉浸在环境中进行仿真试验。这两种类型的虚拟现实系统的未来发展主要在建模与绘制方法、交互方式和系统构建等方面提出了新的要求，表现出一些新的特点和技术要求，主要表现在以下方面。

1. 立体显示技术

三维图形的生成技术已比较成熟,而关键是如何实时生成,在不降低图形的质量和复杂程度的前提下,如何提高刷新频率将是今后重要的研究内容。此外,VR还依赖于立体显示和传感器技术的发展,现有的虚拟设备还不能满足系统的需要,有必要开发新的三维图形生成和显示技术。人类习惯使用双眼来观察所处的这个三维立体的现实世界,不仅能够感知到物体的大小、颜色、形状,还能察觉出物体与自己相隔的距离,产生远近的感觉。像这样对距离的感知就称为深度感知,也就是空间深度感,空间深度感是形成3D立体视觉最关键的因素。当人们观察物体上的某一点时,由该点发射的光就会聚于双眼视网膜中心的中央凹,我们在两眼的视网膜上为两个中央凹给出了一对可以进行比较的对应位置,以此作为依据来确定双眼的会聚,同时,来自关注点以外的光并不一定会会聚在两眼视网膜上给出的对应位置。

2. 环境建模技术

在虚拟现实系统中,营造的虚拟环境是它的核心内容,要建立虚拟环境,首先要建模,然后在其基础上再进行实时绘制、立体显示,形成一个虚拟的世界。虚拟环境建模的目的在于获取实际三维环境的三维数据,并根据其应用的需要,利用获取的三维数据建立相应的虚拟环境模型。只有设计出反映研究对象的真实有效的模型,虚拟现实系统才有可信度。

在虚拟现实系统中,环境建模应该包括有基于视觉、听觉、触觉、力觉、味觉等多种感觉通道的建模。但基于目前的技术水平,常见的是三维视觉建模和三维听觉建模。而在当前应用中,环境建模一般主要是三维视觉建模,这方面的理论也较为成熟。

环境建模分为几何建模、物理建模、行为建模。

几何建模是基于几何信息来描述物体模型的建模方法,它处理物体的几何形状的表示,研究图形数据结构的基本问题。几何建模是20世纪70年代中期发展起来的,它是一种通过计算机表示,控制,分析和输出几何实体的技术,是CAD/CAM技术发展的一个新阶段。几何信息即指在欧氏空间中的形状、位置和大小,最基本的几何元素是点、直线、面。拓扑信息是指拓扑元素(顶点、边棱线和表面)的数量及其相互的连接关系。拓扑信息指拓扑元素(顶点、边棱线和表面)的数量及其相互间的连接关系。

物理建模涉及物体的物理属性。软件系统的物理架构详细描述系统的软件和硬件组成。其中的硬件结构包括不同的节点以及节点间如何连接。软件结构包括软件运行时,进程、程序和其他组件的分布。物理建模就是将现实生活中复杂的问题进行简化、抽象。数学建模就是把物理建模得到的问题用数学方法描述出来,这个过程中可能会进行进一步的简化与抽象。一个数学模型有可能可以描述多个物理问题,例如经典的二阶常微分模型适用于热力学、流体力学、结构力学等多种问题。所谓物理模型是参照研究对象的运动过程、结构大小、形状及状态等特点,忽略次要因素,抓住主要因素建立起的一种理想化和高度抽象化的物理过程、概念以及实体。在物理学习中提高建模能力,可以将抽象的物理概念形象化,将复杂的物理问题简单化。提高学生物理建模能力对于激发学生的想象力、创造力及理解力都有着积极的作用。

行为建模反映研究对象的物理本质及其内在的工作机理。行为建模在各个领域有不同的定义。在虚拟现实系统中,实体对象不但具有几何形体,而且均有自己的行为方式,仅当这些实体对象都以令人信服的方式进行行为选择并展现出合理的行为运动时,虚拟世界的真实感才能真正得以体现。一方面，相比研究方法和进展较为成熟的几何建模和物理建模而言，对于个体和群体的行为建模方法研究较少，为了构造智能型对象和群体对象，如何将行为建模与人工智能相结合是有待于研究解决的问题。另一方面，虚拟现实系统在解决实际问题时，许多都会涉及人类自身的研究。因此，为了增强真实感和可信度，对虚拟人的智能行为建模，已经成为虚拟现实课题的重要研究发展方向之一。

虚拟现实建模是一个比较繁复的过程，需要大量的时间和精力。如果将 VR 技术与智能技术、语音识别技术结合起来，可以很好地解决这个问题。对模型的属性、方法和一般特点的描述通过语音识别技术转化成建模所需要的数据，然后利用计算机的图形处理技术和人工智能技术进行设计、导航以及评价，将模型用对象表示出来，并且将各种基本模型静态或动态地连接起来，最终形成系统模型。

3. 声音合成技术

听觉信息是人类仅次于视觉信息的第二传感通道，是增强人在虚拟现实中的沉浸感和交互性的重要途径。它作为多通道感知虚拟环境中的一个重要组成部分，一方面负责用户与虚拟环境的语音输入，另一方面生成虚拟世界中的三维虚拟声音。

三维虚拟声音与人们熟悉的立体声音不同。就立体声音而言，我们可以调整它的左右声道，但是，整体来说我们能够感受到的立体声音还是来自于听者的某一个平面。而三维虚拟声音的体验，听者可以感知到来自四面八方的声音，相当于整个声音系统像一个球形空间围绕着听者的双耳，所以听者可以感受到整个球形空间的任何地方的声音。

在虚拟现实系统中加入与视觉并行的三维虚拟声音，一方面可以在很大程度上增强用户在虚拟世界中的沉浸感和交互性，另一方面也可以减弱大脑对于视觉的依赖性，降低沉浸感对视觉信息的要求，使用户体验视觉感受、听觉感受带来的双重信息享受。

4. 人机交互技术

虚拟现实中的人机交互远远超出了键盘和鼠标的传统模式。虚拟现实技术实现了人能够自由与虚拟世界对象进行交互，犹如身临其境，借助的输入输出设备主要有头盔显示器、数据手套、数据衣服、三维位置传感器和三维声音产生器等。但在实际应用中，它们的效果并不理想，因此，新型、便宜、鲁棒性优良的数据手套和数据服将成为未来研究的重要方向。另外，三维交互技术与语音识别、语音输入技术等成为重要的人机交互手段。虚拟现实(VR)系统中的人机交互技术主要是发展和完善三维交互。虚拟环境产生器的作用是根据内部模型和外部环境的变化计算生成人在回路中的逼真的虚拟环境，人通过各种传感器与这个虚拟环境进行交互。

根据 J. J. Gibson 的概念模型，交互通道应该包括视觉、听觉、触觉、嗅觉、味觉、方向感等。

(1) 视觉通道

虚拟环境产生器通过视觉通道产生以用户本人为视点的包括各种景物和运动目标的视景，人通过头盔显示器(HMD)等立体显示设备进行观察。视景的生成需要计算机系统具有很强的图形处理能力并配合合适的显示算法，而且显示设备应具备足够的显示分辨率。视觉通道是当前 VR 系统中研究的最多、成果最显著的领域。在该领域中，对硬件的迫切要求是提高图形处理速度，最困难的问题是如何减少图像生成器的时间延迟，关键技术是如何在运算量与实时性之间取得折中。

（2）听觉通道

听觉通道为用户提供三维立体音响。研究表明，人类15%的信息量是通过听觉获得的。在VR系统中加入三维虚拟声音，可以增强用户在虚拟环境中的沉浸感和交互性。听觉通道为用户提供三维立体音响。在VR系统中创建三维虚拟声音，关键问题是三维声音定位。具体说，就是在三维虚拟空间中把实际声音信号定位到特定的虚拟声源，以及实时跟踪虚拟声源的位置变化或景象变化。

（3）触觉与力反馈

在虚拟环境中，人们能直接与虚拟物体接触，感受到如同真实世界的感觉，需要在手套内层安装一些可以振动的触点来模拟触觉，从而产生犹如身临其境的感觉。严格地讲，触觉与力反馈是有区别的。触觉是指人与物体对象接触所得到的感觉，是触摸觉、压觉、振动觉、刺痛觉等皮肤感觉的统称。力反馈是作用在人的肌肉、关节和筋腱上的力。在VR系统中，由于没有真正抓取物体，所以称为虚拟触觉和虚拟力反馈。只有引入触觉与力反馈，才能真正建立一个“看得见摸得着”的虚拟环境。由于人的触觉相当敏感，一般精度的装置根本无法满足要求，所以触觉与力反馈的研究相当困难。对触觉与力反馈的研究成果主要有力学反馈手套、力学反馈操纵杆、力学反馈表面及力学阻尼系统等。力触觉人机交互是操作者通过交互设备向虚拟环境输入力或运动信号，虚拟环境以视、听、力或运动信号的形式反馈给操作者的过程。

力触觉生成算法(Haptic Rendering)是计算和生成人与虚拟物体交互力的过程，是力触觉人机交互技术的软件核心，是使人感受到虚拟环境丰富多彩的关键。力触觉(Haptic)包括人体两类感受器：位于皮肤真皮层和表皮层的触觉感受器(Tactile Receptor)，相应诱发的感受称为触觉反馈；位于关节和韧带内的感受器(Kinesthetic Receptor)，相应诱发的感受称为力觉反馈。为模拟这两类感受，相应的生成方法分别称为力觉生成(Force Rendering)和触觉生成(Tactile Rendering)算法。相比于视听觉的蓬勃发展，触觉交互的研究仍存在很多问题有待解决，导致触觉研究进展缓慢的原因在于力触觉研究的多学科交叉特点，涵盖计算机科学、机械学、自动控制、心理学、认知神经科学等学科。

典型的数据获取方法是通过CT断层扫描、激光扫描或计算机视觉技术对物体的三维外形进行测量，并获取物体的三维形态数据，然后再对其进行三维重构。把模拟对象的物理属性等参数添加到计算机图形学中，如物体的内部组织黏度、表面硬度、摩擦系数等参数。力触觉生成的代表性模型包括点集合模型、三角网格模型、体素模型、球树模型、点壳模型、NURBS曲面模型等。在设计力觉生成算法时，应根据应用需求的不同来进行模型的选择。

碰撞检测实时检测虚拟工具与虚拟环境中的其他物体是否产生接触，并对工具与物体之间的接触点位置、接触方向、接触面积、穿透深度和穿透体积等参数进行检测计算，为后续碰撞响应计算提高准确的接触状态信息。基于碰撞检测的结果，计算手术工具和被操作物体之间的作用力通常采用两类方法：基于几何的方法和基于物理的方法。前者中的交互力主要考虑物体和交互工具的几何外形和物体之间相对嵌入深度或嵌入体积的影响；后者包括弹簧质量模型、有限元模型等。变形计算通过对弹性体的建模计算来改变物体的形状以产生变形效果，其难点在于力传递过程太过复杂导致计算烦琐影响变形的运算效率。变形计算涉及的是对模型的变形程度计算并显示数据的过程。当交互的形式涉及物体的内部结构(如切割、钻削)时，基于几何的力计算很难做出令人满意的逼真效果，在这样的情形下，必须在一定程度上考虑物理规律。

5. 网络分布式虚拟现实技术的研究与应用

分布式虚拟现实(DVR)是今后虚拟现实技术发展的重要方向。随着众多分布式虚拟现实开发工具及其系统的出现,DVR 本身的应用也渗透到各行各业,包括医疗、工程、训练与教学以及协同设计。近年来,随着 Internet 应用的普及,一些面向 Internet 的分布式虚拟现实的应用使得位于世界各地的多个用户可以进行协同工作。将分散的虚拟现实系统或仿真器通过网络联结起来,采用协调一致的结构、标准、协议和数据库,形成一个在时间和空间上互相耦合的虚拟合成环境,参与者可自由地进行交互作用。特别是在航空航天中应用价值极为明显,因为国际空间站的参与国分布在世界不同区域,分布式 VR 训练环境不需要在各国重建仿真系统,这样不仅减少了研制费用和设备费用,还减少了人员出差的费用以及异地生活的不适。在我国"863"计划的支持下,由北京航空航天大学、杭州大学、中国科学院计算所、中国科学院软件所和装甲兵工程学院等单位共同开发了一个分布虚拟环境的基础信息平台,为我国开展分布式虚拟现实的研究提供了必要的网络平台和软硬件基础环境。

9.3 虚拟现实技术的应用领域

自 20 世纪 80 年代发展到现在,虚拟现实技术具有降低成本、提高安全性、形象逼真和可反复操作等优点,得到了用户的认可。虚拟现实的应用领域包括教育和培训、制造业、娱乐业以及商业服务业等。在所有这些领域都要求降低费用、缩短生产周期等的情况下,虚拟现实技术具有适应性、真实性和合作性等特点。

9.3.1 教育领域

虚拟现实应用于教育是教育技术发展的一个飞跃。它实现了建构主义、情景学习的思想,营造了"自主学习"的环境,由传统的"以教促学"的学习方式代之为学习者通过自身与信息环境的相互作用来得到知识、技能的新型学习方式。真实、互动的特点是虚拟现实技术独特的魅力。虚拟现实技术提供基于教学、教务、校园生活的三维可视化的生动、逼真的学习环境,例如虚拟实验室、虚拟校园和技能培训等。使用者选择任意环境,并映射成自选的任意一种角色,通过亲身经历和体验来学习知识、巩固知识,极大地提高了学生的记忆力和学习兴趣。虚拟现实技术能使学习者能直接、自然地与虚拟对象进行交互,以各种形式参与事件的发展变化过程,并获得最大的控制和操作整个环境的自由度。此方法比传统的教学方式,尤其是空洞抽象地说教、被动地灌输更具有说服力。随着网络的发展,虚拟现实技术与网络技术提供给了学生一种更自然的体验方式,包括交互性、动态效果、连续感以及参与探索性,构建了一个网络虚拟教学环境,可以实现虚拟远程教学、培训和实验,既可以满足不同层次学生的需求,也可以使得缺少学校和专业教师,以及昂贵的实验仪器的偏远地区的学生能够学习。相比于传统的教学,网络虚拟教学拥有以下优势。

(1) 在保证教学质量的前提下,极大地节省了置备设备、场地等硬件所需要的成本。

(2) 学生利用虚拟现实技术进行危险实验的再现,例如外科手术,免除了学生的安全隐患。

(3) 完全打破空间、时间的限制,学生可以随时随地进行学习。

目前，国内外许多大学和公司进行了虚拟教学与实验的研究，开发了虚拟教学环境，并在部分中、小学和大学作为一种教学方法进行使用，其效果较明显。图 9-4 为虚拟的零件安装培训过程，学生通过佩戴数据手套和立体眼镜进行虚拟设备的安装。

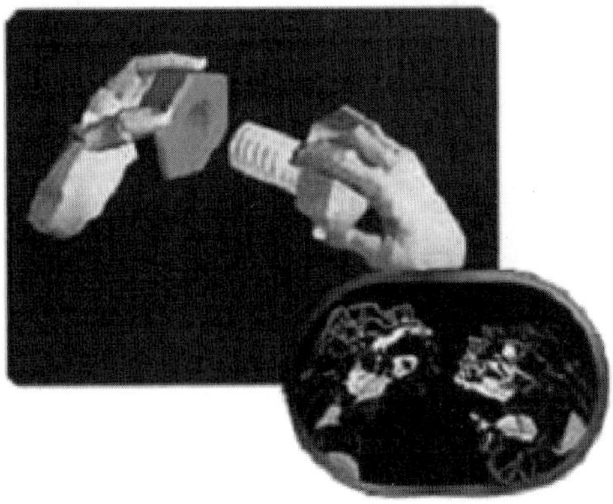

图 9-4 虚拟零件安装培训

随着虚拟现实技术的不断发展和完善以及硬件设备价格的不断降低，虚拟现实技术以其自身强大的教学优势和潜力，将会更加受到教育工作者的重视和青睐，并在教育、培训领域发挥重要作用。

9.3.2 文化艺术领域

虚拟现实是一种传播艺术家思想的新媒介，其沉浸性与交互性可以将静态的艺术转变为观察者可以探索的动态艺术，在文化艺术领域中扮演着重要角色。虚拟博物馆、虚拟文化遗产、虚拟画廊、虚拟演员和虚拟电影等都是当前的虚拟现实的成果。虚拟现实在文化艺术领域主要包括名胜古迹、虚拟游戏以及影视 3 方面。

1. 名胜古迹

虚拟现实展现名胜古迹的景点，形象逼真。结合网络技术，可以将艺术创作、文物展示和保护提高到一个崭新的阶段。让那些由于身体条件限制的人不必长途跋涉就可以在家中通过因特网很舒适地选择任意路径遨游各个景点，乐趣无穷。图 9-5 为虚拟故宫，是我国较早的一个虚拟产品。

图 9-5 虚拟故宫

2010 年，在上海举行的世博会的亮点之一就是网上世博会。它运用三维虚拟现实、多媒体等技术设计世博会的虚拟平台，将上海世博会园区以及园区内的展馆空间数字化，用三维方式再现到因特网上，全球网民足不出户就可以获得前所未有的 360°空间游历和 3D 互动体验。不仅向全球亿万观众展示各国的生活与文化，同时也展现了上海世博会的创新理念。如图 9-6 所示的网上世博会，法国馆将“感性城市”的主题在虚拟空间中展现无遗。参观者只需单击鼠标就能在虚拟展馆中 360°自由参观。

2. 虚拟游戏

三维游戏既是虚拟现实技术最先应用的领域，也是重要的发展方向之一，为虚拟现实技术的快速发展起到了巨大的需求牵引作用。计算机游戏从最初的文字 MUD 游戏，到二维游戏、三维游戏，再到网络三维游戏，游戏在保持其实时性和交互性的同时，逼真度和沉浸感正在一步步地提高和加强。所以，虚拟现实技术已经成为三维游戏工作者的崇高追求者。2004 年，暴雪娱乐(Blizzard Entertainment) 推出的一款网络三维游戏《魔兽世界》轰动一时。该游戏是大型多人在线角色扮演游戏(MMORPG)，它具有上百个场景，豪华的大场面制作，写实风格的地形地貌。整个画面精致，在玩游戏的同时还可以欣赏到瑰丽的景色，景色会随着时间而变化，让玩家在不同的时间欣赏到不同的景色。除此之外，制作人员非常注重细节的雕琢，如牛头人在静止不动时会自己搔痒；路边的怪物狼见到旁边的兔子会自己奔过去猎食；购买装备有试衣间试穿等。完美的设计让游戏者完全沉浸于游戏的乐趣之中。图 9-7 为精致的《魔兽世界》的游戏画面。

图 9-6 虚拟的卢浮宫画廊

图 9-7 《魔兽世界》的游戏画面

国内游戏今年也得到长足发展，《王者荣耀》是由腾讯游戏天美工作室群开发并运营在 Android、IOS、NS 平台上的 MOBA 类国产手游，于 2015 年 11 月 26 日在 Android、iOS 平台上正式公测。图 9-8 为《王者荣耀》的游戏宣传图。

3. 影视

三维立体电影对人的视觉产生了巨大的冲击力，是电影界划时代的进步。在 2010 年年初上映的电影《阿凡达》，场景气势恢宏，波澜壮阔，缥缈仙境，人间奇缘，让人久久不能忘怀。它的成功除了使用 3000 多个特效镜头外，还在于电影从平面走向了立体，整个拍摄过程使用新一代 3D 摄影机拍出了立体感。图 9-9 为《阿凡达》场景。

三维立体电影是虚拟现实技术的应用之一，是结合虚拟现实技术拍摄的电影。拍摄时，首先在拍摄前期，立体摄影师结合故事情节创作一个“深度脚本”。深度脚本是立体电影创作意图的展示手段，是拍摄的依据，它决定了每个场景的立体景深，对于制作舒适、清晰的立体画面、镜头和帧序列起到了很重要的作用。拍摄时，通常使用用于拍摄立体图像的 3D 摄

图 9-8 《王者荣耀》宣传图

图 9-9 《阿凡达》场景

像机和用于虚实结合的虚拟摄像机，不仅实现了动作和表情的实时捕捉，为场景增加整体动感，而且降低了拍摄成本。其拍摄原理广泛采用偏光眼镜法，它以人眼观察景物的方法，利用两台并列安置的电影摄影机，分别代表人的左、右眼，同步拍摄出两条略带水平视差的电影画面。放映时，将两条电影影片分别装入左、右电影放映机，并在放映镜头前分别装置两个偏振轴互成 90°的偏振镜，两台放映机须同步运转，同时将画面投放在金属银幕上，形成双影图像。当观众戴上特制的偏光眼镜时，观众的左眼只能看到左像、右眼只能看到右像，通过双眼会聚功能将左、右像叠和在视网膜上，由大脑神经产生三维立体的视觉效果，展现出一幅幅连贯的立体画面，使观众感到景物扑面而来，产生强烈的身临其境感。虚拟现实在三维立体电影中的应用主要是制造栩栩如生的人物、引人入胜的宏大场景，以及添加各种撼人心魄的特技效果。目前，三维立体电影技术比较成熟，每年都会有 3D 电影问世，例如《冰河世纪》《飞屋环游记》等，人们一次次地被召唤到电影院，拟的三维立体电影在电影界绽放出夺目的光彩。但是，存在的局限性是观看立体电影时需要佩戴 3D 眼镜。由此，美国 RealD 公司宣布，在不久的将来会让观众摘下 3D 眼镜直接观看立体电影，届时观众观看 3D 立体电影会更加方便与舒畅，电影院也将真正给观众带来身临其境的氛围。星空与万丈深渊都会近在咫尺，电影院的魅力将会无限扩大和延伸，将会使电影业得到更为长足的进步和拓展。图 9-10 为《冰河世纪》里面的场景图。

图 9-10 《冰河世纪》场景

9.3.3 军事领域

军事领域研究是推动虚拟现实技术发展的原动力,目前依然是主要的应用领域。虚拟现实技术主要在军事训练和演习、武器研究这两方面得到广泛应用。在传统的军事实战演习中,特别是大规模的军事演习,不但耗资巨大,安全性较差,而且很难在实战演习条件下改变战斗状况来反复进行各种战场势态下的战术和决策研究。现在,使用计算机,应用 VR 技术进行现代化的实验室作战模拟,它能够像物理学、化学等学科一样,在实验室里操作,模拟实际战斗过程和战斗过程中出现的各种现象,增加人们对战斗的认识和理解,为有关决策部门提供定量的信息。在实验室中进行战斗模拟,首先确定目的,然后设计各种试验方案和各种控制因素的变化,最后士兵再选择不同的角色控制进行各种样式的作战模拟试验。例如,研究导弹舰艇和航空兵攻击敌机动作战舰艇编队的最佳攻击顺序、兵力数量和编成时,实兵演习和图上推演不可能得到有用的结果和可靠的结论,但可以通过方案和各种因素的变化建立数学模型,在计算机上模拟各种作战方案和对抗过程,研究对比不同的攻击顺序,以及双方兵力编成和数量,可以迅速得到双方的损失情况、武器作战效果、弹药消耗等一系列有用的数据。虚拟军事训练和演习不仅不动用实际装备而使受训人员具有身临其境之感,而且可以任意设置战斗环境背景,对作战人员进行不同作战环境,不同作战预案的多次重复训练,使作战人员迅速积累丰富的作战经验,同时不担任何风险,大大提高了部队的训练效果。图 9-11 为虚拟战场。武器设计研制采用虚拟现实技术,提供具有先进设计思想的设计方案,使用计算机仿真武器,并进行性能的评价,得到最佳性价比的仿真武器后,再投入武器的大批量生产。此过程缩短武器研制的制作周期,节约不必要的开支,降低成本,提高武器的性价比。

图 9-11 虚拟战场

9.3.4 制造业

制造业展示产品从概念阶段到实际生产和销售的转变过程。消费者需要物美价廉、品种丰富的产品。各个公司绞尽脑汁想再提高生产的灵活性、缩短产品的开发时间并节约成本。虚拟现实的自然的多模态交互、适应性、远程共享访问等特点，对制造商具有很强的吸引力。自20世纪90年代开始，使用虚拟现实技术的制造业——虚拟制造，已经得到了迅速发展，目前已经广泛地应用到了制造业的各个环节，对企业提高开发效率，加强数据采集、分析、处理能力，减少决策失误，降低企业风险起到了重要的作用。虚拟制造采用计算机仿真和虚拟现实技术在分布技术环境中开展群组协同工作，支持企业实现产品的异地设计、制造和装配，是CAD/CAM等技术的高级阶段。利用虚拟现实技术、仿真技术等在计算机上建立的虚拟制造环境是一种接近人们自然活动的自然环境，人们的视觉、触觉和听觉都与实际环境接近。人们在这样的环境中进行产品的开发，可以充分发挥技术人员的想象力和创造能力，可以相互协作发挥集体智慧，大大提高了产品开发的质量和缩短了开发周期。汽车制造业就是其成果应用的范例。图9-12为现代汽车集团虚拟系统下的汽车装配开发。

图9-12 现代汽车集团进行虚拟汽车装配

9.3.5 医疗领域

传统的医疗科目教学都是使用教科书和供解剖用的遗体来供学生学习和练习，但是，学生们较难得到用遗体练习解剖技术的机会，并且在对实际的生命体进行解剖练习时，较多细小的神经和血管是很难看到的。另外，一旦进行了切割，解剖体就被破坏，如果想要再次切割来进行不同的观察，问题就变得较为复杂。虚拟现实技术可以弥补传统的不足，主要应用到解剖学和病理学教学、外科手术训练、复杂外科手术规划、健康咨询和身体康复治疗等方面。例如，在外科手术中，通过虚拟现实技术仿真课程，可以对麻醉医师和静脉注射护士进行培训、对实习外科医生上手术台之前的开刀进行培训，以及通过虚拟现实技术可以完成对复杂外科手术的设计、手术过程中的指引和帮助信息的提供、手术结果的预测等操作，可以帮助外科医生顺利完成手术，并使其对患者造成的损伤降低至最小。医学专家也利用虚拟现实技术形成虚拟的“可视人”，使用关键帧动画实现对身体的漫游。学生可以通过鼠标操作对胸部结构进行拆分和组装，并进行360°旋转立体图形，详细浏览和了解每一部分内容。除此之外，学生可以在虚拟的患者身上反复操作，提高技能，有利于学生对复杂的人体三维结构本质进行较好的理解。当然，也可以对比较罕见的病例进行模拟、诊断和治疗，减少误诊的概率。利用远程康复的治疗方式监督康复中的患者，使其在虚拟日常生活中的各种情景中活动，减少患者独自在家康复的孤独感，实现更为愉悦的治疗方式。目前，美国斯坦福国际研究所已成功研制出远程手术医疗系统，整形外科远程康复系统，如图 9-13 所示。

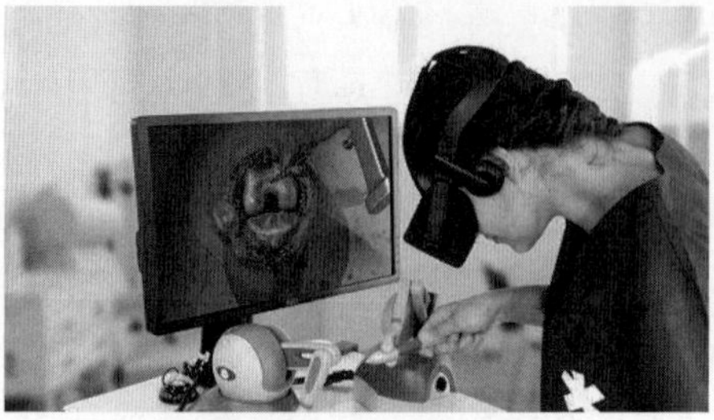

图 9-13　虚拟医疗手术

9.3.6 商业

二维平面图像的交互性较差，已经不能满足人的视觉需要。虚拟现实技术的到来，使三维立体的表现形式，全方位展示产品，得到更多企业和商家的青睐。结合网络技术，企业利用虚拟现实技术将其产品的商业包装、展示、推广发布成网上三维立体的形式，展示出逼真的产品造型，通过交互体验来演示产品的功能和使用操作，充分利用因特网高速迅捷的传播优势来推广公司的产品。例如，企业将产品的展示做成在线三维的形式，可以使顾客全方位浏览产品，对产品有更加全面的认识和了解，从而提高购买的概率，为销售者带来更多的利润。图 9-14 为提供交互式在线营销服务网站 Zugara 的试衣间，用户通过计算机摄像头来

图 9-14　虚拟试衣间

实现在线试衣。除了可以让用户借助摄像头而使真人试穿外，还可以让用户通过输入一些身体数据，比如身高、体重、体形之类的，在线生成一个模拟人，与真人相互搭配，以保证试穿的效果更为精准，让用户更有参考价值。

在商业领域，虚拟网络相当于一个形象的、体贴的、人性化的、永远彬彬有礼的漂亮导购人员，可以提供给顾客免费试用的永远不易损坏的三维产品。它使用 Web3D 构建一个三维场景，用于网络虚拟现实产品的展示。人以第一视角在虚拟空间漫游穿梭，能够与场景进行交互，仿佛在现实世界中浏览，完全沉浸在环境之中。这为虚拟商场、房地产商漫游展示和电子商务等领域提供了有效的解决方案。目前在房地产及装饰装修业，国内已有许多房地产公司采用虚拟现实技术制作虚拟小区、虚拟样板房来吸引购买者的眼球，并取得较好的效果。图 9-15 为某房地产商制作的虚拟样板房。

图 9-15　虚拟样板房

9.3.7 元宇宙——一个平行于现实世界的虚拟世界

元宇宙本身并不是新技术，而是集成了一大批现有的技术，包括 5G、云计算、人工智能、虚拟现实、区块链、数字货币、物联网、人机交互等。2022 年 9 月 13 日，全国科学技术名词审定委员会举行元宇宙及核心术语概念研讨会，与会专家学者经过深入研讨，对“元宇宙”等 3 个核心概念的名称、释义形成共识——“元宇宙”，英文对照名为“metaverse”，释义为“人类运用数字技术构建的，由现实世界映射或超越现实世界，可与现实世界交互的虚拟世界”。元宇宙(Metaverse)可以笼统的理解为一个平行于现实世界的虚拟世界，现实中人们可以做到的事，都可以在元宇宙中实现。图 9-16 为元宇宙下虚拟生活的场景。

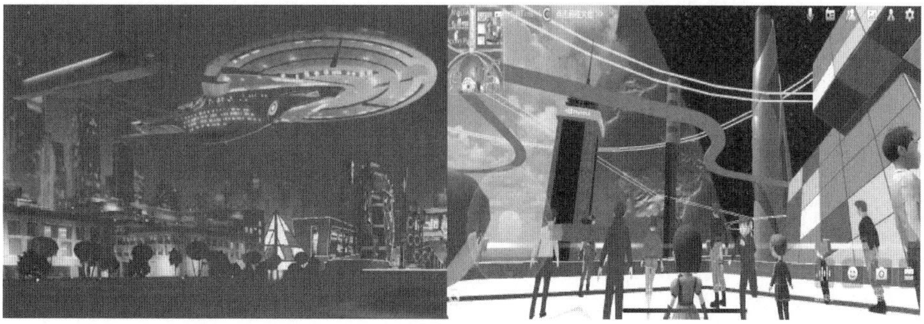

图 9-16　元宇宙下虚拟生活的场景

元宇宙需要各项技术的支撑，可以将元宇宙产业链分为7个层次，如图9-17所示。

(1) 体验层，是我们实际参与的社交、游戏、现场音乐等非物质化的体验。

(2) 发现层，是人们了解到体验层的途径，包括各种应用商店等。

(3) 创作者经济层，帮助创作者制作并将成果货币化，包括设计工具、货币化技术等。

(4) 空间计算层，3D化层，包括3D引擎、VR/AR/XR等。

(5) 去中心化层，包括边缘计算、区块链等帮助。

(6) 人机交互层，指硬件层，包括手机、智能眼镜等可穿戴设备。

(7) 基础设施层，包括网络设施与芯片等。

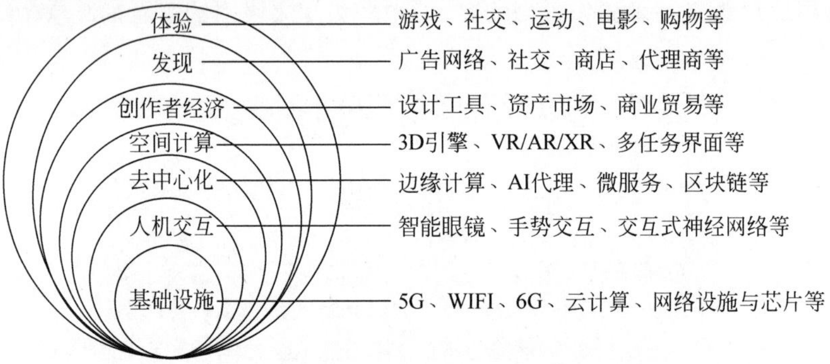

图9-17 元宇宙产业链的7个层次

元宇宙的四大核心技术如下所述。

(1) 交互技术：VR/AR、全身追踪和全身传感等多维交互技术带来了元宇宙的沉浸式交互体验。

(2) 通信技术：5G、WiFi6等多种通信技术提升了传输速率、降低了时延，实现了虚拟现实融合和万物互联架构。

(3) 计算能力：作为数字经济时代的生产力，其发展释放了VR/AR的终端压力，提升了续航，满足了元宇宙的上云需求。

(4) 核心算法：推动元宇宙的渲染模式视频质量的提升，AI算法缩短了数字创作时间，促进了多层面产业发展。

9.4 本章小结

本章主要介绍了虚拟现实技术的基本概念、虚拟现实的建模语言及关键技术，最后对虚拟现实技术的应用领域进行了简单的描述。

9.5 习题

1. 简述虚拟现实技术。
2. 虚拟现实技术有哪些特征？
3. 简述虚拟现实的关键技术。
4. 简述虚拟现实的建模语言。

5. 环境建模技术包括哪些内容?
6. 人机交互技术包括哪些内容?
7. 简述网络分布式虚拟现实技术。
8. 什么是元宇宙?
9. 描述元宇宙的四大核心技术。
10. 你熟悉哪些虚拟现实技术的应用?

第 10 章 数字图像处理

CHAPTER 10

作为传递信息的重要媒体和手段的图像信息是十分重要的，俗话说"百闻不如一见"。数字图像处理也称为计算机图像处理，泛指利用计算机技术对数字图像进行某些数学运算和各种加工处理。

本章要点：

本章重点掌握数字图像的基本概念与数字图像的处理系统，了解数字图像处理技术的发展。

10.1 数字图像的基本概念

10.1.1 数字图像的定义

图像的概念："图"是物体投射或反射光的分布，"像"是人的视觉系统对图的接受，是人在大脑中形成的印象或反映。因此，图像是客观和主观的结合。

图像的分类：(1)从视觉特点，分为可见图像和不可见图像；(2)从图像的空间坐标和明暗程度的连续性，可分为模拟图像和数字图像。

模拟图像：二维空间和亮度值都是连续(值)的图像。例如，利用胶片定影后的影像胶卷冲洗后所得的照片/图像。模拟图像是连续的，即用函数 $f(x,y)$ 表示的图像。其中，x，y 表示空间坐标点的位置，f 表示图像在点 (x,y) 的某种性质的数值，如亮度、灰度，色度等。

数字图像：二维空间和亮度值都是用有限数值表示的图像。例如，利用数码相机拍摄的图像。数字图像可以表示为 $I(r,c)$，$I(r,c)$ 是对 $f(x,y)$ 离散化后的结果。其中，r 表示图像的行(Row)，c 表示图像的列(Column)，I 表示离散后的 f，I，r，c 的值只能是整数。数字图像可用矩阵或数组进行描述。

10.1.2 数字图像的基本类型

1. 黑白图像(二值图像)

黑白图像是指图像的每个像素只能是黑或者白，没有中间的过渡，故又称为二值图像。二值图像的像素值为 0、1，如图 10-1 所示。

2. 灰度图像

灰度图像是指各像素信息由一个量化的灰度级来描述的图像，没有彩色信息。灰度的取值范围为(0～255),0 表示纯黑色,255 表示纯白色,中间的数字表示黑白之间的过渡色,如图 10-2 所示。

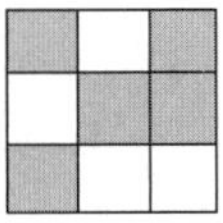

$$I=\begin{bmatrix}0&1&0\\1&0&0\\0&1&0\end{bmatrix}$$

图 10-1　二值像素图像及对应的像素矩阵

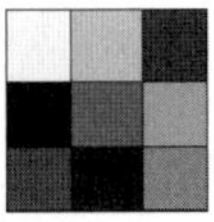

$$I=\begin{bmatrix}250&220&100\\0&150&200\\120&50&180\end{bmatrix}$$

图 10-2　灰度像素图像及对应的像素矩阵

3. 彩色图像

彩色图像是指每个像素的信息由 RGB 三原色构成的图像。其中,RGB 是由不同的灰度级来描述的,如图 10-3 所示。

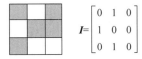

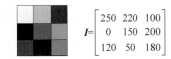

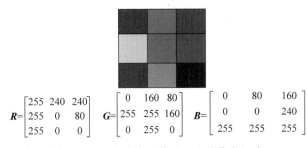

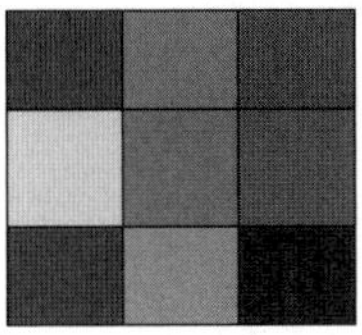

$$R=\begin{bmatrix}255&240&240\\255&0&80\\255&0&0\end{bmatrix}\quad G=\begin{bmatrix}0&160&80\\255&255&160\\0&255&0\end{bmatrix}\quad B=\begin{bmatrix}0&80&160\\0&0&240\\255&255&255\end{bmatrix}$$

图 10-3　彩色像素图像及对应的像素矩阵

10.2　数字图像处理技术及发展

数字图像处理是用计算机对数字图像信息进行处理的一门技术。图像处理技术的最早应用当属遥感与医学领域。从世界上出现的第一张照片(1839 年)及意大利人乘飞机拍摄的第一张照片(1909 年)通常被认为是遥感技术的起源,也是图像处理技术的兴起。在医学领域中利用图像进行直观诊断可追溯至 1895 年 X 射线的发现。德国维尔茨堡大学校长兼物理研究所所长伦琴教授(1845—1923 年),在他从事阴极射线的研究时,发现了 X 射线。他偶然发现 X 射线可以穿透肌肉照出手骨轮廓,他为夫人拍摄的手部图像是第一张具有历史意义的图像,后来在医学领域发挥了巨大作用,同时也促进了图像技术的发展。数字图像处理的历史可追溯至 20 世纪 20 年代。最早的应用之一是在报纸业。当时,因为引入了巴特兰电缆图片传输系统,图像第一次通过海底电缆横跨大西洋从伦敦送往纽约,如图 10-4 所示。为了用电缆传输图片,首先需要进行编码,然后在接收端用特殊的打印设备重现该图片。按照 1929 年的技术水平,如果不压缩,需要一个多星期,压缩后的传输时间减少到 3 个小时。

数字图像处理的历史与数字计算机的发展紧密相连。事实上,数字图像要求强大的存储和计算能力,以至于在图像处理中必须依靠数字计算机及包括数据存储及传输方面等支撑技术的发展。第一台能够进行图像处理的大型计算机出现在 20 世纪 60 年代。数字图像处理的起源可追溯至利用这些大型机开始的空间研究项目,可以说大型计算机与空间研究项目是数字图像处理发展的原动力。利用计算机技术改善空间探测器拍摄图像的工作开始于 1964 年,美国加利福尼亚喷气推进实验室对太空船“徘徊者 7 号”传回地球的月球图像进行了处理,以校正飞行器上电视摄像机中各种类型的图像畸变。图 10-5 是由徘徊者 7 号在

1964年7月31日上午(东部白天时间)9点09分在光线影响月球表面前约17分钟时摄取的第一张月球图像。这也是美国航天器取得的第一张月球图像。

图10-4　1929年通过海底电缆从伦敦传输到纽约的一张照片

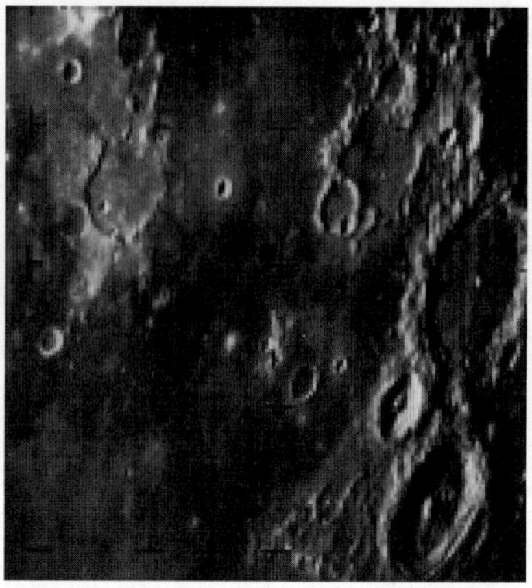

图10-5　"徘徊者7号"摄取的第一张月球图像

图像处理科学对人类具有重要意义。图像是人们从客观世界获取信息的重要来源:人类通过感觉器官从客观世界获取信息,即通过耳、目、口、鼻、手所对应的听、看、味、嗅和触摸的方式获取信息。在这些信息中,视觉信息占60%~70%。视觉信息的特点是信息量大,传播速度快,作用距离远,有心理和生理作用,加上大脑的思维和联想,具有很强的判断能力。另外,人的视觉十分完善,人眼灵敏度高,鉴别能力强,不仅可以辨别景物,还能辨别人的情绪,由此可见,图像信息对人类来说是十分重要的。

图像处理技术发展到今天,许多技术已日趋成熟,在各个领域的应用取得了巨大的成功和显著的经济效益,如在工程领域、工业生产、军事、医学以及科学研究中的应用已十分普遍。

10.3 数字图像处理系统

数字图像处理系统大体上可分为图像信息的采集、图像信息的传输、图像信息的处理和分析、图像信息的存储和显示,如图10-6所示。

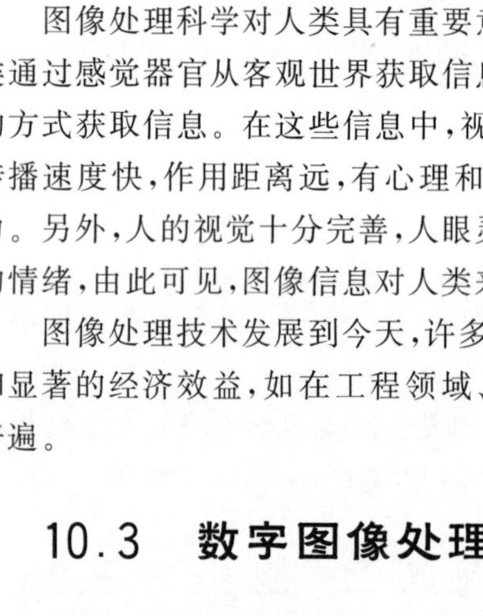

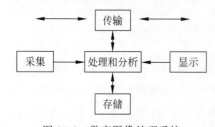

图10-6　数字图像处理系统

图10-6中每个模块都具有一定的功能,分别为采集、显示、存储、传输、处理和分析。为完成各自的功能,每个模块都需要一些特定的设备。图像采集可采用电荷耦合器件照相机、带有视像管的视频摄像机和扫描仪等;图像显示可用电视显示器、随机读取的阴极射线管和各种打印机等;图像存储可采用磁带、磁盘、光盘和磁光盘等;图像传输可借助因特网、计算机局域网,甚至普通电话网等;图像处理和分析主要是运算,所使用的设备主要是计算机,当然必要时还可借助专用硬件。

10.3.1　图像采集模块

在采集数字图像的过程中，需要两种装置。一种装置是对某个电磁能量谱波段（如X射线、紫外线、可见光、红外线等）敏感的物理器件，它能产生与所接收到的电磁能量成正比的电（模拟）信号；另一种装置是数字化器，它能将上述电（模拟）信号转换为数字（离散）的形式。一般来说，所有采集数字图像的设备都需要这两种装置。

以常见的X光透视成像仪为例，由X光源发出的射线穿越物体到达另一端对X光敏感的媒体。该媒体能获得物体材料对X光不同吸收的图像。它可以是胶片，也可以是一个带有将X光转换为光子的电视摄影机，或其他能输出数字图像的离散检测器。

连续的图像一般为光强度（或亮度）对空间坐标的函数。在用计算机对其处理之前，必须用图像传感器将光信号转换成表示亮度的电信号，再通过模/数（A/D）转换器量化成离散信号以便于数字计算机进行各种处理。这一部分工作称为图像采集，完成图像采集的系统称为数字图像采集系统，它是计算机图像处理中的一个重要组成部分。

数字图像采集系统主要包括3个基本单元：用于检测射线强度的图像传感器；对整个景物检测数据进行扫描采集的扫描驱动硬件；将连续信号进行量化，以适应于计算机处理的A/D转换器。图10-7给出了图像采集系统的框图。

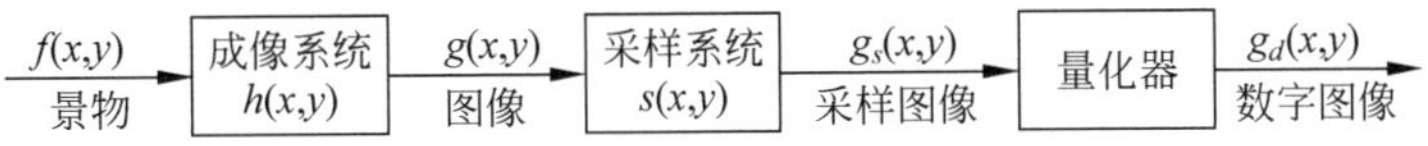

图10-7　图像采集系统框图

连续的二维景物光谱图像通过成像系统转换成函数 $g(x,y)$。这一过程可表示为

$$g(x,y)=f(x,y)h(x,y)$$

其中，$h(x,y)$为成像系统的脉冲响应。成像系统的种类很多，如CCD摄像机等。CCD摄像机是目前工业上使用最广泛的一种成像系统，它主要由镜头、CCD芯片及驱动电路组成。由成像子系统输出的连续图像 $g(x,y)$进入采样系统产生采样图像 $g_s(x,y)$：

$$g_s(x,y)=g(x,y)s(x,y)$$

其中，

$$s(x,y)=\sum_{m=-\infty}^{\infty}\sum_{n=-\infty}^{\infty}\delta(x-m)(y-n)$$

10.3.2　图像显示模块

图像处理的最终的处理结果主要用于显示给人看，所以图像显示对图像处理系统来说是非常重要的。

1. 阴极射线管

常用的图像处理系统的主要显示设备是电视显示器。在阴极射线管（CRT）中，电子枪束的水平垂直位置可由计算机控制。在每个偏转位置，电子枪束的强度是用电压来调制的。每个点的电压都与该点所对应的灰度值成正比。这样灰度图就转换为光亮度变化的模式，这个模式被记录在阴极射线管的屏幕上。

2. 液晶显示器

液晶的发现已有100多年的历史，但真正用于显示技术的历史不到30年。液晶显示器发展势头之大、发展速度之快令人刮目相看。液晶显示器的突出性能是极吸引人的，它的缺点正在逐步被克服。最近的最新液晶显示器产品已大有改善，如 Sharp 公司推出的彩色非晶硅 TFT-LCD 产品，屏幕尺寸 21 英寸，分辨率 640×480，像素数 921600 点，彩色数 1670 万种。富士通推出的 10.4 英寸显示器的视角可达 120°。

3. 打印设备

打印设备可以输出数字图像。图像上任一点的灰度值可由该点打印的字符数量和密度来控制。近年来使用的各种热敏打印机、喷墨打印机和激光打印机等具有更高的能力，可以打印较高分辨率的图像。

10.3.3 图像存储模块

图像包含有大量的信息，因而存储图像也需要大量的空间。在图像处理系统中，大容量和快速的图像存储器是必不可少的。在计算机中，图像数据最小的量度单位是比特(bit)。存储器的存储量常用字节(B，1B=8bit)、千字节(KB)、兆(106)字节(MB)、吉(109)字节(GB)、太(1012)字节(TB)等表示。存储一幅 1024×1024 的 8bit 图像就需要 1MB 的存储器。用于图像处理和分析的数字存储器可分为以下 3 类。

(1) 处理和分析过程中使用的快速存储器。

(2) 用于比较快地重新调用的在线存储器或联机存储器。

(3) 不经常使用的数据库(档案库)存储器。

10.3.4 图像传输模块

近年来随着信息高速公路的建设，各种网络的发展非常迅速。因而，图像的通信传输也得到了极大的关注。另一方面，图像传输可使不同的系统共享图像数据资源，极大地推动了图像在各个领域的广泛应用。图像通信传输可分成近程的和远程的，它们的发展情况不太一致。

近程图像通信传输主要指在不同设备间交换图像数据，现已有许多用于局域通信的软件和硬件以及各种标准协议，如医疗仪器间的图像传输采用国际标准协议 DICOM(Digital Image & Communications in Medicine)。

远程图像通信传输主要指在图像系统间传输图像。长距离图像通信遇到的首要问题是图像数据量大而传输通道常比较窄，外部远距离传输主要解决占用带宽问题，解决这个问题需要对图像数据进行压缩。目前，已有多种国际压缩标准来解决这一问题，图像通信网正在逐步建立。

10.3.5 图像处理模块

数字图像处理主要包括几何处理、算术处理、图像增强、图像复原、图像重建、图像编码、模式识别、图像理解等。

1. 几何处理

几何处理主要包括坐标变换，图像的放大、缩小、旋转移动，多个图像配准，全景畸变校正，扭曲校正，周长、面积、体积计算等。

2. 算术处理

算术处理主要对图像施以＋、－、×、÷等运算。算术处理主要针对像素点进行处理，医学图像应用减影处理干扰背景，如图 10-8 所示。

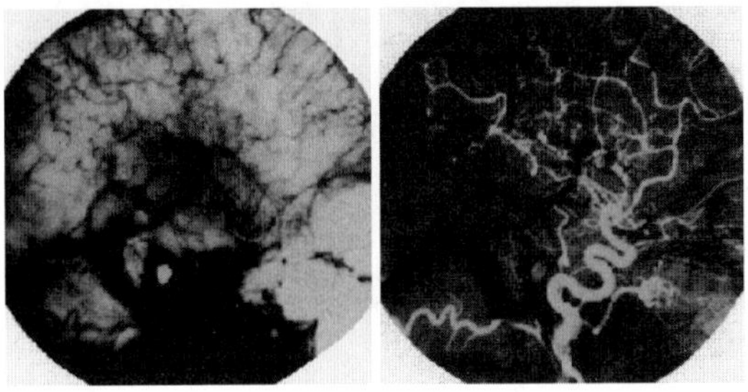

图 10-8　医学图片中通过减法运算去除不需要的叠加性图案

3. 图像增强

图像增强是对图像质量进行一般意义上的改善。当无法知道图像退化有关的定量信息时，可以使用图像增强技术较为主观地改善图像的质量。图像增强技术是用于改善图像视感质量所采取的一种方法。因为增强技术并非是针对某种退化所采取的方法，所以很难预测哪一种特定技术是最好的，只能通过试验和分析误差来选择一种合适的方法。有时可能需要彻底改变图像的视觉效果，以便突出重要特征的可观察性，使人或计算机更易观察或检测。在这种情况下，可以把增强理解为增强感兴趣特征的可检测性，而非改善视感质量。电视节目片头或片尾处的颜色、轮廓等的变换，其目的是得到一种特殊的艺术效果，增强动感和力度。图像增强在医疗图像处理上也有很大应用，如图 10-9 所示，通过图像增强突出胸片医疗图像边缘。

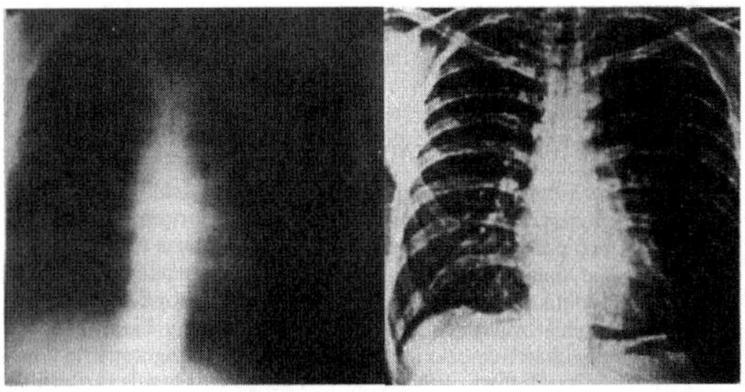

图 10-9　通过图像增强突出胸片医疗图像边缘

4. 图像复原

图像复原是图像处理的另一重要课题。它的主要目的是改善给定的图像质量。给定一幅退化了的或者受到噪声污染的图像，利用退化现象的某种先验知识来重建或恢复原有图像是图像复原处理的基本过程。

当造成图像退化（图像品质下降）的原因已知时，复原技术可以对图像进行校正。图像复原最关键的是对每种退化都需要有一个合理的模型，例如，掌握了聚焦不良成像系统的物理特性，便可建立复原模型，而且对获取图像的特定光学系统的直接测量也是可能的。退化模型和特定数据一起描述了图像的退化，因此，复原技术是基于模型和数据的图像恢复，其目的是消除退化的影响，从而产生一个等价于理想成像系统所获得的图像，如图 10-10 所示，对运动模糊图像进行复原。

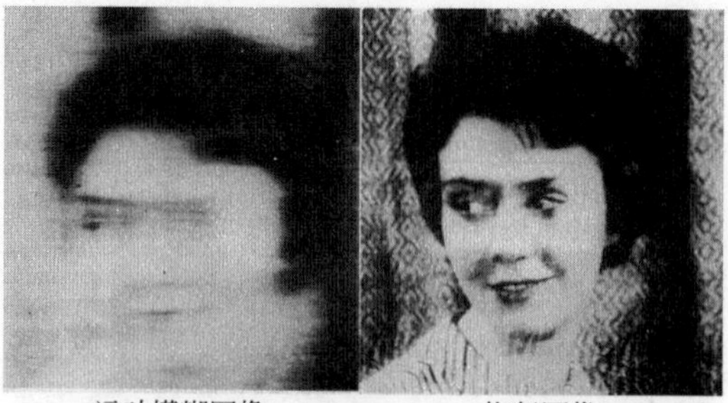

图 10-10 运动模糊图像恢复对比图

5. 图像重建

几何处理、图像增强、图像复原都是从图像到图像的处理，即输入的原始数据是图像，处理后输出的也是图像；而图像重建处理则是从数据到图像的处理，即输入的是某种数据，而处理结果得到的是图像，该处理的典型应用就是 CT 技术。CT 技术发明于 1972 年，早期为 X 射线(X Ray)CT，后来发展的有 ECT、超声 CT、核磁共振(NMR)等。图像重建的主要算法有代数法、迭代法、傅里叶反投影法、卷积反投影法等，其中以卷积反投影法运用最为广泛，因为它的运算量小、速度快。值得注意的是三维重建算法发展得很快，而且由于与计算机图形学相结合，把多个二维图像合成三维图像，并加以光照模型和各种渲染技术，能生成各种具有强烈真实感及纯净的高质量图像。三维图形的主要算法有线框法、表面法、实体法、彩色分域法等。三维重建技术也是当今比较热门的虚拟现实和科学可视化技术的基础。

6. 图像编码

图像编码研究属于信息论中信源编码范畴，其主要宗旨是利用图像信号的统计特性及人类视觉的生理学及心理学特性对图像信号进行高效编码，即研究数据压缩技术，以解决数据量大的矛盾。一般来说，图像编码的目的有 3 个：①减少数据存储量；②降低数据率以减小传输带宽；③压缩信息量，便于特征抽取，为识别做准备。就编码而言，Kunt 提出了第一代、第二代编码的概念。Kunt 把 1948—1988 年 40 年中研究的以去除冗余为基础的编码方法称为第一代编码，如 PCM、DPCM、AM、亚取样编码法，变换编码中的 DFT、DCT、Walsh-Hadamard 变换等方法以及以此为基础的混合编码法均属于经典的第一代编码法。而第二代编码法多是 20 世纪 80 年代以后提出的新编码方法，如金字塔编码法、Fractal 编码法、基于神经元网络的编码法、小波变换编码法、模型基编码法等。现代编码法的特点：①充分考虑人的视觉特性；②恰当地考虑对图像信号的分解与表述；③采用图像的合成与识别方案压缩数据率。

图像编码应是经典的研究课题，60 多年的研究已有多种成熟的方法得到应用。随着多媒体技术的发展，已有若干编码标准由 ITU-T 制定出来，如 JPEG、H. 261、H. 263、MPEG1、MPEG2、MPEG4、MPEG7、JBIG(Joint Bi-level Image Expert Group，二值图像压缩)等。相信未来会有更多、更有效的编码方法问世，以满足多媒体信息处理及通信的需要。

7. 模式识别

模式识别是数字图像处理的又一个研究应用领域。目前模式识别方法大致有 3 种，即统计识别法、句法结构识别法和模糊识别法。

统计识别法侧重于特征，句法结构识别侧重于结构和基元，模糊识别法是把模糊数学的一些概念和理论用于识别处理。在模糊识别处理中不仅充分考虑人的主观概率，也考虑人的非逻辑思维方法及人的生理、心理反应。

8. 图像理解

图像理解是由模式识别发展起来的方法，该处理输入的是图像，输出的是一种描述，这种描述并不仅是单纯地用符号做出详细的描绘，而且要利用客观世界的知识使计算机进行联想、思考及推论，从而理解图像所表现的内容。图像理解有时也称景物理解，在这一领域还有相当多的问题需要进行深入研究。

上述8项处理任务是图像处理所涉及的主要内容。总体来看，经多年的发展，图像处理经历了从静止图像到活动图像、从单色图像到彩色图像、从客观图像到主观图像、从二维图像到三维图像的发展历程，特别是与计算机图形学的结合已能产生高度逼真、更有创造性的图像。

10.4 本章小结

本章主要介绍了数字图像的基本概念、数字图像处理技术及发展，最后对于数字图像处理系统进行了简单的描述。

10.5 习题

1. 什么是数字图像？
2. 数字图像有哪些类型？
3. 简述数字图像处理系统。
4. 什么是二值图像？
5. 什么是灰度图像？
6. 计算机内如何存储彩色图像？
7. 数字图像处理包括哪些内容？
8. 区分图像增强与图像复原。
9. 图像编码的目的是什么？
10. 什么是图像理解？

参考文献

[1] HEARN D,BAKER M P,CARITHERS W R.计算机图形学[M].蔡士杰,杨若瑜,译.4版.北京：电子工业出版社,2014.

[2] 孙正兴,周良,郑宏源.计算机图形学基础教程[M].北京：清华大学出版社,2004.

[3] 和青芳.计算机图形学原理及算法教程(Visual C++版)[M].北京：清华大学出版社,2006.

[4] 潘云鹤,董金祥,陈德人.计算机图形学——原理、方法及应用[M].北京：高等教育出版社,2001：15-30.

[5] 何援军.计算机图形学[M].北京：机械工业出版社,2009：176-242.

[6] 陆枫,何云峰.计算机图形学基础[M].2版.北京：电子工业出版社,2008：140-225.

[7] 孙家广,胡事民.计算机图形学基础教程[M].北京：清华大学出版社,2005：122-194.

[8] 孔令德.计算机图形学基础教程(Visual C++版)[M].北京：清华大学出版社,2008：55-152.

[9] 张燕,李楠,潘晓光.计算机图形学[M].北京：清华大学出版社,2019：10-12.

[10] 雍俊海.计算机动画算法与编程基础[M].北京：清华大学出版社,2008：1-5.

[11] 王毅敏.计算机动画制作与技术[M].北京：清华大学出版社,2008：2-30.

[12] 罗国亮.虚拟现实导论[M].北京：清华大学出版社,2022：1-18.

[13] 杨承磊,关东东.虚拟现实开发基础[M].北京：清华大学出版社,2021：1-12.

[14] 赵罡,刘亚醉,韩鹏飞,等.虚拟现实与增强技术[M].北京：清华大学出版社,2022.

[15] 陈天华.数字图像处理[M].北京：清华大学出版社,2007：1-31.

[16] 王润辉,黄彩云,杨红云,等.数字图像处理[M].北京：清华大学出版社,2013.

[17] 李俊山.数字图像处理[M].4版.北京：清华大学出版社,2021：1-45.

图书资源支持

感谢您一直以来对清华版图书的支持和爱护。为了配合本书的使用，本书提供配套的资源，有需求的读者请扫描下方的“书圈”微信公众号二维码，在图书专区下载，也可以拨打电话或发送电子邮件咨询。

如果您在使用本书的过程中遇到了什么问题，或者有相关图书出版计划，也请您发邮件告诉我们，以便我们更好地为您服务。